PRÉFACE.

Ma carrière littéraire et scientifique a commencé par la poésie et l'étude de la nature. L'histoire, la géographie, l'agriculture, chez les anciens, reconnaissent pour leurs premiers pères Homère et Hésiode. C'est presque en rougissant, qu'après de tels noms Virgile et Horace osaient inscrire leurs noms devenus immortels, tant ils révéraient ce puissant Homère :

> ..... a quo, ceu fonte perenni,
> Vatum Pieriis ora rigantur aquis.

Ma seule excuse d'avoir osé insérer en tête de ce volume quelques vers médiocres de ma première adolescence est le besoin de mettre au moins un peu d'ordre chronologique dans le désordre que signale au premier abord le titre seul des matières de ces mélanges, et la nécessité pour un octogénaire qui a aimé le travail pour le plaisir qu'il donne au travailleur, qui n'a jamais cherché à se produire, et qui garde inédit plus de la moitié de ce qu'il a composé dans le cours de soixante-trois ans, la nécessité *dure* (on ne me croira pas) :

> Le vrai peut quelquefois n'être pas vraisemblable,

oui, je le répète, la nécessité *dure* d'être obligé de parler de lui-même.

J'entrerai donc, malgré moi, dans quelques détails sur ma vie privée pour expliquer une anomalie assez rare. A vingt mois, je connaissais mes lettres.

Ce n'est pas moi qui m'en souviens, c'est l'abbé Maury qui l'atteste[1] ; mais je me souviens, et toutes les circonstances restent gravées dans ma mémoire en traits ineffaçables, que ma nourrice me tenait dans ses bras, qu'elle voulut enlever de la crémaillère une chaudière contenant vingt-cinq litres d'eau bouillante, que le pied lui glissa, que je me sentis inondé d'une avalanche de feu qui me causait des douleurs atroces, surtout depuis le bas du cou, où ma robe était nouée, jusqu'à la ceinture qui la serrait autour de mes reins.

[1] « Que le diable emporte le maudit maladroit qui a failli tuer ou du moins défigurer mon petit Adolphe ! . . . . Est-il possible que cet aimable enfant connaisse déjà ses lettres? Il faut bien, au reste, qu'il justifie son horoscope. Je vous ai dit souvent que ce serait un prodige. » Paris, 9 décembre 1778. (Lettre à mon père, de l'abbé Maury, depuis député à la Constituante, ensuite cardinal sous Napoléon Ier, donnée par moi à la Bibliothèque impériale et déposée dans une montre de la galerie Mazarine.)

Je me rappelle encore qu'on cardait du coton pour faire des matelas dans une pièce voisine; que ma mère, la femme forte de l'Écriture, sans gémir, ni pleurer, ni s'évanouir, me prit brusquement dans ses bras, déchira tous mes vêtements et me roula tout nu dans l'amas de ces cardes, dont il ne sortait que ma tête miraculeusement préservée [1].

A trois ans et demi je savais lire et écrire correctement. Nul souvenir ne m'en restait. Un jour (elle avait alors quatre-vingt-six ans), elle me dit : « Adolphe, c'est pourtant moi seule qui t'ai appris à lire et à écrire, et tu savais lire à trois ans! —Bonne mère, je te dois tant, j'aimerais à te devoir encore un nouveau bienfait, mais tu te trompes de deux ou trois ans, car il ne m'en reste nulle trace dans la mémoire, et je vois encore des yeux de ma pensée ma brûlure, et je n'avais que vingt mois, m'as-tu dit, quand tu redonnais une seconde fois la vie à ton fils. — Monsieur, vous êtes comme saint Thomas, vous ne croyez que ce que vous touchez ; je suis aveugle depuis trente ans, mais j'ai toujours eu de l'ordre et j'ai bonne mémoire. Prenez la clef de mon secrétaire, ouvrez le tiroir à gauche, du côté de la fenêtre; vous y trouverez dans une chemise étiquetée, et rangées par ordre de date, toutes les lettres que

[1] Ce remède contre la brûlure était usité à Saint-Domingue et y produisait de bons effets. La mère créole s'en souvint, et l'appliqua avec une rapidité et une décision qui sauvèrent la vie à son fils.

vous enfermiez dans un beau bouquet le jour de ma fête; vous savez que je me nomme Marie et que ma fête est la veille de l'Assomption. »

Je pris la clef, j'ouvris le troisième tiroir, je vis l'enveloppe étiquetée, et la dernière de toutes les lettres, la première dans l'ordre des dates, me prouva ce dont j'avais douté[1]. Pour seule excuse, muet de tendresse et de reconnaissance, je me jetai dans ses bras et l'inondai de mes larmes. Pour seul pardon, elle se remit à me tutoyer. J'ai replacé religieusement le tiroir dans l'ordre et au lieu où il avait été placé par ma mère. Il est à Landres[2], il y restera : quand pourrai-je l'ouvrir sans qu'une larme vienne effleurer ma paupière!!

Je place donc ici un échantillon de mes premières productions en vers. Mais que le lecteur se rassure, je sais combien la poésie est peu goûtée maintenant, et ce premier volume sera consacré tout entier aux sciences physiques, et surtout à l'histoire ancienne et moderne de nos animaux domestiques et de nos plantes usuelles.

1 La lettre avait une page entière d'écriture mieux formée que la mienne aujourd'hui, sans fautes d'orthographe ; elle était signée : Adolphe Dureau. Je n'avais que trois ans et demi quand elle fut écrite.

2 Landres est le nom de ma terre, dans le Perche.

VERS FAITS D'APRÈS NATURE

SUR

UNE DES MONTAGNES DU MORVAN, A QUINCIZE,

SIX LIEUES DE CLAMECY,

Après le 9 messidor an II de la République française.

Déjà l'astre du jour, sous les monts se glissant,
Change son disque d'or en un mince croissant..
Ce demi-jour du soir, ces teintes vaporeuses,
Qui devancent des nuits les couleurs ténébreuses,
Le chant d'amour du merle égayant les forêts,
La plainte du courlis attristant les guérets,
Le berger de ces monts qui, gagnant sa retraite,
Laisse en accents plaintifs soupirer sa musette,
L'écho du rocher creux qui, répétant les sons,
Semble un autre berger redisant ses chansons;
Tout verse lentement dans mon âme amollie
Le doux enivrement de la mélancolie :
Je soupire, je pleure, et pourtant suis heureux ;
En de vagues pensers j'aime à plonger mes vœux ;
Je désire, j'appelle un bonheur que j'ignore,
Et ce désir confus est le bonheur encore :
Enfin, ce ciel, ces monts, ce lac, ce chant rêveur,
Tout répond à mon âme, et tout parle à mon cœur.

ÉPISODE

DE FRANÇOISE DE RIMINI.

(TRADUIT DU DANTE.)

« Un jour de Lancelot nous lisions l'aventure,
« Comment des traits d'amour il reçut la blessure.
« Plusieurs fois nos regards l'un vers l'autre attirés,
« Nos yeux mouillés d'amour, nos fronts décolorés,
« Pendant cette lecture avaient trahi nos flammes ;
« Un moment nous perdit, il égara nos âmes.
« Sans soupçon du danger nous étions seuls tous deux.
« Quand nous lûmes l'instant où cet amant fameux,
« Étincelant d'amour, brûlant de son délire,
« Voit les lèvres d'Yseult s'animer d'un sourire.
« Et couvre de baisers ce sourire enchanteur,
« Celui-ci, qui toujours restera dans mon cœur,
« (Ah ! que ce souvenir m'attendrit et me touche !)
« Approcha tout tremblant ses lèvres de ma bouche.
« Ce livre avait porté nos paroles d'amour,
« Il fut abandonné le reste de ce jour. »
Tandis qu'un des amants, dans ce séjour de larmes,
Rappelant ces instants pleins d'horreur et de charmes,
D'une touchante voix racontait ses malheurs,
L'autre pleurait : comme eux je sens couler mes pleurs.
Mon âme évanouie à leur douleur succombe,
Et faible, je tombai comme un corps mourant tombe.

Décade philosophique, juin 1797.

LES DEUX POIRIERS

ÉLEGIE.

I

Ma Zélie est toute charmante ;
Ses doigts aux fuseaux de Pallas,
Sa gorge au sein nu d'Atalante,
Pourraient comparer leurs appas.

II

Son nez, du beau nez de Corinne
Retrace l'attrait enchanteur.
Sa taille est la taille divine
D'Eucharis, ou d'Églé sa sœur.

III

Si Zéphyr, jeune amant des roses,
Prenait, heureux de s'abuser,
Un baiser sur ses lèvres closes,
Roses ne voudrait plus baiser.

IV

Reine de Paphos et de Gnide,
Tu lui donnas, pour me brûler,
Ces grands yeux dont la flamme humide
De longs cils aime à se voiler.

V

Au bord d'un ruisseau cristallin,
Seul, assis avec ma Zélie,
Nous respirions le frais matin ;
Nos âmes savouraient la vie.

VI

Emaillés de l'argent pur,
De mille fleurs étincelantes,
Deux poiriers dans son azur
Miraient leurs têtes vacillantes.

VII

Amour embrasait de ses feux
L'eau, les airs, la brute et la plante.
Amour roucoulait les aveux
Du ramier et de son amante.

VIII

L'accent langoureux du bonheur,
L'aspect de leur vive tendresse
Dans nos sens versait leur ivresse ;
Leur trouble oppressait notre cœur.

IX

Oh ! dans ce charmant délire,
Que j'aimais à contempler
Ma Zélie au doux sourire,
Ma Zélie au doux parler !

X

Soudain l'orage gronde et tonne ;
La grêle tombe à flots épais,
Et ces fleurs, l'espoir de l'automne,
N'en sont déjà que les regrets.

XI

Le ruisseau, dont l'eau vive et pure
Abreuvait leurs pieds de fraîcheurs,
Entraîne à regret leur verdure,
Et les paillettes de leurs fleurs.

XII

Ainsi donc, dis-je à ma Zélie,
Beauté, bonheur n'ont qu'un moment ;
Ce n'est qu'un éclair dans la vie
Que suit un siècle de tourment.

XIII

Ainsi, d'une course rapide,
Le fleuve indomptable du temps
Nous roule dans son gouffre avide,
Et submerge nos jeunes ans.

XIV

Il flétrit le plus frais visage,
Et, fanant ses roses d'un jour,
Chasse, avec les fleurs du jeune âge,
Le jeune et pétulant amour.

XV

Vois-tu, l'heure fuit, l'âge arrive.
Déjà vient le fatal nocher;
Déjà de l'infernale rive
J'entends la barque s'approcher.

XVI

Ah! trompons la Parque importune,
Cueillons un rapide bonheur
Que l'ouragan de l'infortune
Sécherait bientôt dans sa fleur.

Cette élégie fut composée en mai et juin 1798.

MÉMOIRE

SUR LES FRÊNES CONNUS DES ANCIENS.

Je n'inscris dans mes mélanges ce mémoire composé en 1801, imprimé d'ailleurs avec un rapport très-favorable du professeur de botanique L. Desfontaines, dans les *Annales du Muséum d'histoire naturelle* en 1804, et dans le *Magasin encyclopédique* de Millin, que pour consigner depuis combien de temps je m'occupe de l'histoire naturelle comparée, ancienne et moderne. Aussi je n'en donne que l'énoncé et les conclusions. L'un des fervents élèves de Villoison, et, comme eux, admirant même les défauts du maître, je l'avais surchargé de grec, de notes et de notules. Je condamne à l'oubli cette érudition souvent superflue.

Mon objet, dans ce travail, est de montrer que l'arbre désigné par Théophraste sous le nom de *boumelia*, ou grand frêne, a reçu des Latins le nom d'*ornus*, et n'est pas le *fraxinus ornus* de Linné; et, en même temps, d'établir avec une assez grande certitude que le frêne décrit par Homère, Aristophane, Théophraste et Dioscoride, sous le nom spécifique de *melia*, a reçu plus particulièrement le nom de *fraxinus* chez les Latins, et est notre frêne à fleurs, à qui Linné avait donné à tort le nom de *fraxinus ornus*.

Il me semble donc que les caractères de la forme, de la grandeur, de la stérilité de l'un de ces arbres, de ces grappes serrées qui, n'ayant pas de pétales, ont l'air, au premier coup d'œil, de n'avoir point de fleurs, suffisent pour décider avec certitude que le *boumelia* de Théophraste est l'*ornus* des Latins, le *fraxinus excelsior* de Linné, le grand frêne de nos forêts; et que de plus, ceux de l'habitation sur les montagnes, de la taille de l'autre, de ses pétales en forme de chevelure, de sa foliation hâtive et durable, peuvent établir avec une grande probabilité que le *mélia* d'Homère, d'Aristophane et de Théophraste, est le petit *fraxinus* de Pline et de Columelle, le *fraxinus ornus* de Linné, et le frêne à fleurs de nos jardins.

Mon savant ami, M. d'Ansse de Villoison, m'a assuré que cet arbre, en Grèce, se nomme encore *mélia;* et deux Grecs de Thessalie, que j'ai menés le printemps dernier au Jardin-des-Plantes, et à qui j'ai montré le frêne à fleurs couvert de ses panaches blancs, m'ont dit, lorsque je leur ai demandé le nom en grec moderne de cet arbre, qu'il s'appelait μελία dans leur pays.

Jean Bauhin avait déjà conseillé, sans fournir assez de preuves, de rapporter le *boumelia* de Théophraste à notre grand frêne, et Micheli, sans en donner de raison, avait établi un genre *ornus*, où il plaçait le grand frêne. Les autres auteurs avaient tous confondu ces deux arbres.

PÉRIPLE D'HANNON

INTRODUCTION

EXPOSITION DU SUJET. — HANNON S'EST TRADUIT DU PUNIQUE EN GREC.

Je n'aurais pas repris cette question tant controversée, si je n'avais trouvé dans l'antiquité plusieurs textes positifs non employés jusqu'ici, et dans les navigateurs, les savants modernes, plusieurs observations précises et nouvelles, de nature à élever au rang de preuve ce qui n'était encore que probabilité.

Le Périple d'Hannon, qui date de 510 avant l'ère chrétienne [1], ou l'extrait du rapport officiel lu au sénat de Carthage par l'amiral commandant cette expédition maritime, a été dédié : 'Ανέθηκεν, par lui

[1] J'adopte cette opinion de M. Kluge (*Dissertation sur Hannon*, de 49 pages in-8° ; *Lipsiæ*, 1829) que je fortifierai par de nouveaux arguments.

Voici les bases sur lesquelles M. Kluge s'appuie pour établir cette date : « Hannon avait trente ans quand il entreprit son « expédition ; donc le début de son périple eut lieu 509 ou « 510 ans avant J.-C. L'époque de la création du consulat à « Rome est de 510 avant J.-C., et du premier traité de Car- « thage avec Rome 509 avant J.-C. Carthage était donc alors « dans toute sa puissance. »

(sans doute sous la forme d'une inscription punique) dans le temple de Saturne de cette capitale. Le titre du Périple l'atteste. Nous n'avons que la traduction grecque.

M. Kluge[1] pense qu'elle a été faite par Hannon lui-même, et cette opinion ne manque pas de probabilité, car Hannon avait épousé une Syracusaine qui fut la mère d'Amilcar Barca; le grec devait donc lui être familier, et il a pu, pour donner plus de publicité à son Périple, le traduire du punique dans cette langue, plus répandue que la sienne. C'est, comme nous l'apprennent Polybe et Tite-Live[2], ce

[1] *Dissertation sur Hannon*, p. 6.

[2] XXIII, c. XXXIII. « Propter Junonis Laciniæ templum æstatem Hannibal egit; ibique aram condidit dedicavitque, cum « ingenti rerum ab se gestarum *titulo Punicis Græcisque litteris insculpto.* » J'ai développé le fait curieux de l'inscription bilingue d'Annibal, qui corrobore l'opinion et la discussion de M. Kluge (*a*). J'ajouterai qu'on doit accorder à Polybe une grande confiance pour ses récits de la deuxième guerre punique; car il cite ses autorités, dont la principale est, dit-il (*b*), l'inscription gravée sur bronze et composée par Annibal à l'époque où il était refoulé dans le Bruttium, l'an 16 de la deuxième guerre punique. Cette longue inscription (*ingens titulus*), contenant l'histoire de toute la vie militaire de ce grand capitaine, a été découverte (fait curieux) par Polybe lui-même à Lacinie, temple et ville du Bruttium : ἡμεῖς γὰρ εὑρόντες ἐπὶ Λακινίῳ τὴν γραφὴν ταύτην ἐν χαλκώματι κατατεταγμένην ὑπ' Ἀννίβου καθ' οὓς καιροὺς ἐν τοῖς κατὰ τὴν Ἰταλίαν τόποις ἀνεστρέφετο. La preuve qu'Annibal composa lui-même l'inscription bilingue de Lacinium nous est fournie par Cornelius Nepos, qui affirme que de son temps il existait quel-

(*a*) *Dissertation sur Hannon*, p. 6.

(*b*) *Historiæ*, III, 33, 18.

que fit aussi Annibal pour conserver la mémoire de ses faits d'armes; il éleva un autel dans le temple de Juno Lacinia, et l'y dédia avec une *immense inscription en langue punique et grecque.*

J'ai fait sur le texte grec la traduction littérale de l'expédition tout entière d'Hannon. Je pense qu'on peut y avoir une entière confiance, car elle a été revue, mot pour mot, par trois de nos plus savants hellénistes; j'avais prié M. Hase de corriger sévèrement la version de son ancien élève, et depuis j'ai obtenu des deux autres qu'ils me rendissent de nouveau le même service.

ques livres en grec, écrits par Annibal, un, entre autres, sur la guerre que Manlius Vulso fit aux Gaulois d'Asie.

Le biographe latin (*a*) ajoute qu'Annibal eut toujours avec lui deux Grecs, Silenus et Sosilus, de Lacédémone, qui le suivirent dans toutes ses expéditions; enfin, que ce Sosilus, de Lacédémone, fut son maître, son professeur, *doctor*, pour la langue grecque. D'après Atticus et Polybe, Annibal : « Hic « tantus vir, tantisque bellis districtus, nonnihil temporis tribuit litteris; *namque aliquot* ejus *libri* sunt, *græco sermone « confecti*. In his ad Rhodios, de Cnei Manlii Vulsonis in Asia « rebus gestis. Hujus bella gesta multi memoriæ prodiderunt : « sed ex his duo, qui cum eo in castris fuerunt, simulque « vixerunt, quamdiu fortuna passa est, Silenus et Sosilus La- « cedæmonius. Atque hoc *Sosilo Annibal litterarum græcarum « usus est doctore.* » Ces assertions positives d'Atticus et de Cornelius Nepos prouvent qu'Annibal composa lui-même l'inscription historique bilingue de Lacinie, et rendent très-probable qu'Hannon traduisit en grec celle de son Périple.

(*a*) Cornelius Nepos, *Hannibal*, ch. XIII.

PÉRIPLE D'HANNON

ROI[1] DES CARTHAGINOIS,

DANS LES PARTIES DE LA LIBYE SITUÉES AU-DESSUS DES COLONNES D'HERCULE,

PÉRIPLE QU'IL A DÉDIÉ (ἀνέθηκεν)

DANS LE TEMPLE DE SATURNE ET QUI EXPOSE CE QUI SUIT :

CHAPITRE PREMIER.

BUT DE L'EXPÉDITION.

Les Carthaginois ont décrété qu'Hannon naviguerait hors des colonnes d'Hercule et fonderait des villes libyphéniciennes. Il a appareillé, emmenant soixante pentécontores et trente mille Libyphéniciens, tant hommes que femmes, des vivres et autres approvisionnements (sans doute sur un nombre suffisant de vaisseaux de charge et de transport).

[1] C'est-à-dire suffète.

CHAPITRE II.

Après avoir levé l'ancre, nous avons dépassé les colonnes, navigué pendant deux jours hors du détroit, et fondé la première ville, que nous avons nommée Thymiaterion [1] (Dumathir); au-dessous était une grande plaine.

[1] Thymiaterion, ville de l'*encens* ou *des sacrifices*, selon Bochart (*a*), en arabe *Dumathir* et *Dumthor*, *id est terra plana*; πεδίον δ'αὐτῇ μέγα ὑπῆν. L'étymologie doit-elle se tirer du grec ou de l'hébreu? Mon jugement flotte indécis entre Kluge et Bochart; *ce sont deux puissants dieux*. Cette ville de l'*encens* ou de la grande plaine (*Dumathiria*, en punique) paraît, dit Kluge (*b*), avoir été située entre Larache et Marmora, sur la côte occidentale de la Libye. Heeren, Rennel et Mannert adoptent cette position. Je me range à l'opinion de ces savants géographes, auxquels il faut ajouter MM. Kluge et Marcus (*c*).

(*a*) *Geogr. sacra*, I, 37, p. 711.

(*b*) P. 20.

(*c*) *Géographie ancienne des États barbaresques*, d'après l'allemand de Mannert, par MM. L. Marcus et Duesberg, avec des additions et des notes. — Paris, 1852.

CHAPITRE III.

Ensuite ayant mis le cap au couchant, nous sommes arrivés à Soloente[1], promontoire de Libye, couvert d'arbres épais.

[1] Cap Soloïs ou *Soloente*.

Voyez les cartes de Bougainville et de Vaugondy. *Académie des Inscriptions*, Mémoires, t. XLIII, p. 328, éd. in-12. Mannert et Marcus, éd. citée, p. 581, 731.

Bougainville écrit Soloeis ; Gosselin et Gail, Soloë.

On pourrait dériver ce nom grec du cas oblique, comme d'Amathus on a fait Amathonte, et de Selinus, Sélinonte.

CHAPITRE IV.

De là, après avoir élevé un temple à Neptune [1], nous avons navigué pendant une demi-journée vers lesoleil levant, jusqu'à ce que nous soyons arrivés dans un lac peu éloigné de la mer, rempli de grands et de nombreux roseaux [2] ; il y avait aussi beaucoup d'éléphants [3] et d'autres bêtes sauvages qui y prenaient leur pâture.

[1] « Sur l'autel de ce temple, achevé un peu plus tard par « la colonie, dit Scylax (a), il y avait des figures d'hommes, de « lions, de dauphins si habilement sculptées qu'on les eût « crues l'ouvrage de Dédale. »

Ce trait isolé du géographe grec prouve les relations intimes de Carthage avec la Sicile et confirme la date fixée pour le périple d'Hannon, dont Scylax était contemporain. Scylax vivait 500 ans avant J.-C.

[2] Les grands roseaux dont parle Hannon sont probablement ou le *Cyperus esculentus*, ou les papyrus d'Égypte et de Sicile observés par les anciens dans les fleuves de l'Afrique occidentale, et bien décrits par les botanistes modernes. Peut-être même on peut croire que ce serait un bambou qui se serait avancé en allant du sud au nord jusqu'au cap Blanc, 25 degrés L. N.

Un passage très-curieux de P. Mela (III, 7, 29) atteste l'existence de l'éléphant dans les régions humides et chaudes de

(a) *Geogr. græc. min.*, éd. de Gail fils, t. I, p. 321.

l'Inde, où croissent les *grands bambous* de 50 à 60 pieds de hauteur.

L'intervalle d'un nœud à un autre, selon le géographe latin, fournit, étant fendu et creusé, des pirogues capables de porter deux et même trois hommes. *Arundinum fissa internodia, veluti navia, binos et quædam ternos etiam vehunt.*

L'éléphant et en général tous les pachydermes sont très-friands des graminées gigantesques, à la tête desquelles est le bambou, dont la séve, douce, agréable au goût, donne, étant coagulée par le soleil, des larmes dures et concrètes, et même, dit Poiret, un *véritable sucre.* On fit jadis un grand usage de cette concrétion avant la culture de la canne à sucre (*a*).

Les bambous n'ont pas été jusqu'ici reconnus par les botanistes modernes dans l'Afrique occidentale, entre les tropiques et même au delà. Mais une preuve négative demande bien du temps pour être admise comme un fait et ne doit pas décourager les savants voyageurs qui exploreront les côtes et l'intérieur de l'Afrique occidentale.

J'avais quelque raison de faire cette réserve et d'essayer de prouver que les bambous de 60 pieds anglais existent, enfin que M. Poiret n'a pas eu tort d'évaluer leur maximum de hauteur entre 50 et 60 pieds; car « Boteler (*b*), capitaine d'un vais- « seau de guerre de la marine britannique, entra dans une « hutte à Madagascar et y demanda un verre d'eau. On la « tira d'un grand bambou, *large bamboo*, d'environ 12 pieds « de long et de 5 pouces de diamètre, qui, dans cette île, est « toujours employé en place de tonneau ou de fontaine de « ménage : on y joint une portion d'une feuille de palmier en « place de coupe. » On voit que la hauteur d'un bambou de ce diamètre devrait être au moins de 60 pieds.

(*a*) Voyez Poiret, *Dict. hist. nat.*, éd. Levrault, au mot BAMBOU ; il aurait dû dire une *matière sucrée*. Voyez Rumphius (Georg.), *Herbarium amboinense*. « Arundo arbor indica, procera Plukn., Mant. L. saccharum officinarum L. » Voyez Henschel, *Vita Rumphii*.

(*b*) *Voyage of discovery to Africa and Arabia*, 2 vol. in-8; London 1825, t. I, p. 150.

Il y a toujours du profit pour la science à se voir animée par l'opposition, et celle-ci, il faut en convenir, a été aussi ferme que douce et modérée.

On était battu pour le bambou existant dans l'Afrique orientale, mais on soutenait toujours qu'il n'existait pas dans l'Afrique occidentale.

Cela me donna une nouvelle ardeur pour les recherches, et voici ce que j'ai trouvé en huit jours de patientes investigations.

Dans le Delta du Niger, sur les bords de la rivière *Cameroun*, l'un des grands bras de ce fleuve, deux petits princes noirs, le roi *Bell* et le roi *Aqua*, ont bâti une nouvelle ville dont les maisons, assises sur des rues larges et régulières, sont uniformément construites en *bambou* (*The houses are neatly built of* bamboo *in wide and regular streets*).

Ce fait curieux du bambou employé en construction de maisons nous a été transmis par le capitaine W. Allen, qui, en mai et juin 1842, a été chargé d'explorer, de sonder et de représenter exactement, sur ses cartes, le Delta du Niger, dont la principale bouche est la rivière Cameroun.

De plus, le commandant Swanzy, écuyer, dans son expédition contre le tyran du petit royaume d'Apollonia, situé sur la côte d'Or, par 5 degrés latitude nord, a trouvé la première ville de cet Etat bâtie en bambous (*The houses are built of bamboo*). Sa relation a été publiée dans l'*United service Magazine* de Colburn, mai 1850, page 57, et le même Swanzy, en attaquant de nouveau, l'année suivante (1846), ce même tyran, a trouvé les maisons bâties avec des bambous (*a*) ; dans la ville d'Atambo, du royaume Apollonien, la façade du palais royal était aussi construite en bambous (*b*), et comme le tyran avait été en Angleterre, elle avait un plancher au lieu d'un simple rez-de-chaussée bâti en terre ; le roi portait l'uniforme anglais, qu'il avait admiré à Londres, et il se plaisait dans l'uniformité de sa bâtisse. Il n'oubliait même jamais de revêtir son uniforme

(*a*) *United service Magazine*, mai 1850, p. 57.
(*b*) *Ibid.*, juin, p. 220.

et ses insignes, lorsque, assis sous le feuillage d'un grand cotonnier, il faisait périr, pour s'amuser, de divers supplices, une trentaine de ses sujets. Ce roi du Dahomey, ce Néron africain, qui depuis vingt ans fait périr dans les plus horribles tortures plus de 200,000 de ses sujets nègres, maintient sa dynastie, qui a déjà deux cents ans d'existence, par une singulière garde royale.

Il est Fellatah, de race sémitique, établie avant le siècle d'Hannon et d'Hérodote dans cette partie du golfe de Guinée et remarquable par sa bravoure et son intelligence.

Cette garde est composée de 3 à 4,000 femmes, montées sur les plus beaux chevaux arabes, qu'on appelle les femmes du roi.

Ces amazones qui, au lieu d'un arc, portent une longue carabine, le casque doré, l'uniforme, l'épaulette, le pantalon des *horses Vittoria guards*, sont pourvues de tout ce qui constitue une armée régulière moderne : discipline, infanterie solide, artillerie traînée par des éléphants, intendance militaire, chirurgiens, musique, etc.

Toutes celles qui ont fait des actions d'éclat ou qui ont été des modèles de discipline sont mariées par le roi à ses ministres ou à ses favoris. La moitié du butin fait à la guerre leur appartient et sert à l'éducation et à l'instruction des *enfants de troupe*, qu'elles choisissent dans leur race parmi les prisonniers de guerre. Les mâles sont vendus, les jeunes filles sont destinées à les remplacer (*a*).

Ce fait singulier qui, depuis deux siècles, a existé et existe encore dans l'Afrique occidentale, rend possible et peut-être

(*a*) *Dahomey and Dahomans*; by F. E. Forbes. — Paris, 1851 ; passim. Fréret, *Observations sur l'histoire des Amazones*, lu en 1748, t. XXXVI, p. 172, édit. in-12, *Mémoires de l'Académie des inscriptions*, p. 182, signale au cœur de l'Afrique, chez les nègres nommés Iagas, un Etat composé de femmes guerrières, où les mères tuaient les enfants mâles pour ne conserver que les filles.

Résumé. Pour la guerre contre les Athéniens : Hérodote, p. 175-177 ; Hippocrate, p. 177 ; Platon, p. 178. Contre cette opinion : Fréret, critique habile, mais sceptique comme son siècle, celui de Voltaire.

probable l'existence de ces Amazones qui des bords du Thermodon sont venues dans la Grèce et sous les murs d'Athènes combattre Thésée et les Argonautes, au retour de leur expédition. Cette guerre, reléguée au rang des fables mythologiques, acquiert par ce rapprochement un caractère presque historique.

Le bambou dont j'ai parlé est, sans doute, l'*Arundo arbor*, de Gaspard Bauhin ; l'Afrique occidentale étant alors (en 1600) plus accessible à nos petits vaisseaux de commerce que l'Inde et la Chine. Mais on ne contestera plus, j'espère, l'existence du *bambou-arbre* à l'Afrique occidentale, puisqu'on en a bâti trois villes entières. Peut-être est-ce une espèce nouvelle du genre *Arundo*, mais toujours un *bambou*, *grand arbre*, et le nom ancien du *Bambotus*, aujourd'hui si peu altéré dans le nom vulgaire de *Gambie*, indique un fleuve bordé de *bambous*, comme en France l'Oulme, la Fresnaie, la Saussaie, la Chesnaie, désignent un canton où se plaisent, où abondent les ormes, les frênes, les saules et les chênes.

[3] Les éléphants, ces grands pachydermes, qui ont besoin pour leur existence de beaucoup d'eau et d'arbres, vivaient donc à l'état sauvage, en 480 avant l'ère chrétienne, jusqu'au cap Soloïs, situé sous le 33° de L. N. Il n'en restait plus dans cette partie de l'Afrique aux sixième et septième siècles de notre ère, dit Isidore de Séville (*a*) : *Apud solam Africam et Indiam elephanti primi nascebantur : nunc sola eos India gignit.* La date est sûre ; car Isidore, né en 570, mourut le 4 avril 636 de l'ère chrétienne, jour où l'Eglise célèbre sa fête (*b*). Mais il en aurait existé encore au dixième siècle si l'on en croit Bekri, traduit en français par mon savant confrère et ami, M. Quatremère. Békri dit (*c*) en parlant de Tandjah (Tanger) « que c'était jadis « la résidence des rois de Magreb, et qu'un de ces princes avait « dans son armée trente éléphants. »

Mais comme l'auteur arabe, qui a déjà commis une erreur

(*a*) Origin. XII, 2, 60.

(*b*) *Biographie universelle*, éd. Michaud, t. XXI, p. 290, col. 1 et 2; et Schoell, *Histoire grecque*, t. II, p. 193 et 194, deuxième éd.

(*c*) T. XII des *Notices et extraits des manuscrits*, p. 564.

grave en plaçant Tandjah vis-à-vis les îles Fortunées, ne cite pas l'époque où régnait ce souverain, il est permis de croire qu'il a voulu parler de Bocchus ou des Bogus, enfin des anciens rois de Mauritanie antérieurs à la conquête romaine, qui se servaient en effet d'éléphants dans leurs guerres contre le peuple conquérant. Le silence d'Edrisi (a), qui vivait dans le siècle suivant (le XIe), appuierait cette opinion, car il ne fait aucune mention d'éléphants dans le *Magreb* ou dans d'autres parties de l'Afrique septentrionale.

C'est au savant traducteur de Békri, M. Quatremère, que je soumets les doutes de M. Dusgate et les miens, qu'il est mieux que personne en état de résoudre.

Ni Léon l'Africain, ni aucun voyageur moderne ne mentionne l'existence de ce grand animal dans ces régions.

L'accroissement de la population a dû contribuer à l'anéantissement de ce quadrupède ; le souvenir de son existence a dû s'effacer dans ces contrées par le laps des temps. D'ailleurs, ce qui est arrivé dans le nord de l'Afrique est à la veille de s'accomplir de nos jours à l'extrémité méridionale de ce vaste continent où, selon le récit des premiers voyageurs, le nombre des éléphants était prodigieux, dans les forêts qui entourent le Cap. La hache du colon éclaircit tous les jours ces forêts épaisses et son arme meurtrière poursuit sans relâche le paisible éléphant : contrainte de fuir devant la civilisation, sa race disparaîtra bientôt de ces contrées, si des lois sages ne viennent protéger sa faiblesse contre la férocité de l'homme.

On peut l'espérer ; car déjà une loi de la colonie du cap de Bonne-Espérance porte la défense de chasser et de tuer les hippopotames, moins utiles pourtant, moins susceptibles de domestication, sous peine d'une amende de mille rixdales.

Hélas ! mon compatissant collaborateur apprendra avec peine qu'il en est du Conseil général du Cap comme des états généraux en France ; Voltaire a dit dans sa *Henriade :*

> Peut-être on vous a dit quels furent ces états ;
> On proposa des lois qu'on n'exécuta pas.

(a) Ed. de Hartmann; Gott., 1796.

De mille députés l'éloquence stérile
Y fit de nos abus un portrait inutile.
Car de tant de conseils, l'effet le plus commun
Est de voir tous nos maux sans en soulager un.

Le Cap est moins fautif; mais une loi votée n'est pas une loi exécutée, pas même une loi de police : car le capitaine Boteler (a) a vu en 1826 des trappes, des guillotines, des piéges, des fusils de chasse, dressés et dirigés contre l'hippopotame et contre l'éléphant, à quinze ou vingt lieues de la ville.

De nos jours encore, M. Gordon Cumming, pendant son séjour de cinq années dans l'Afrique du Sud, se vante d'avoir tué plus de cinq cents éléphants. Il a rapporté en Angleterre le résultat de ses chasses destructrices d'une espèce utile et si facile à dompter, qui consistait en une riche cargaison de défenses. Cependant, sur ce nombre d'éléphants massacrés, déjà trop considérable, il ne comptait pas ceux qu'il n'avait que blessés, et qui, s'étant enfuis au milieu des jungles et des marais, n'avaient pas tardé à périr.

(a) T. I, ch. IV, p. 35, 106, 109, 257, 292, 293, et Pl. I.

CHAPITRE V.

Après avoir dépassé ce lac d'une journée de navigation, j'ai repeuplé des villes[1] et fondé sur le bord de la mer des colonies appelées Kariconteichos[2], Gytté[3], Ucris[4], Melitta[5], et Arambys[6].

[1] C'est la vraie leçon ; au lieu de κατωκήσαμεν, il faut lire κατωκίσαμεν, *urbem colonis frequentavimus.* Ces villes avaient été fondées par les Phéniciens, possesseurs de Gadès, aujourd'hui Cadix (*a*).

[2] Il y avait dans les troupes d'Hannon des Cariens auxiliaires qui, comme les Suisses, servaient partout pour de l'argent. C'était un proverbe fort répandu chez les anciens Ἐν Καρὶ τὸν κίνδυνον, s'exposer dans la personne d'un Carien pour signifier un remplaçant pour le danger, en paix ou en guerre, une espèce de bravo (*b*). Mais, dit Bochart, *Kircharès, murus solis*, est le nom d'une ville moabite (*c*). Plutarque, ajoute-t-il, dit que les Perses appelaient le soleil Cyrus. Étienne de Byzance nomme Καρικὸν τεῖχος πόλις Λιβύης ἐν ἀριστερᾷ τῶν Ἡρακλείων στηλῶν, en citant Ephore (*d*).

Les Phéniciens avaient déjà emprunté aux Cariens la construction et l'usage de leurs pentécontores; ils avaient introduit pour la défense de leurs villes le système de fortification usité

(*a*) Voyez p. 22, la savante note de Kluge, sur le mot κατωκίσαμεν, éd. de 1829.

(*b*) Voyez le *Mémoire sur le chœur des grenouilles* d'Aristophane (p. 24, note 1), de mon savant confrère, M. Rossignol.

(*c*) Isaïe, XVI.

(*d*) L. V.

chez les Cariens et propre à ce peuple guerrier (*a*). De là le nom de Kariconteichos.

Je préfère cette explication à celle de Bochart, que j'ai citée plus haut; je ne la donne pourtant que comme une simple conjecture.

[3] Gytté, de *Geth*, qui en hébreu signifie *pecus* (*b*).

[4] Ucris, Ἄκραν dans le texte. Je lis Ἴκριν, nom d'une ville punique, située entre Carthage et Bizerte, connue récemment par une inscription qu'a découverte mon ami bien regretté, sir Grenville Temple, et que j'ai donnée à la Bibliothèque impériale. On sait que les colons aiment à transporter dans leurs nouveaux établissements les noms des lieux de leur patrie. Je crois bonne cette correction, que j'ai déjà appliquée à l'Ακραν de Diodore (*c*), dans son récit de l'expédition d'Agathocle. Diodore de Sicile en fait Ἵππου ἄκραν et l'identifie avec ἵππον, ἄκραν. Polybe (*d*) nomme ses habitants Ἱππακρῖται, dont les érudits ont fait l'Hippozaritus ou Diarrhitus (Biserte).

Or, Agathocle rencontre et prend cette ville d'Hippacra, alliée et voisine d'Utique, dans sa marche par terre de Tunis en Numidie. Cependant Biserte est un port, et la marche du général grec se maintint à douze ou quinze lieues de la mer. Diodore de Sicile peut-être, du moins les copistes grecs, plus familiers avec le mot ἄκρα qu'avec le nom punique d'Ucris, en ont fait la citadelle du cheval..... ἐστρατοπέδευσεν ἐπὶ τὴν Ἵππου ἄκραν καλουμένην ὠχυρωμένην φυσικῶς τῇ παρακειμένῃ λίμνῃ (*e*), l'ont placée près d'un lac, sur une éminence naturellement fortifiée, et les commentateurs y ont vu Biserte, contre laquelle pourtant Agathocle ne s'avance que par terre, et après avoir pris Ucris.

[5] Melitta, de *Melet*, mot hébreu qui signifie de la chaux, dans Jérémie (*f*).

Étienne de Byzance cite une Melissa comme ville des Li-

(*a*) Voyez Hérodote, I, 171; Diodore, V, 184; Thucydide, I, 8.
(*b*) Voyez Kluge, p. 25.
(*c*) XX, 55, t. II, p. 447, éd. Wesseling.
(*d*) I, 82.
(*e*) *Diod.*, XX, 55, t. II, p. 447, éd. Wesseling.
(*f*) 43-9.

byens. C'est probablement la Melitta du Périple d'Hannon.

[6] Arambys, ce nom vient du punique *Haran-bin*, montagne des raisins. Cette étymologie est confirmée par Scylax, qui dit qu'on tire beaucoup de vin des vignes plantées autour de cette ville. οἶνον ποιοῦσι πολὺν ἀπὸ ἀμπέλων. Marcus (*a*) est du même avis pour Arambys, et dit que ce nom vient de l'hébraïque *Har-anbi*, montagne plantée de raisin, ou de *Jr-anbi*, ville entourée de vignes.

J'ai donné à dessein quelques notes détaillées sur ces cinq villes situées entre le 28° et le 23° lat. N. C'est aux orientalistes et aux hellénistes du premier ordre à décider la question. Nos marins, avertis de la position de ces comptoirs fondés par Tyr, repeuplés en 510 avant J.-C., par Carthage, pourront peut-être, s'ils séjournent sur ces côtes, et s'ils y font des fouilles, exhumer quelques débris d'inscriptions ou d'objets d'art puniques, comme Charles Texier a retrouvé un cimetière punique à Oran, jadis comptoir ou colonie de Carthage.

(*a*) Notes à la *Géogr. ancienne des Etats barbaresques*, d'après Mannert, p. 732.

CHAPITRE VI.

Etant partis de là, nous arrivons au grand fleuve Lixus[1], qui coule de la Libye[2]. Les Lixites nomades faisaient paître les pâturages situés le long de ce fleuve; nous séjournâmes quelque temps chez ces peuples, devenus nos amis.

[1] La position du Lixus à la limite des races Maures et Nègres, signalée par Hannon, est confirmée par Posidonius, qui, en racontant le voyage d'Eudoxe (*a*) et son arrivée au fleuve Lixus, dit que les sujets du roi de Mauritanie, Bocchus, qui bordaient ce fleuve, étaient composés des deux races, de la race blanche et de la race noire.

[2] Le Lixus formait la limite entre la race sémitique Maure ou Berbère, au teint cuivré, au nez aquilin, aux cheveux longs et lisses, et la race nègre à la peau noire, au nez camus, aux grosses lèvres, aux cheveux laineux et crêpus, bien désignée par l'épithète ἀλλοιόμορφοι.

Diodore (*b*), Pline (*c*), Méla (*d*), décrivent aussi ces nègres, dont Gosselin (*e*) a fait des singes; leur vitesse à la course est confirmée par Juba et Pline (*f*), et par Solin (*g*).

(*a*) Cité par Strabon, II, p. 99.
(*b*) III, 8.
(*c*) V, 8.
(*d*) I, 4.
(*e*) *Recherches sur la Géographie ancienne*, t. I, p. 99.
(*f*) *Hist. nat.* VI, 34.
(*g*) Ch. LVI.

Léon l'Africain (a), attribue aussi à des nègres troglodytes, les *Buchées*, une vitesse égale à celle des chevaux.

La véracité d'Hannon, si frappante dans tout son récit, se trouve donc confirmée par tous les témoignages anciens et modernes.

« Le Lixus, *Rio-do-Ouro*, qui répond au fleuve nommé Sa-« lathus dans Ptolémée, me semble, dit d'Anville (b), le Lixus « du Périple d'Hannon, à cause des deux jours de navigation « ultérieure et d'un troisième qu'il fait en tournant à l'est pour « arriver à l'île nommée Cerné. Dans ce détour on peut recon-« naître le cap Blanc et l'île d'Arguin, nommée *Ghir* par les « Maures. » Cette date prouve que ce passage a été écrit après Bougainville et ses contradicteurs. Gibbon (c) a été traduit en français par M. Dusgate ; il a bien voulu prêter la traduction de cette dissertation du célèbre historien à l'auteur du mémoire actuel, son ami depuis quarante ans. Le même Gibbon appelle à juste titre d'Anville, *le prince des géographes*, *le célèbre d'Anville*. Je suis étonné que le nom et la réputation de Gibbon n'aient pas attiré l'attention des commentateurs du Périple d'Hannon qui ont écrit postérieurement à la publication des Mémoires posthumes, et qu'ils n'aient ni loué, ni réfuté, ni même cité ce célèbre historien, quand ils le font sans cesse pour Gosselin et Gail fils. Je me servirai de cette traduction faite par un Anglais qui réside constamment en France depuis quarante ans.

(a) P. 13.

(b) *Géogr. ancienne*, t. III, p. 118, trois vol. in-12, 1768.

(c) *Mémoires posthumes* : De la position de la ligne méridienne, et recherches sur la navigation supposée des anciens autour de l'Afrique.

CHAPITRE VII.

Au-dessus des Lixites habitent les Ethiopiens inhospitaliers, Ἄξενοι, qui font paître une terre pleine de bêtes féroces, entourée de grandes montagnes desquelles ils disent que sort le Lixus, et qu'autour de ces montagnes habitent des hommes de formes et de figures étranges, ἀλλοιόμορφοι, qui sont troglodytes (habitant les grottes et les cavernes). Les Lixites dirent que ces hommes étaient plus vites à la course que les chevaux.

CHAPITRE VIII.

Ayant pris chez les Lixites des interprètes, nous naviguâmes le long du désert vers le midi pendant deux (lisez douze) jours[1] : et de là encore nous navigâmes pendant une journée vers le soleil levant. Là, nous avons trouvé dans le fond d'un golfe une petite île ayant cinq stades de tour[2], où je fondai un établissement, et que je nommai Cerné.

Nous conjecturâmes, d'après notre navigation, que l'île était située juste en face de Carthage, car le nombre de jours de navigation depuis Carthage jusqu'aux Colonnes était le même que celui depuis les Colonnes jusqu'à Cerné[3].

[1] La correction est certaine ; de ιβ', on a fait β' en oubliant l'ι ; or, le Sahara que côtoie Hannon occupe 6 degrés ou cent cinquante lieues, et exigeait douze jours et demi de navigation, estimée en moyenne à douze lieues et demie par vingt-quatre heures.

[2] Ici le texte est légèrement altéré ; au lieu de πέντε, lisez πεντεκαίδεκα ; car Cornelius Nepos, cité par Pline, donne à l'île de Cerné (*a*) deux milles romains, ou seize stades de tour. Le texte portait ιέ, πεντεκαίδεκα, quinze stades ; les copistes ignorants

(*a*) Pline, *Hist. nat.*, lib. VI, 36.

ont omis l'ι qui signifie dix (*a*). Festus Avienus (*b*) place Cerné vers la limite nord du pays des Éthiopiens ou nègres occidentaux :

Terminus Æthiopum populos alit ultima Cerne.

Avec d'Anville, Bougainville, Rennel et M. Kronn (*c*), je vois dans Cerné l'île d'Arguin. Heeren et Mannert la cherchent près de Santa-Cruz. Gosselin et Gail, son copiste, en font une île, submergée par leurs idées systématiques, qui devait être, selon eux, près du fleuve Subou ou Sabou. Gibbon, page 25, voit aussi l'île d'Arguin dans Cerné.

On lit dans Bougainville (*d*) que la somme de jours employés pour la navigation d'Hannon, de Cerné ou de l'île d'Arguin à la Corne du sud dans le golfe de Guinée, était de vingt-six, à vingt lieues marines par journée = cinq cent vingt lieues. Une escadre portugaise, en 1621, a mis douze jours de Lisbonne à Arguin, et vingt-six jours de cette île au cap des Trois-Pointes, qui est la Corne du sud, mentionnée plus haut. Or, les vaisseaux légers d'Hannon marchaient à la voile et à la rame : chacun avait cent rameurs.

« Je fondai, dit Hannon, un établissement dans cette petite « île, que je nommai Cerné. Nous conjecturâmes, d'après notre « navigation, que l'île était située en face de Carthage ; car le « nombre de jours de navigation depuis Carthage jusqu'aux « Colonnes était le même que celui depuis les Colonnes jusqu'à « Cerné. »

Ici nous quittons le sol ferme de la géographie comparée positive : ce ne sont plus des positions fixes, une logique posée sur des bases certaines ; les arguments ne s'appuieront que sur le sol plus mouvant, plus mobile des probabilités. C'est enfin un procès à soutenir, à débattre, et il me faudra plus

(*a*) Confer h. l. *Scylacis Periplum* (Geogr. min., ed. Oxon.). P. 321 ; éd. citée, t. I, p. 53 à 55.

(*b*) *Descript. orbis*, vers 327.

(*c*) P. 75 et 76.

(*d*) T. XLIII, p. 325, 331, 333, éd. in-12.

d'espace pour parvenir à faire pencher mes lecteurs du côté de mon opinion. Cependant, dans cette discussion, j'aurai sur mes prédécesseurs l'avantage d'un demi-siècle où je me suis occupé d'établir la limite des excursions anciennes dans le sein de l'Afrique, demi-siècle pendant lequel la science a marché. La physique et l'art du navigateur ont multiplié les sondes, les relèvements des côtes, l'étude assidue de la direction des vents et des grands courants de mer polaire et équatoriale. Tout cela depuis cinquante ans a été représenté dans des cartes fidèles. Voilà les bases sur lesquelles s'appuiera ma discussion, et je devrai aux savants de l'Europe, surtout à ceux d'Angleterre, d'Allemagne et de France, ces avantages que m'accorde une longue vie, qui me permet encore de suivre ou de rectifier les vues saines ou les erreurs de ma jeunesse.

M. Babinet (*a*), dans un savant mémoire intitulé : *Influence des courants de la mer sur les climats*, a traité à fond cette question.

Pour ne pas m'écarter de mon sujet principal, qui est la navigation d'Hannon et de Polybe, depuis le détroit de Gadès jusqu'à l'équateur, pour mettre enfin plus d'ordre dans la discussion, je pourrais rejeter dans un appendice les grands courants maritimes, les probabilités que les anciens ont fait le tour de l'Afrique, l'ancienneté des erreurs de la géographie systématique, la climatologie comparée des côtes de l'Afrique occidentale et orientale sous les mêmes parallèles.

Mon mémoire y gagnera, j'espère, en ordre et en lucidité. Enfin, je redoublerai de constance et d'obstination dans mes recherches sur cette question tant controversée et qui m'occupe depuis cinquante ans. La limite sud des navigations d'Hannon et de Polybe doit être fixée avec précision et passer de l'état de conjecture à celui de fait positif.

Toute réflexion faite, je renonce à ces deux appendices. Après M. Babinet, après le bel ouvrage de l'amiral Smith, que pourrais-je dire de neuf sur les grands courants maritimes?

(*a*) *Constitutionnel* du 30 octob. 1854.

Que me restera-t-il à dire après l'excellent ouvrage du vicomte de Santarem sur l'histoire de la géographie systématique des anciens et du moyen âge, appuyée sur des monuments presque tous inédits, 'depuis Cosmas Indicopleuste jusqu'à l'invention des cartes graduées et même jusqu'au dix-septième siècle?

CHAPITRE IX.

De Cerné nous arrivâmes dans un estuaire, après avoir dépassé un grand fleuve nommé Chrémétès[1] (le Sénégal). Cet estuaire a trois îles plus grandes que Cerné.

De là, après avoir navigué un jour entier, nous arrivâmes dans le fond de cet estuaire, au-dessus duquel s'étendaient de très-grandes montagnes remplies d'hommes sauvages, revêtus de peaux de bêtes, qui, nous accablant des pierres qu'ils nous lançaient, nous empêchèrent de débarquer[2].

[1] Le texte grec, légèrement altéré, porte Χρέτης, lisez : Χρεμέτης, qu'Aristote (*a*) appelle ainsi et qu'il décrit comme un des plus grands fleuves de la Libye occidentale. Le Chrémétès est certainement le Sénégal (lat. N. 16° ; long. O. 1° 20'). Cette heureuse correction de Bochart et l'identification du Chrémétès avec le Sénégal doivent être adoptées comme une certitude, car c'est le premier grand fleuve qu'on rencontre en venant du nord. Le deuxième grand fleuve, rempli de crocodiles et d'hippopotames, qu'Hannon trouve vers le sud, est sans nul doute la Gambie (lat. N. 13°; long. O. 1° 20'), dont le nom, légèrement altéré, se retrouve dans le Bambotus de Polybe (*b*), après un premier fleuve débouchant plus au nord, où vivent

(*a*) Météorologie, I, 13.
(*b*) Dans Pline, V, 1. « Crocodilis et hippopotamis refertus. »

aussi des crocodiles. Or, Pline (*a*) nous dit que Scipion l'Emilien donna à Polybe une flotte pour explorer cette partie de l'Afrique (illius orbis). « *Scipione Æmiliano res in Africa re-* « *gente, Polybius, annalium conditor, ab eo accepta classe, scru-* « *tandi* ILLIUS ORBIS GRATIA CIRCUMVECTUS..... » Nous avons donc ici pour garant un témoin oculaire ; malheureusement le Périple de Polybe, qui paraît s'être avancé jusqu'au Théon-Ochêma (lat. N. 4°) et même jusqu'à et au delà de la ligne, ne nous est connu que par le maigre abrégé qu'en a donné Pline (*b*) ; mais ce récit s'accorde pour la géoplastie, la géologie et l'histoire naturelle avec le rapport de Suétonius Paulinus (*c*), qui a porté ses armes jusque chez les *Perorsi*, situés, selon d'Anville, au 7° de lat. N. Il coïncide avec les observations des marins et des voyageurs modernes. La perte que nous avons faite du XXXIIIe livre de Polybe concernant la géographie, et dans lequel il avait, sans nul doute, raconté en détail sa navigation, est donc un malheur irréparable. Cependant l'extrait de Pline nous fournit une base pour évaluer les connaissances que les anciens ont possédées de l'intérieur de l'Afrique jusqu'à l'équateur et peut-être même plusieurs degrés au delà de la ligne équinoxiale. Solin (*d*) ne fait que copier Pline; il nomme le Bambotus, plein, comme le Chrémétès, de crocodiles et d'hippopotames, parmi les fleuves de la Libye occidentale, mais il place ce Bambotus avant un autre grand fleuve situé plus au sud, le Niger de Pline, le Nuchul de Méla (*e*) : « Nuchul ab incolis dicitur : *et* « *videri potest non alio nomine appellari, sed a barbaro ore cor-* « *ruptus. Alit papyrum et minora quidem, ejusdem tamen ge-* « *neris animalia.* » Ce Nuchul ou Nuluch des indigènes est le Niger de Pline (*f*) et doit être notre Niger actuel, dont l'em-

(*a*) V. 1. 8, éd. Littré.
(*b*) V. 1.
(*c*) Pline, *Hist. nat.*, V. 1, 14.
(*d*) Ed. Salmasii, ch. XXIV, p. 33. G.
(*e*) 3, 9, 74.
(*f*) T. I, p. 242, liv. V. D'autres manuscrits de Solin portent *Niger*, au lieu de *adhuc*. V. *Salmas. Plinian. Exercit.*, p. 215, A. B. C.

bouchure, récemment connue, est par 4° 1/2 lat. N. Voici ce texte curieux : « *Ultra Bambotum, amnis qui atro colore exit* « *per intimas et exustas solitudines, quæ torrente perpetuo, et* « *sole nimio plus quam ignito, numquam ab æstu vindicantur.* » Je traiterai à fond toutes ces questions lorsque Hannon sera arrivé au Théon-Ochêma, qui s'élève par 4° 1/2 lat. N. au-dessus des bouches du Niger.

[2] Ces hommes sauvages, revêtus de peaux de bêtes, qui, accablant les Carthaginois des pierres qu'ils leur lançaient, les empêchèrent de débarquer, étaient certainement de grands chimpanzés, ou une espèce voisine encore inconnue, mais d'une très-haute taille ; car c'est la manière de combattre de ces quadrumanes.

Je dois cette interprétation au docteur Pucheran, qui, dans sa *Faune d'Afrique* (Mémoire lu à l'Académie des sciences), a fait faire de grands pas à la zoologie de ce vaste continent, si voisin de l'Europe et encore si peu connu.

CHAPITRE X.

De là, ayant continué à naviguer, nous atteignîmes un fleuve grand et large, rempli de crocodiles et d'hippopotames (c'est la Gambie ou Bambotus)[1]. De ce lieu nous retournâmes en arrière et revînmes à Cerné.

[1] Voyez la note précédente sur le Chrémétès (Sénégal), où j'ai traité aussi ce qui concerne la Gambie.

CHAPITRE XI.

De là nous naviguâmes douze jours entiers vers le midi, en côtoyant la terre qu'habitent tout entière des Éthiopiens, qui prirent la fuite et ne nous attendirent point. Ils parlaient une langue inintelligible [1], même aux Lixites qui étaient avec nous.

[1] Cette côte était donc déjà habitée par une race nègre, dont la langue était inintelligible aux Lixites interprètes d'Hannon, comme elle le fut depuis à ceux de Cadamosto, lorsque, dans le quinzième siècle (1455), il longea les rivages de cette partie de l'Afrique.

CHAPITRE XII.

Le dernier jour nous avons mouillé devant de grandes montagnes couvertes de forêts épaisses [1]. Ces arbres étaient d'*espèces variées,* odoriférantes, et *leur bois était veiné.*

[1] Harris (*a*) et Cooley nous apprennent qu'il en était de même dans la région des Aromates et dans la portion de la péninsule arabique placée sous la même latitude ; il y a encore, sous le point de vue botanique, comme sous celui de la géologie, un parallélisme remarquable entre l'Afrique orientale et l'Afrique occidentale (*b*), située entre les parallèles de 16° à 4° l. N.

Dans les forêts de l'Abyssinie, il y a peu d'autres arbres odorants que les conifères : les taillis clair-semés dont la Corse et l'Italie même nous offrent des exemples sont, au contraire, composés d'espèces très-variées de sous-arbrisseaux, et le caractère propre aux régions tropicales est la grande variété des espèces botaniques.

(*a*) Voyez Harris, Cooley et Welsted. L. C.

(*b*) Voyez le beau mémoire de M. le doct. Pucheran, intitulé : *Esquisse sur la mammalogie du continent africain* (Extrait de la *Revue de zoologie*, 1855).

CHAPITRE XIII.

De là, après deux jours de navigation, nous entrâmes dans un golfe de mer immense (le golfe de Guinée), lequel, des deux côtés, offrait une terre plate d'où, pendant la nuit, nous vîmes des feux qui se portaient de toutes parts et qui changeaient de place, tantôt plus, tantôt moins grands[1].

[1] Ces feux errants, mentionnés aussi par un ancien Grec (*a*), étaient produits par des nègres qui, jadis comme en 1462, quand Pietro de Cintra longea cette côte, dormaient le jour et dansaient la nuit aux flambeaux. C'est ce qu'ils font encore aujourd'hui pour éviter la grande chaleur.

Le jour, ou du moins la plus grande partie du jour, est donnée au sommeil dans leurs grottes sombres, la nuit aux promenades, aux visites et aux danses, qui se font toujours à la clarté des flambeaux.

La loi impérieuse du climat change les habitudes de l'homme et le force à faire du jour la nuit et de la nuit le jour. Du reste, toute cette partie de l'Afrique, décrite par Hannon, comme étant remplie de volcans enflammés ou de courants de lave qui se jettent dans la mer, cette côte inabordable à cause de l'extrême chaleur a été revue et retrouvée exactement sous le même aspect par les capitaines W. Owen (*b*) et Boteler (*c*).

(*a*) L'auteur des Θαυμασίων ἀκουσμάτων, c. 37.

(*b*) W. Owen, vol. II, p. 365-366.

(*c*) Boteler, t. II, p. 470, 461, 463.

Elle semble identique pour la formation géologique avec la contrée intérieure que Suetonius Paulinus (*a*) traverse en arrivant au Ger ou Niger. « Ce sont, dit-il, des déserts couverts « d'une poussière noire, du sein de laquelle s'élèvent des ro- « chers brûlés, inhabitables à cause de la chaleur, *inhabitabilia* « *fervore.* »

Or, Suetonius a déjà franchi en dix marches, *decumis castris*, à partir de sa base, le mont Atlas, couvert, même en été, de neiges épaisses (*b*), qui doit être le *Théon-Ochêma* d'Hannon et l'Atlas que Polybe, dans son Périple, place au sud du golfe occidental (Ἑσπέρου Κέρας) d'Hannon. Pline le dit formellement, en citant l'historien voyageur.

Nous avons donc ici dans l'antiquité trois témoins oculaires, Hannon, Polybe et Suetonius, qui ont tous décrit et placé dans ce lieu la plus haute cime de l'Afrique occidentale.

Cette assertion a été confirmée par des mesures précises et par les observations des savants modernes, que je reproduirai plus loin. Ne doit-on point adopter cette position fondée sur des observations précises plutôt que celle des géographes systématiques grecs ou latins, qui plaçaient dans la Mauritanie le point culminant de la grande chaîne de l'Atlas?

Les récents voyages, les observations des capitaines les plus instruits de la marine anglaise confirment pleinement celles des anciens sur ce point. Nous avons vu que le sommet de l'Atlas de Suetonius est couvert, même en été, de neiges épaisses, et nous ne connaissons aucun pic, aucune cime de montagne en Mauritanie qui conserve des neiges perpétuelles. Nous savons de plus, par tous les navigateurs modernes, que la partie de l'Afrique occidentale, qui se prolonge depuis le 14° de lat. jusqu'à l'équateur, est entièrement de formation ignée; que dans cette zone existent les plus hautes chaînes de montagnes, dont un pic volcanique, à Sierra-Leone, atteint 4,000 mètres de

(*a*) Voyez Pline, V, 1, t. I, p. 243, ligne une et suivantes, édition de Hardouin.

(*b*) Voyez Pline, *l. c.*

hauteur, et le Théon-Ochêma, l'Atlas de Polybe et de Suetonius, le mont Cameroun actuel, en a près d'un tiers en sus.

Tous ces faits, je le répète, s'accordent avec ceux que nous ont transmis Hannon, Polybe et Suetonius; ils se confirment l'un par l'autre et concourent, avec *l'habitat* du grand gorille du Gabon, à fixer positivement sous l'équateur la limite du périple d'Hannon.

CHAPITRE XIV.

Après y avoir fait de l'eau, nous naviguâmes en avant pendant cinq jours, le long de la terre, jusqu'à ce que nous fussions arrivés dans un grand golfe que nos interprètes nous dirent s'appeler la *Corne du couchant*. Là, se trouvait une grande île, et dans l'île un lac marin, et dans le lac une autre île. Etant descendus dans cette dernière, nous ne voyions rien pendant le jour, si ce n'est une forêt ; mais pendant la nuit nous apercevions un grand nombre de feux ardents, et nous entendions le son des flûtes, le retentissement des cymbales et des tambours et des clameurs immenses. La peur[1] s'empara donc de nous, et les devins nous ordonnèrent de quitter l'île.

[1] Ce paragraphe porte les traces d'une naïveté vraiment rare chez les auteurs anciens. Hannon avoue hautement que lui et son équipage ont pris peur et suivi les conseils des devins qui l'engageaient à se rembarquer. Jamais Grecs ni Romains n'eussent fait, dans le même cas, un aveu aussi sincère ; on croit véritablement lire un récit de sir James Ross ou du capitaine Cook dans leurs excursions aux pôles arctique ou antarctique. La foi punique, si vivement incriminée par les Romains, peut bien être un préjugé barbare, comme celui de la perfide Albion ou du Léopard britannique, qui ont alimenté depuis cinquante ans

les diatribes des faiseurs de journaux et les orateurs démocrates des Chambres.

Quant à cette grande île si singulière de la *Corne*, c'est-à-dire du golfe du Couchant, je cite de nouveau le texte d'Hannon : « Là se trouvait une grande île, et dans l'île un lac marin, et « dans le lac une autre île, » c'est le seul point dans toute la navigation d'Hannon dont l'identité n'ait pas été constatée par les navigateurs modernes. Mais on sait par eux et par les géologues qu'ils ont emmenés dans leurs expéditions que toute cette contrée est parsemée de volcans, les uns en ignition, les autres récemment éteints et prêts à se rallumer encore. Je ne citerai, pour appuyer cette assertion, que les îles du Prince, de Saint-Thomé, de Fernando-Po (*a*) et d'*Anno-Bono* (*b*) sur le continent Liberia et Sierra-Leone, qui ont été reconnues comme étant d'origine et de formation volcaniques. Il y a une assez grande probabilité que les trois enceintes concentriques, décrites par Hannon, auront été défigurées par les éruptions volcaniques successives qui ont eu lieu depuis le cinquième siècle avant J.-C., et dont les géologues anglais ont reconnu les traces évidentes dans les couches de laves superposées à différentes époques.

Je puis citer à ce propos ma propre expérience. Lorsque j'ai visité l'Italie pour la première fois, en 1811, le Vésuve avait son cône bien formé ; il ne manifestait son état volcanique que par quelques fumées qui s'exhalaient du cratère ; plusieurs des soupiraux étaient même abordables. Je suis descendu dans l'un d'eux, qui avait au moins 40 mètres de profondeur et dont le sol était chaud ; il y poussait néanmoins quelques herbes maigres et rares. Avant la première éruption, sous Titus, il

(*a*) Fernando-Po a 11,000 pieds d'altitude : son volcan, boisé jusqu'à 10,000 pieds, noir et nu, *bare and brown*, est évidemment d'origine volcanique, disent Owen et son géologue, *bearing strong evidence of its volcanic origin*. Fernando-Po est situé à 90 milles du continent : le détroit (*channel*) qui l'en sépare, est très-pittoresque. Il a, d'un côté, les hautes montagnes du Caméroun, de l'autre, celles de l'île Fernando-Po. La distance entre les deux pics est d'environ 50 milles marins : leurs bases se rapprochent jusqu'à 20.

(*b*) W. Owen, t. II, p. 365 et 366.

était couvert de forêts, de villages, de prés et de villas (*a*).

Lorsque je visitai de nouveau ce même Vésuve en 1815, je ne le reconnus plus : c'était pour moi une autre montagne ; tout le sommet du cône avait disparu ; aucun des cratères n'était abordable ; la hauteur du pic était sensiblement diminuée. De grands torrents de lave avaient coulé et menaçaient presque d'engloutir la maison de l'ermite, située sur une arête de laves descendues autrefois de la montagne. Je ne pus m'empêcher de former la conjecture, peut-être bien hardie, que l'espace qui s'étend entre la *Somma* et le Vésuve, et qui forme une vaste tranchée, s'élevait autrefois par une pente inclinée jusqu'au sommet de mon Vésuve de 1811, et que cette vaste brèche avait été formée par la terrible éruption qui, sous Titus, engloutit les villes d'Herculanum, de Stabiæ, et couvrit d'un déluge de cailloux volcaniques (*rapilli*) la ville et la plaine de Pompéi. Je ne donne du reste cette rêverie *archéologico-scientifique* que pour ce qu'elle vaut, et je ne m'engage nullement ni à la prouver ni même à la défendre.

Elle est pourtant appuyée par le soulèvement de l'Himalaya, décrit par J. Dalton Hooker, et par le beau mémoire sur les émanations volcaniques du Vésuve et de l'Etna, par M. Sainte-Claire-Deville, lu à l'Académie des sciences le 12 janvier 1857, p. 58 et 59, et jugé digne, sur le rapport de la section de géologie et de minéralogie, d'être imprimé dans les Mémoires des savants étrangers.

(*a*) Stace le dit formellement. Voir ma note 102, *Argonautiques* de Valerius Flaccus, t. II, p. 327. Trad. franç. par D. L...; Paris, 1811.

CHAPITRE XV.

Nous en étant promptement éloignés, nous côtoyions la terre embrasée des parfums[1]. Il en coulait des torrents enflammés[2] qui allaient se jeter dans la mer. La terre était inabordable à cause de la chaleur.

[1] Cette terre *des parfums* se trouve sur le même méridien que la *regio aromatica*, habitée aujourd'hui par les Somalis, dans laquelle se trouve le *cap des Aromates*, et que dans l'Arabie, le territoire de Saba, ou la *regio Sabæa,* si célèbre dans l'antiquité par l'abondance ou l'excellence de ses parfums (*a*). Ici encore le parallélisme, déjà si remarquable pour la zoologie, la géoplastie et la géologie, entre les contrées placées sous la même latitude dans l'Afrique occidentale, devient frappant pour la botanique et la distribution des plantes dans l'est et l'ouest du continent.

[2] Ces *ruisseaux de feu,* ou *torrents enflammés, qui se jettent dans la mer,* sont en réalité des ruisseaux de lave qui se sont

(*a*) Ce même parfum, attribué aux broussailles et aux maquis de cette partie de la Guinée, se retrouve avec des conditions semblables jusqu'au 4e degré lat. nord de l'Afrique, au pied des montagnes nues qui séparent la péninsule des Somalis du golfe Persique, et a été remarqué par un voyageur qui a parcouru la plus grande partie de l'Afrique, de la Perse et de la Syrie, le savant ingénieur et pèlerin Burton, dans ces termes : « Atmosphere perfumed, as in part of Persia, and Northern Arabia, by the aromatic shrubs of the desert. »

refroidis peu à peu en s'éloignant de leurs sources et qui pendent encore sur la mer comme des stalactites dans les grottes, ou comme l'eau des cascades sur les montagnes, quand elle est saisie par le froid. C'est ainsi que ces laves sont décrites par tous les navigateurs anglais qui, jusqu'en 1845, ont visité cette côte. Ils ont même ajouté que leur formation semblait très-récente *(a)*.

(a) Voyez Owen, *l. c.*; Mac Queen, *l. c.*; Boteler, *l. c.*

CHAPITRE XVI.

Saisis de crainte, nous quittâmes donc aussi promptement cet endroit, ayant vogué pendant quatre[1] jours; nous apercevions pendant la nuit la terre remplie de flammes; au milieu s'élevait un feu d'une extrême hauteur, plus considérable que les autres, touchant, à ce qu'il semblait, aux astres. Ce volcan, pendant le jour, se présentait comme une très-haute montagne appelée le *Char des dieux*[2].

[1] PHÉNOMÈNES ASTRONOMIQUES. — Ces quatre jours de navigation qui mènent Hannon, sans le savoir, au *Théon-Ochêma*, c'est-à-dire au mont Caméroun, rappellent une erreur semblable d'un navigateur portugais du quinzième siècle. C'est le 5 juillet 1455 que Cadamosto qui, d'après son estime, se croyait entre le Sénégal et la Gambie, vit à la fois à l'œil nu l'étoile polaire raser la terre, et la croix du Sud s'élever sur l'horizon. MM. Leverrier et Babinet, consultés par moi sur la valeur de ce phénomène astronomique, ont décidé que par 15° L. N., il eût été impossible de voir cette double coïncidence du lever et du coucher de ces deux astres, mais qu'elle était parfaitement visible à 4° lat. N. et en allant plus au sud.

[2] *Théon-Ochêma* (*a*) (*char des dieux*). *Mont Caméroun actuel.*

James Mac Queen (*b*) nous dit : « Grâce à l'atmosphère pure « de ces latitudes, le pic de Caméroun se voit en mer de « 245 milles marins; le tiers de sa hauteur est au-dessus des li- « mites de la végétation, et chaque matin sa cime est couverte « de neige et de glace. Par une telle latitude, 4° N., sa hau- « teur doit dépasser 16,000 pieds anglais au-dessus du niveau « de la mer. (*The height must exceed* 16,000 *feet*, près de « 6,000 mètres (*c*)). La tête du volcan forme les hautes terres « du Caméroun (*High-land of Cameroons* (*d*)). »

Qua. — Rumby.

« Tout le terrain et le relief du sol compris entre le Camé- « roun et la mer (45 milles marins de distance) est relativement « bas, moins la chaîne du Rumby, qui se compose d'une série « et de masses d'âpres montagnes toutes évidemment d'une « grande hauteur, car on peut les distinguer à une distance de « 60 milles marins. La plus grande d'entre elles a sa direction « vers le nord et porte à la boussole 10° E. à 44 milles du pic de « Caméroun. La montagne *Qua* est aussi une masse effrayante, « et j'imagine qu'elle approche davantage de l'altitude du Ca- « méroun qu'aucune autre du reste de la chaîne. Elle porte 16° « 15' O. à 64 milles, et on peut la distinguer à une distance de

(*a*) Les indigènes appellent le pic le plus élevé du Caméroun : Mangoma-Lobah, ce qui, dans leur langue, signifie montagne des dieux, et rappelle le Théon-Ochêma d'Hannon ; tradition qui, sans le secours de l'écriture, a traversé intacte 2400 ans, fait rare et curieux.

(*b*) *Geogr. and commerc. view of Northern central Africa, particular account of the course and termination of the great river Niger in the Atlantic Ocean.* Edimbourg, 1821, un vol. in-8.

(*c*) Mac Queen, p. 156 et 157.

(*d*) Voyez, je le répète, tout ce chapitre dans l'original que je ne traduis pas, parce que ce mont a été ou est observé de plus près par des voyageurs et des navigateurs plus récents, accompagnés d'un géologue et pourvus d'instruments trigonométriques pour en mesurer les hauteurs.

« près de 80 milles. Je ne doute pas que nous ne l'eussions vue « de la mer plus loin encore, si le ciel eût été plus clair (*a*). »

Toutes ces montagnes sont probablement volcaniques, celle de Caméroun l'est certainement. Elle possède des cratères fumants d'où s'exhalent des laves ignées et liquides. Les îles de Los, toute l'île de Fernando-Po, une partie du cap Mesurado et un plateau du Gabon sont composés de pierres et de laves volcaniques (*b*).

Il est certain qu'il existait avant Hérodote un commerce actif par terre entre les Carthaginois et une grande ville des Éthiopiens, qui peut être Timbouctou ou toute autre ville importante du Soudan encore inconnue. Ce commerce donnait de grands profits; car les Carthaginois y menaient leurs chevaux, rares alors dans le Soudan, y portaient leur argent qu'on échangeait contre de la poudre d'or, très-commune dans ce pays, et de plus des étoffes, de l'huile, des poteries d'Athènes et autres produits de l'industrie grecque et punique. Il me paraît maintenant évident que l'exploration d'Hannon, l'établissement des comptoirs libyphéniciens, surtout celui de la clef de position commerciale établie à Cerné ou île d'Arguin, eurent certainement pour but d'étendre, par mer, avec plus de facilité et de promptitude, ce commerce, qui ne se faisait qu'à travers le désert et par des caravanes susceptibles d'être pillées par les prédécesseurs des Touariks et des Tibbos, nomades actuels. Les

(*a*) Voyez Owen, t. II, p. 365, 366. Voyez Boteler, t. II, p. 461 à 463. « The Peak of Cameroons is an immense mass, its base being more than « 20 miles in diameter, and rising to the height of 13,250 feet above « the level of the sea... It is covered with verdure and trees of luxuriant « growth, excepting in the vicinity of its rounded summit and in one « part of the eastern side, where a narrow well defined streak, appa- « rently of parched herbage, alone takes a direction to wards the sea « and ressembles, at a distance, a current of lava that has for some time « ceased to flow..... Other mountains, seen at 80 miles off, are all pro- « bably volcanic. »

(*b*) Gumprecht, *Géogr. de l'Afrique*; Leipzig, 1853, in-8, p. 187.

J'ai mieux aimé recourir aux sources originales, en les citant exactement, que de retraduire une traduction allemande dont je ne pourrais vérifier l'exactitude.

Carthaginois avaient aussi probablement pour but de changer le commerce muet, dont je parlerai dans un autre mémoire, en un commerce actif et débattu entre des peuples qui auraient su s'entendre l'un et l'autre; ils devaient avoir enfin pour troisième but d'inspirer à ces peuples primitifs le goût des jouissances de la civilisation. Carthage espérait, comme le fait maintenant l'Angleterre en appuyant la suppression de la traite des nègres, et en inondant de ses produits toutes les côtes de l'Afrique orientale et occidentale, augmenter ses richesses, accroître sa puissance, engager ces peuplades grossières à lui fournir plus d'ivoire, plus de poudre d'or, peut-être même à s'embarquer sur les vaisseaux carthaginois.

Les petits rois *Bell* et *Aqua*, du Delta du Niger, l'ont fait de nos jours en s'embarquant pour aller à Londres. De même, leurs ancêtres ont monté sur des vaisseaux carthaginois pour aller s'instruire à Carthage dans la langue punique, et s'initier aux merveilles d'une civilisation bien supérieure à leur état de peuples pasteurs ou cultivateurs de denrées alimentaires nécessaires à leur existence.

Quand les Portugais eurent occupé l'île d'Arguin, ils agirent de même que les Carthaginois leurs devanciers.

On peut regarder même comme certain qu'avant 1450 les Portugais avaient exploré et nommé le *fleuve Caméroun*, l'un des bras du Niger, situé 4° 3/4 de lat. N. et 6° 3/4 environ de longitude orientale, à partir du méridien de Paris. Il est certain, en outre, qu'ils avaient reconnu et nommé le *mont Caméroun* (a), situé à 45 et à 60 milles de la côte, et dont les pics culminants se voient, en juin, couverts de glace, à une distance en mer de 245 milles marins. C'est là le *Théon-Ochêma* d'Hannon, l'Atlas de Polybe, enfin le point culminant de la grande chaîne qui, depuis la Gambie et même plus au nord, se montre partout hérissée de pics volcaniques et se termine enfin par le géant de la chaîne, par le mont Caméroun, que des calculs

(a) *Caméron* des Portugais, qui signifie *Mont des Crevettes*. Le nom anglais a prévalu à tort, et cache l'étymologie. Je dois ce renseignement à mon savant, aimable et illustre ami, le vicomte de Santarem, dont la perte ne peut être trop regrettée.

tirés de la limite des neiges sous la ligne portent à 16,000 pieds anglais de hauteur, c'est-à-dire 1,000 pieds plus haut que le mont Rose et le mont Blanc, et que des mesures trigonométriques, prises de la côte, réduisent à 5,200 mètres. Le baromètre, non encore porté sur la cime, décidera la question.

J'ajouterai que Cadamosto a dû reconnaître le Théon-Ochêma ou le mont Géant, que lui ou ses successeurs immédiats ont nommé Caméron, car il vit à la fois, comme je l'ai dit, l'étoile polaire toucher la terre, et la Croix du Sud se lever à l'horizon, ce qui implique qu'il devait être au moins, non, comme il le croyait, au Sénégal ou la Gambie, mais, je le répète, à l'embouchure du fleuve Caméroun, l'un des bras du Niger, et en face de cette montagne immense presque toujours en ignition, située par 4° 3/4 lat. N. et 6° 3/4 long. orientale à partir du méridien de l'Observatoire de Paris.

Les noms portugais de rivière et de mont Caméron indiquent à eux seuls la position du navigateur en 1455 de notre ère.

Etendue de la chaîne volcanique.

J'ai réuni de nombreux dépouillements sur le delta du Niger. Pour ne point égarer la discussion, je me contente de mettre ma carte sous les yeux de l'Académie, et je réserve les faits nombreux, anciens et modernes, que j'ai recueillis sur l'intérieur de l'Afrique dans sa partie occidentale, plus, ceux que la connaissance exacte du delta du Niger a déjà écrits sur ma carte, pour un mémoire particulier sur le commerce par terre et par mer de Carthage avec le Soudan.

J'ai avancé et je dois prouver qu'Hannon et Polybe sont allés jusqu'à l'équateur : voilà, je crois, le mémoire actuel restreint à ses justes limites, et je reprends la discussion au point de vue géologique où je l'avais laissée.

Etendue des pics volcaniques du Caméroun à Sierra-Leone.

M. Mac-Queen, dans sa préface (*a*), compare la géographie

(*a*) P. 13, ch. I.

ancienne avec les voyages récents : il affirme (a) que le Niger traverse une chaîne de montagnes très-hautes, dont quelques-unes sont couvertes de neiges perpétuelles, et il ajoute (b) qu'on rencontre des pics d'une altitude prodigieuse depuis le Caméroun en remontant au nord jusqu'aux Achantis (c) et à Sierra-Leone. Tous les voyageurs anglais, jusqu'au plus récent, William Allen, qui a achevé son expédition vers la fin de 1842, et l'a publiée en 1848, confirment pleinement l'assertion de M. Mac-Queen, et ajoutent (ce que MM. William Allen et Boteler avaient déjà signalé) que tous les pics les plus élevés dans cette vaste étendue étaient d'origine ignée et, comme je l'ai dit plus haut, les uns récemment éteints, les autres en activité. Gumprecht a cité les basaltes des îlots de Mondolch et de Bimbia, situés sur la côte vis-à-vis du mont Cameroun (d). J'ai négligé ce petit détail donné par W. Allen auquel Gumprecht l'a emprunté, et j'ai toujours préféré recourir aux sources originales plutôt qu'aux compilations, même allemandes, et ne pas donner de simples conjectures pour des faits avérés.

Preuves climatologiques que Polybe a vécu sous l'équateur.

Nous avons déjà vu que Polybe s'écartait entièrement de l'opinion systématique qui faisait de l'Afrique un triangle, coupé à l'ouest vers le tropique et se terminant en pointe vers l'extrémité S. E. de la mer Rouge (e) ; car il place au Théon-Ochêma, 4° 3/4 lat. N., son Atlas, que les autres mettaient en Mauritanie. Ce système absurde, on le trouve déjà en faveur au sixième siècle et au quatrième siècle avant J.-C. dans *Scylax de Caryande* et dans Hérodote, contemporains d'Hannon, si l'on adopte la date de 510 que M. Kluge et moi nous avons attribuée au début du périple d'Hannon. On va voir que Polybe (f)

(a) P. 61, 62.

(b) P. 86, 87.

(c) Voyez Bowdich, *Voyage dans le royaume des Ashantees*.

(d) Gumprecht, *Géogr. de l'Afrique*, 1853, p. 187.

(e) Voyez le bel Atlas du vicomte de Santarem, ses explications, vol. II, p. 229 ; III, p. 182, et les deux cartes qu'il m'avait permis de faire calquer.

(f) *Polybii Historiarum quidquid superest*; éd. Schweighaeuser, t. V, p. 25, 26, 27; Lipsiæ, 1789. *De Habitatione sub æquatore Libellus geminus*,

avait des idées aussi nettes et aussi justes sur la chaleur équatoriale que sur la hauteur des montagnes de cette zone, et il me semble que pour oser combattre une erreur aussi fortement établie dans la croyance du peuple et des savants, il fallait une profonde conviction.

Cette erreur tenace persista pourtant dans tout le moyen âge, et même cinquante ans après l'invention des cartes graduées (*a*). Elle est même tellement enracinée qu'en 1854 elle existe encore dans la croyance des paysans normands et percherons qui, placés au point de partage des eaux qui se jettent directement au nord dans la Manche, et par l'Huine, la Sarthe, la Maine et la Loire dans la mer Atlantique, appellent *le pays d'amont* celui qui descend et *le pays d'à-bas* celui qui monte. La haute et la basse Normandie, noms qui désignent précisément le contraire de leur état physique, en sont un autre exemple. Mes Percherons et nos Normands ont-ils lu Virgile et Delille son traducteur, trop déprécié par celui qui l'a remplacé? Je ne les crois pas romantiques, et pourtant ils croient que

> Le globe, vers le nord, hérissé de frimas (*b*)
> S'élève et redescend vers les brûlants climats (*c*).

in Εἰσαγωγῇ εἰς τὰ φαινόμενα, *in Elementis Astronomiæ*, cap XIII, *in Petavii Uranologia, s. de doctrina temporum*, t. III, p. 31 à 59. Je donne la traduction de Petau, revue par Schweighaeuser, pour qu'on ne m'accuse pas d'avoir fait violence au texte dans ma traduction française.

« Polybius historicus conscripsit libellum [1] qui inscribitur *de Habitatione* « *circa æquinoctialem*, id est æquatorem, hæc autem est in media torrida « zona, atque dicit habitari hæc loca et habere magis temperatam habi- « tationem quam habent ii qui circa extremitates torridæ zonæ habitant.»

(*a*) Voyez la note précédente *e*, p. 58.

(*b*) Virgile (*Georg.*, lib. I, v. 240. éd. Heyne, Londini, 1793), s'exprime ainsi :

> Mundus ut ad Scythias Rhipæasque arduus arces
> Consurgit : premitur Libyæ devexus in Austros.

(*c*) Hic vertex (le pôle arctique) nobis semper sublimis : at illum (le pôle antarctique)
> Sub pedibus Styx atra videt, manesque profundi,
> Illic, ut perhibent, aut intempesta silet nox.

[1] Ce *libellus* n'est peut-être qu'une partie du livre XXXIV, dans lequel Polybe avait traité spécialement de la géographie.

Que le Midi est condamné à une nuit éternelle ; ce que Delille traduit ainsi :

Notre pôle des cieux voit la clarté sublime,
Du Tartare profond l'autre touche l'abîme.
Le pôle du midi, noir séjour du silence,
N'offre aux tristes humains qu'une éternelle nuit.

Mais il est temps de quitter la région des fables et celle des erreurs de la physique et de la géographie systématiques. J'ai promis de les réfuter et je n'ai voulu en donner ici qu'un aperçu dont je me reproche même l'étendue. Polybe l'historien a composé un livre dont le titre est :

Sur les habitants des régions situées autour de la ligne équinoxiale.

« Il dit (*a*) que leur habitation est au milieu de la zone tor- « ride et que non-seulement ces lieux sont habités, mais qu'ils « ont une habitation (ou un climat) plus tempéré que ceux qui « habitent sur les confins de la zone torride. » Strabon (*b*) nous a conservé en outre deux passages précieux, l'un d'Eratosthène (*c*) et l'autre de Polybe (*d*), qui achèvent de nous donner des détails positifs sur le climat des régions situées dans la zone

(*a*) Πολύβιος ὁ ἱστοριογράφος πεπραγμάτευται βιβλίον, ὃ ἐπιγραφὴν ἔχει, Περὶ τῆς περὶ τὸν Ἰσημερινὸν οἰκήσεως· αὕτη δέ ἐστιν ἐν μέσῃ τῇ διακεκαυμένῃ ζώνῃ. καί φησιν, οἰκεῖσθαι τοὺς τόπους, καὶ εὐκρατοτέραν ἔχειν τὴν οἴκησιν τῶν περὶ τὰ πέρατα τῆς διακεκαυμένης ζώνης οἰκούντων.

(Polybe, ed. Schweigheuser, p. 26, 27.)

(*b*) L. II, p. 97.

(*c*) Eratosthène est né, selon Delambre (*Biographie universelle*, éd. Michaud, t. XIII, p. 256), à Cyrène, 275 avant J.-C., et fut appelé à Alexandrie par Ptolémée Evergète, qui lui donna la direction de sa bibliothèque. Il est mort à quatre-vingts ou quatre-vingt-un ans, 193 ou 194 avant J.-C.

(*d*) Polybe est né entre 200 et 210, selon Daunou (*Biographie universelle*, éd. Michaud, t. XXXV, p. 228); donc Polybe est postérieur de soixante-six à soixante-seize ans à Eratosthène. Suidas se trompe en faisant naître Polybe sous Ptolémée Evergète, dit le savant chronologiste Daunou. Il fallait dire Philopator ou Epiphane.

torride (*a*) ; il nous dit que « Polybe s'accorde avec Eratos-« thène lorsqu'il affirme que les régions situées sous la zone « équatoriale ont un climat agréable, et Polybe approuve cette « opinion. Polybe ajoute de plus que cette zone a des monta-« gnes très-élevées et que c'est pour cela qu'elle est arrosée « par des pluies abondantes, lorsque les vents étésiens soufflent « et qu'ils se rencontrent avec d'épais nuages qui viennent des « hautes montagnes du Nord. »

Chaleur équatoriale.

Enfin, ce dernier coup de pinceau, ajouté par Polybe au tableau qu'il a fait du climat des contrées équatoriales, est confirmé par les observations d'Harris (*b*). « Aux sources du Go-« chob, *pluie violente pendant trois mois de l'année ;* climat « excessivement froid, l'altitude étant beaucoup plus grande « que celle du Choa, puisqu'il y a des montagnes qui semblent « toucher le ciel et qui sont couvertes de neiges perpétuelles. »

Il me semble que cette mention dans Polybe de montagnes très-élevées dans la zone torride (fait qui a été prouvé jusqu'à l'évidence), que même dans Polybe la cause des pluies abondantes qui arrosent cette zone, expliquée par la rencontre des vents chauds du S.-O. avec d'épais nuages qui viennent des hautes montagnes du Nord, autre fait confirmé par les observations d'Harris (*c*) peut être avoué par la physique moderne.

Je pense enfin que tous ces faits réunis doivent convaincre les plus incrédules qu'Hannon et Polybe ont vu, connu la zone torride, et que le dernier y a passé assez de temps pour en observer le climat dans ses circonstances les plus frappantes. Il ne me reste plus qu'à prouver qu'Hannon a été jusqu'à l'équateur. La zoologie et le grand gorille du Gabon vont m'aider à remplir ma tâche.

(*a*) Ἐρατοσθένει, φήσαντι, ὅτι ἡ ὑποπίπτουσα ζώνη τῷ ἰσημερινῷ ἐστὶν εὔκρατος, καὶ ὁ Πολύβιος ὁμοδοξεῖ· προστίθησι δ'οὗτος καὶ διότι ὑψηλοτάτη ἐστί· διόπερ καὶ κατομβρεῖται, τῶν βορείων νεφῶν κατὰ τοὺς ἐτησίας ἐκεῖ τοῖς ἀναστήμασι προσπιπτόντων πλείστων.

(*b*) *Highlands of Ethiopia*; Londres, 1824, in-8, 2e édit., t. III, p. 231.

(*c*) Lieu cité.

Hannon, le premier, ensuite Aristote, Eratosthène et Théophraste, Hipparque et Polybe ont fait de vains efforts pour déraciner ce préjugé tenace : cette erreur obstinée, ils n'ont pu réussir à la détruire, et cependant ils combattaient pour la vérité, pour l'existence d'un fait aujourd'hui démontré.

On sait que l'Afrique n'a pas la forme d'un triangle équilatéral, qu'elle n'est pas séparée de la zone torride par une mer pourrie, boueuse et encombrée d'énormes *fucus* ; on sait enfin que la zone torride n'est pas inhabitable à cause de son extrême chaleur (*nimio æstu*). On sait, au contraire, ce qu'affirme Polybe, comme témoin oculaire, qu'elle est très-habitée, qu'elle est même plus peuplée que les deux zones tempérées dont les habitants l'ont toujours conquise; on sait enfin, ce qui dans l'antiquité a été connu ou déduit par Aristote et par Hipparque, et ce qui n'est exprimé comme un fait observé et démontré que par Eratosthène de Cyrène et par un navigateur habile, par un historien amoureux de la vérité ; on sait, dis-je, grâce à un heureux hasard, qui a fait que le rêveur Geminus a voulu citer, pour le réfuter, le livre de Polybe intitulé : περὶ τῆς περὶ τὸν Ἰσημερινὸν οἰκήσεως, auquel il a heureusement joint quatre lignes du texte de l'historien, qu'il avait reconnu que la zone torride était habitable et habitée.

Or, ces lignes, que j'ai fidèlement traduites, prouvent qu'il avait observé que les *maxima* de chaleur estivale n'étaient pas sous l'équateur même, mais aux confins des tropiques. Que dit maintenant l'observation moderne ? Que Polybe a dit vrai, qu'il a bien observé; que sous la ligne il n'y a que deux saisons, la sèche et l'humide, qui ne varient entre elles que de deux degrés, 26° à 28° centigrades ; que la chaleur estivale moyenne est de 39 à 40° c. à Jéricho, situé par long. E. 53° 30'; lat. 31° 55' à partir du méridien de l'île de Fer ; Welsted (*a*) dit que dans le golfe Persique la chaleur de l'atmosphère, durant la saison chaude, est plus forte que celle de tout autre lieu du monde connu ; que la chaleur croît de 10° Farenheit peu de minutes après le lever du soleil (*b*). Dans la plaine de Berhuc (Abyssinie),

(*a*) T. I, p. 278.

(*b*) T. I, p. 267, 268, note.

le thermomètre Farh. marqua sous la tente 105°(a). A Chendi, 16° 38' 35" lat. N., long. 33° 24' 45" à l'est du méridien de Greenwifch, le 10 octobre, à une heure après midi, le thermomètre Farh., à l'ombre, s'éleva à 119° (b). A Mourzouk, lat. N. 29°, long. E. 30°, 43 à 45 degrés centig. Tous ces points, moins Maxulla, sont au delà du tropique.

Non, on n'invente pas une pareille climatologie, et après toutes les identifications (moins une dans le volcan de Fernando-Po), que tous les navigateurs modernes ont reconnues depuis le détroit de Gadès jusqu'à l'équateur, je pourrais dire qu'il est démontré, mais je me contente d'affirmer qu'il y a plus de neuf probabilités contre une, que la limite des navigations d'Hannon et de Polybe a été au moins le Gabon, situé immédiatement sous la ligne équinoxiale. C'est ce que la zoologie, dans le paragraphe qui va suivre, démontrera jusqu'à l'évidence.

(a) Harris, t. III, p. 226.

(b) *Bruce aux sources du Nil*, t. III, p. 617, trad. franç. de Castera.

CHAPITRE XVII.

Au bout de trois jours, après avoir dépassé ces torrents de feu, nous arrivâmes dans un golfe nommé la Corne du Midi (ce golfe est compris entre le cap Formoso et la baie du Gabon) : Κόλπον Νότου Κέρας λεγόμενον.

CHAPITRE XVIII.

Dans le fond de ce golfe se trouvait une île semblable à celle dont nous avons parlé en dernier lieu, renfermant un lac. Dans ce lac se trouvait une autre île[1] remplie d'hommes sauvages. Il y avait un bien plus grand nombre de femmes qui avaient le corps couvert de poils, et que les interprètes appelaient *gorilles*. Nous étant mis à leur poursuite, nous ne pûmes pas prendre d'hommes, tous se dérobèrent par la fuite, accoutumés qu'ils étaient à gravir les montagnes, et nous repoussant à coups de pierre. Mais nous saisîmes trois femmes, qui, mordant et déchirant ceux qui les emmenaient, ne voulaient pas nous suivre. Les ayant donc tuées, nous les écorchâmes et nous rapportâmes leurs peaux à Carthage. Nous ne naviguâmes pas en effet plus avant, les vivres étant venus à nous manquer.

[1] Cette île, qui renferme un lac dans lequel se trouvait une autre île, est assez bien représentée sur la carte du dépôt de la marine par la presqu'île Amélie, les îles Adelaïde, d'Orléans, et autres îlots qui sont parsemés sur ce grand estuaire où le prince de Joinville conduisit le premier une frégate, et où il fonda un établissement.

Je cite le récit fidèle de M. Gautier : « Le Gabon, sur le-

« quel nous avons maintenant un blockaus et un poste mili-
« taire, est situé sur l'estuaire du même nom.

« C'est un vaste golfe de 40 milles de profondeur, de trois « à quatre mille de largeur dans ses plus grands diamètres.

« Plusieurs îles habitées surgissent, couronnées de verdure, « du sein des eaux. Cette vaste nappe d'eau, environnée de « toutes parts par une ceinture de feuillage toujours vert, se « trouve emprisonnée entre deux presqu'îles dont les contours « ne sont pas encore bien connus de tous les géographes, ni « placés sur les cartes (pas plus que le cours du Gabon, ex- « ploré pourtant jusqu'à 70 milles) (*a*).

« Il était extraordinaire que, depuis si longtemps que les nè- « gres et les traitants fréquentent cette contrée, on ne fût pas « encore parvenu à faire connaître le gorille aux zoologistes; « cela résulte : 1° de ce que cet orang habite l'intérieur du pays « et des bois, qu'il recherche les lieux les plus solitaires et les « plus inaccessibles, et qu'il se tient à une certaine distance des « côtes. M. Sauvage (*b*) nous apprend que le gorille remonte « sur les rives du Gabon jusqu'à 60 milles dans l'intérieur; « 2° de ce que les habitudes féroces et redoutables de cet hôte « des forêts sont telles, dit M. Gautier, que les naturels se « tiennent le plus éloignés possible de ses retraites, et ne « cherchent jamais à le tirer qu'en cas de légitime défense.

« Les Gabonnais le désignent sous le nom de *engé-ena*. Le « chimpanzé se nomme *enge-eko;* celui-ci habite les côtes, « celui-là l'intérieur.

« La taille de l'engé-ena dépasse 5 pieds 1/2; on l'a trouvé « encore plus grand à 15° lat. S. sur la rivière d'Anger; il est « disproportionnellement large entre les épaules, qu'ombra- « gent des poils assez fournis, plus noirs et plus roides que « dans les autres régions. Il grisonne avec l'âge, ce qui fait « croire aux naturels qu'il y en a plusieurs espèces. » (Le chim- panzé mâle, dit M. Sauvage (*c*) a plus de 4 pieds de haut.)

(*a*) On en connaît maintenant 100 milles de plus.

(*b*) *Journal d'hist. nat.*, t. V, p. 421. Société géologique de Boston.

(*c*) P. 436. Ouvrage cité.

Au Gabon, la saison pluvieuse dure huit mois au moins; elle commence vers la mi-septembre et finit à la fin de mai. Juin, juillet, août forment la saison sèche; alors tout travail végétal cesse : c'est l'hiver ou l'hivernage des noirs, qui souffrent cruellement de la famine, quand ils ont été imprévoyants pendant l'été.

Polybe a décrit ce climat avec la même fidélité que les missionnaires et le chirurgien qui l'ont habité pendant cinq ou six ans.

Les gorilles savent très-bien nager; leur carrure, leur taille, la force et l'épaisseur de leurs muscles, leurs bras, leurs pieds et leurs mains, doubles des nôtres, les rendent très-propres à cet exercice. Il n'y a donc rien d'étonnant à ce qu'Hannon ait trouvé des gorilles dans une île de l'estuaire du Gabon, νῆσος μεστὴ ἀνθρώπων ἀγρίων.

Le gorille mâle est très-redouté des noirs, et ne fuit point à l'approche de l'homme comme le chimpanzé; il le brave et le combat presque toujours avec avantage. M. Walker, missionnaire, obtint enfin, après deux ans d'attente, un gorille mâle et adulte avec sa peau; mais il ne put l'envoyer en Europe. La hauteur de ce quadrumane debout était de cinq pieds huit pouces, depuis l'occiput jusqu'au talon; le diamètre transversal, bras étendus, était de six pieds huit pouces. Les dimensions de sa charpente osseuse et de ses organes locomoteurs indiquent une puissance et une énergie incroyables.

Je continue le récit du chirurgien Gautier.

Les femelles sont toujours plus nombreuses que les mâles. M. Sauvage (*a*) le dit aussi. Πολὺ δέ πλείους ἦσαν γυναῖκες, δασεῖαι τοῖς σώμασι. Le récit d'Hannon est, comme on le voit, parfaitement confirmé.

« Le gorille, dit M. Gautier, vit en troupes; il n'y a jamais « qu'un seul mâle par bande. Quand un jeune gorille a grandi, « le jeune et le vieux se battent pour l'empire. Le plus fort, « après avoir tué ou exilé son rival, reste maître du sérail et « commandant de la troupe. »

Le despotisme, comme on le voit, est l'état naturel; et le pa-

(*a*) P. 123. Ouvrage cité.

radoxe de Rousseau : « L'homme est bon sortant des mains de « la nature ; » ce paradoxe, digne du dix-huitième siècle, est infirmé par tous les témoignages positifs.

« La force de l'engé-ena ou gorille est si prodigieuse, qu'il « chasse à coups de poing et de massue l'éléphant qui vient « le troubler dans son domaine. Les gorilles, pour assouvir « leur luxure, ravissent souvent les négresses imprudentes qui « s'égarent dans les bois. Ils dorment sur des arbres quand il « fait beau. Dans la saison pluvieuse, ils savent s'abriter sous « des huttes couvertes d'écorces et de feuilles d'arbre ; ils se « nourrissent de fruits et de fourmis, sont friands de bananes, « de papayes, surtout de cannes à sucre.

« Le gorille se chauffe avec plaisir au feu allumé par les « nègres et abandonné par eux, mais il ne sait pas l'entre- « tenir. »

C'est la limite entre l'animal et l'homme, qu'aucun encore n'a pu franchir.

« Jusqu'ici on n'a pu prendre vivant un seul gorille mâle « adulte, car il est plus fort à lui seul que dix nègres. Son cri « de bataille est un son terrible, *keh-ah*, prolongé, lugubre, « perçant. »

J'ai voulu m'assurer si les mœurs du gorille, indiquées par Hannon, étaient propres à cette espèce. On n'énonce rien de semblable pour le chimpanzé (*troglodytes niger*), congénère et voisin du *troglodytes gorilla*.

Pline dit seulement (*a*) qu'au delà du golfe appelé *Hespérou Céras* est le pays des Ethiopiens hespériens ou occidentaux. En face et séparées par deux jours de navigation (70 à 100 kilomètres) sont les îles Gorgades, habitées par les Gorgônes. « Hannon y pénétra, et nous a montré des corps velus de « femmes ; les hommes s'étaient échappés, grâce à leur grande « agilité : en preuve de la vérité de ses assertions, Hannon « avait placé et consacré deux (*b*) de ces Gorgônes empaillées

(*a*) VI, 36, *loc. cit.*
(*b*) Hannon dit trois.

« dans le temple de Junon (Astarté), où on les a vues jusqu'à « la prise de Carthage. »

Cette conservation remarquable intéressera, je crois, les chimistes et les préparateurs d'animaux du Muséum ; car le début du périple d'Hannon date de 510. La prise de Carthage étant arrivée l'an de Rome 608, 144 avant J.-C., les peaux des gorilles se seront conservées au moins trois cent soixante-six ans dans le temple de Junon (Astarté) à Carthage.

Je ne puis que citer les beaux travaux anatomiques de mon ancien ami et confrère de Blainville sur le chimpanzé (*a*), et d'un autre illustre confrère, M. Richard Owen (*b*). Un mémoire lu à la société zoologique de Londres en 1851, et par conséquent postérieur de trois ans à celui de 1848 que j'ai cité, contient la description du crâne d'un gorille adulte mâle venant de la rivière *Danger*, ou *d'Anger*, sur la côte d'Afrique à environ 200 milles marins au sud du Gabon. M. Owen a accompagné ce dernier mémoire de savantes remarques sur la capacité du crâne et sur d'autres caractères qu'offrent les sections du crâne dans les orang-chimpanzés (*pithecus troglodytes*) et dans différentes variétés de la race humaine (*c*).

Cette nouvelle localité a, dit M. Owen, produit un crâne beaucoup plus grand que les plus grands crânes connus jusqu'ici (*d*).

Plus récemment, un autre confrère, mon ancien ami et mon camarade d'études, sous le fameux G. Cuvier, M. Duvernoy, a publié un travail remarquable qui n'est point encore achevé, sur l'ostéologie du grand gorille (*troglodytes gorilla*), apporté à Paris en 1852 et admirablement conservé dans l'alcool. L'ap-

(*a*) Ostéologie.

(*b*) *Transactions of the zoological society of London*, vol. III; London, 1849, p. 381, XVIII. « Osteological contributions to the natural history of the chimpanzees (Troglodytes niger. Geoffroy), including the description of the Skullafa large species (Troglodytes gorilla), discovered by Thomas S. Savage M. D. in the Gaboon country, described, by professor Owen, F. R. S. F. Z. S. etc., etc.

(*c*) *Transactions of the zoological society of London*, t. IV, part. III, p. 75.

(*d*) Owen, l. c.

préciation de ces grands travaux ne trouverait pas en moi un juge assez capable et de plus m'éloignerait de mon sujet.

Quant à moi, je ne puis croire qu'un animal qui sait se construire une hutte impénétrable aux pluies terribles de l'équateur, qui, armé d'une massue fabriquée de sa propre main, dompte et chasse de son domaine le lion et l'éléphant, qui, depuis deux mille quatre cents ans, brave les piéges, les trappes, les armes à feu, toutes les inventions meurtrières de l'homme, qui ne se rend qu'à la mort et qui conserve encore son *indépendance et sa liberté,* je ne puis croire; je le répète, qu'un tel animal soit stupide, et je louerai même cette noble résistance, qu'on n'a rencontrée jusqu'ici chez aucun autre mammifère.

CONCLUSIONS.

Je pourrais presque me dispenser de donner des conclusions, puisqu'elles ont été prises plusieurs fois dans le cours de cet ouvrage; je répéterai, en résumé, que toutes les identifications du Périple d'Hannon et la position de l'Atlas de Polybe, aujourd'hui mont Caméroun, se sont trouvées vérifiées, sauf pour la petite île à triple enceinte dans la grande île de Fernando-Po qui ne se trouve pas d'accord avec le récit d'Hannon. J'en ai donné la cause d'après le récit des géologues anglais.

Ce sont les éruptions successives des volcans qui, depuis deux mille quatre cents ans ont changé la face de l'île, et j'en ai mis la carte dressée par le Dépôt général de la Marine en 1843, sous les yeux de l'Académie.

Tout cela, et l'habitation du *troglodyte gorille* dans la baie du Gabon, située sous l'équateur, et dont je présente la carte détaillée, prouve évidemment, ce me semble, qu'Hannon et Polybe sont allés sous l'équateur et même que le dernier y a vécu assez longtemps.

HISTOIRE ANCIENNE

ET MODERNE

DE NOS ANIMAUX DOMESTIQUES

ET

DE NOS PLANTES USUELLES [1].

Le Nil cache sa source et nous verse ses dons.

BUT DE L'OUVRAGE.

Si le but que les sciences physiques et historiques s'efforcent d'atteindre est de découvrir et de constater les faits, de signaler et de détruire les erreurs, le travail que je soumets au jugement de l'Académie ne lui paraîtra peut-être pas dépourvu d'intérêt et d'utilité.

En effet, les erreurs se répètent d'autant plus que les objets sur lesquels elles reposent sont plus intimement liés avec nos mœurs, nos habitudes, notre langage et notre état de société.

Assez souvent aussi ce qui nous est le plus familier nous est le moins connu, car on ne croit pas nécessaire de l'observer. On adopte fréquemment comme vraies des

[1] Extrait des *Annales des Sciences naturelles*, juin 1829.

notions fausses qui se transmettent de siècle en siècle, parce qu'on ne prend pas la peine de les soumettre à l'examen.

La croyance à l'influence des planètes sur la destinée, des phases de la lune sur l'état de l'atmosphère, des jours hebdomadaires sur la marche des maladies, en sont des témoignages qu'on pourrait multiplier. C'est le résultat nécessaire de la condition physiologique de l'homme, qui, par sa nature, est à la fois crédule et superstitieux, sceptique et pénétrant, avide d'erreurs et de vérités, de savoir et d'illusions, enfin, perpétuellement tourmenté du besoin de croire et de connaître.

D'ailleurs, avec le temps, malgré l'imprimerie et les progrès de l'instruction, les notions vraies se perdent momentanément, les faits s'altèrent, et des erreurs consignées dans des ouvrages répandus deviennent une croyance, un fait positif pour la masse des hommes demi-éclairés de ce siècle de lumières.

J'en donnerai pour exemple le maïs et la pomme de terre. Rien n'est mieux constaté que l'origine américaine de ces deux végétaux. Cependant on a imprimé récemment, dans des ouvrages d'auteurs estimés, que l'une était une plante d'Afrique, et que l'autre (le maïs ou blé de Turquie) avait été apporté de Syrie en Europe par la troisième croisade. L'erreur s'est reproduite des *Croisades* de Michaud dans la bonne *Histoire de Venise* par M. Daru ; et du grand holcus sorgho (*zea* des anciens), on a fait le maïs mexicain. Il est difficile que la masse des lecteurs adopte maintenant une idée contraire.

Nous avons aussi acquis quelques connaissances positives sur la véritable origine de végétaux ou d'animaux que nous cultivions ou que nous élevions depuis un temps immémorial sans connaître la contrée qui nous les avait envoyés.

Nous ne savions pas en 1829, quand j'écrivais ce mémoire, quelle était l'origine de nos lilas.

Nous savons maintenant que notre lilas commun est une variété du petit lilas de Perse.

Le lilas d'un rouge plus intense, à corymbe pyramidal dont les fleurs sont plus serrées et qui est si commun au Luxembourg, est le seul originaire de l'Inde. Il a vécu dans nos jardins bien des années sans qu'on en soupçonnât et qu'on en connût l'origine.

La patrie du marronnier d'Inde, *æsculus hippocastanum*, introduit en France par Bachelier, en 1615, était ignorée. Feu Fischer, directeur du jardin botanique de Pétersbourg, avait chargé un botaniste allemand de le rechercher à l'état sauvage dans l'Asie Mineure. Cet Allemand a dit à Sibthorp, qui l'a consigné dans le *Prodromus* de sa *Flore grecque*, qu'il avait trouvé dans cette contrée des forêts entières de marronniers d'Inde à l'état sauvage.

J'ai découvert moi-même le berceau de deux espèces d'arbres bien communs dans nos villes, les tilleuls, connus sous le nom de tilleul sauvage[1] et de tilleul de Hollande[2]. Ce dernier nom induisait tout à fait en erreur et pouvait faire croire que les marais bataves étaient la patrie de ces beaux arbres. Ce sont, au contraire, les Hautes-Pyrénées qui peuvent s'enorgueillir de leur avoir donné naissance et de les avoir cédés à nos villes. Dans un voyage aux Pyrénées, que je fis en 1807, j'ai trouvé près du port de Gavarnie, à 800 toises au-dessus du niveau de la mer, au milieu des rochers les plus stériles, que la main de l'homme n'a jamais essayé de soumettre à la culture, ces deux espèces de tilleuls croissant, ou en taillis ou en ar-

[1] *Tilia sylvestris.*

[2] *Tilia platyphylla.*

bres isolés, à côté des forêts ou des taillis primitifs de pins et de rhododendrons.

Ce petit fait était inconnu aux botanistes. Je l'ai communiqué à MM. Desfontaines et de Candolle, et ce dernier l'a vérifié dans un des voyages dont il fut chargé depuis pour décrire la flore et l'agriculture de toute la France.

DE L'INFLUENCE DE LA DOMESTICITÉ SUR LES ANIMAUX DEPUIS LE COMMENCEMENT DES TEMPS HISTORIQUES JUSQU'A NOS JOURS.

Ce sujet, qui appartient tout ensemble à l'histoire naturelle, à l'érudition et à la psychologie, doit, je le sens, effrayer, par son titre seul, une partie de mon auditoire [1]. Mais si on peut lui reprocher d'être aride et sévère, il a du moins le mérite d'être neuf; et lorsqu'un filon vierge encore se découvre dans des mines qui semblaient depuis longtemps épuisées, c'est une chance de bonne fortune qu'il ne faut pas négliger.

Les faits que l'on peut recueillir dans l'antiquité sur la marche et les progrès de la *domestication* [2] des animaux le plus anciennement et le plus immédiatement soumis à l'empire de l'homme sont malheureusement trop peu nombreux. Ils n'en sont pas moins d'une grande importance. On peut même affirmer que rien ne peut les suppléer pour l'histoire, s'il est permis de s'exprimer ainsi, de la civilisation de nos basses-cours et de nos étables. Les observations des anciens, si elles datent de l'ère de Rome

[1] Mémoire lu à une séance publique des quatre Académies, antérieure à 1830.

[2] J'ai hasardé ce mot qui exprime l'action de la domesticité, parce qu'il m'a paru manquer à la langue des sciences. L'italien *domesticazione*, et les mots *équitation*, *personnification*, admis dans le discours, sont une exemple ou une excuse.

ou des olympiades, et si d'ailleurs on peut se fier à leur exactitude, sont aussi précieuses pour la connaissance de l'éducation physique et morale de nos animaux domestiques, que les observations astronomiques des Grecs et des Orientaux l'ont été pour fixer la chronologie, pour constater l'état du ciel à une époque reculée, et le comparer avec son état actuel.

Les grandes révolutions du globe, la réunion des hommes en société, l'établissement des différentes religions, l'élévation et la chute des empires, tout ce qui tient enfin ou touche immédiatement à l'espèce humaine, a été soigneusement enregistré dans les traditions et les monuments historiques de tous les peuples. L'histoire de ces êtres inférieurs à l'homme, mais qu'on voit s'unir à sa destinée dès les premiers âges du monde, a été un peu négligée par leur maître orgueilleux. Elle n'a point offert à ses regards de brusques changements, de grandes péripéties : elle a suivi, comme le temps et la nature, une marche lente, insensible. Enfin, après un certain nombre de siècles, on s'est avisé de jeter les yeux en arrière, et de mesurer l'espace parcouru ; on a vu, non sans étonnement, combien ces brutes tant dédaignées avaient contribué au développement de l'agriculture, du commerce, des richesses et du bien-être de la société. Ne serait-il pas temps de rechercher aujourd'hui quelle a été l'influence des causes extérieures sur leur organisation, et quels effets a produits l'action directe et prolongée des facultés supérieures de l'homme sur le développement des mœurs et de l'intelligence de ces animaux, compagnons assidus de ses travaux et de ses plaisirs.

L'opinion généralement répandue, et qui a prévalu chez les naturalistes modernes, est qu'on chercherait en vain à fixer l'origine et la patrie de nos animaux domestiques. Cependant tous les animaux privés existaient à l'état sauvage en Europe et en Asie du temps d'Aristote. Ce grand observateur l'atteste formellement, et cite, comme exemple, les chevaux, les ânes, les bœufs, les cochons, les moutons, les chèvres et les chiens.

Varron et Pline reproduisent la même assertion. Le rapprochement de ces témoignages est curieux en ce qu'il montre que, dans les quatre cent cinquante ans écoulés depuis Aristote jusqu'à Pline, la domestication des animaux ne s'était pas beaucoup étendue sur le globe, et n'avait pas fait de progrès rapides.

On conçoit très-bien que, dans cette époque où le globe était moins peuplé que de nos jours, et où les espèces privées se trouvaient encore sur beaucoup de points à l'état sauvage, le grand œuvre de la domestication ait été lent à s'accomplir. Les animaux soumis à cette sorte d'esclavage nécessaire à leur éducation physique et intellectuelle devaient être sans cesse détournés de l'accomplissement de leurs devoirs sociaux par le spectacle et l'exemple de leurs frères errant en liberté au milieu des déserts et des forêts. Ils étaient comme ces Indiens sauvages des Etats-Unis qui, dès leur bas âge, enlevés à leur tribu, élevés au sein des villes dans la religion et la civilisation européennes, si, au bout de vingt ou trente ans, ils rencontrent une troupe des chasseurs de leur nation, abandonnent tout, vie paisible et assurée, jouissances morales et intellectuelles, et se rejettent, sans balancer, dans la vie sauvage et aventureuse de leurs pères.

Cependant, comme il est universellement reconnu, depuis que je l'ai établi par de nombreux exemples, que, chez les animaux soumis à la puissante influence de l'homme, les modifications de forme, de couleur, les qualités physiques, et même les qualités morales et intellectuelles, sont transmissibles par la génération, il s'ensuit que la race est éminemment perfectible. Elle doit même l'être plus que l'espèce humaine, quoique contenue dans une sphère de facultés bien plus bornée, puisque le génie supérieur de l'homme impose à ces êtres les lois, les circonstances nécessaires au développement progressif de leurs formes et de leur intelligence.

On n'a pu jusqu'ici, et il sera peut-être toujours impossible d'opérer sur l'espèce humaine un perfectionnement semblable, en unissant, pendant une longue série de générations, les individus des deux sexes les plus remarquables par la beauté de leurs formes, la bonté de leur tempérament, et l'étendue de leurs facultés morales et intellectuelles; ce qui rend nécessairement, je le répète, l'homme moins perfectible, comme race, que les animaux domestiques sur lesquels il peut exercer, diriger, modifier enfin de mille manières sa souveraine influence.

Il est à regretter que des monarques absolus, dans le cours d'une longue dynastie, n'aient pas tenté cette curieuse expérience, et n'aient pas cherché, par exemple, à augmenter le bonheur de leurs peuples, en améliorant la race de leurs ministres.

Le fait une fois bien établi de la transmission des facultés par la génération, on sentira mieux, je l'espère, l'importance et l'intérêt des observations qui datent de vingt à vingt-cinq siècles, et combien il doit être utile et fructueux de suivre attentivement les progrès successifs de l'entendement animal des espèces privées pendant une période aussi étendue.

Maintenant toutes les sciences se rapprochent, se lient entre elles, et se prêtent de mutuels secours. L'utile influence de leur action réciproque s'est accrue, chaque jour, depuis l'heureuse combinaison qui a réuni dans cette enceinte, en un seul faisceau, toutes les branches des connaissances humaines.

Si, en étudiant les animaux, la physiologie et l'anatomie comparée ont, dans ces derniers temps, jeté de si vives lumières sur la nature et les fonctions de l'espèce humaine, n'est-il pas permis d'espérer que l'étude approfondie de l'entendement animal pourra servir à éclaircir un peu les ténèbres de la métaphysique, à soulever, sur quelques points, le voile obscur qui nous cache les opérations de l'entendement humain; et, pour prendre un exemple spécial, depuis tant de siècles qu'on argumente, qu'on dispute pour ou contre la perfectibilité de l'espèce humaine, n'eût-il pas été raisonnable d'en constater l'existence, d'en suivre la marche chez les animaux domestiques où ce phénomène se manifeste avec des clartés si vives. Du moins le procédé eût été logique; la méthode de déduction rigoureuse; et, en arrivant du simple au composé, on eût dégagé le problème d'une masse de quantités arbitraires qui, dans l'étude de la perfectibilité de notre espèce, ont troublé les cerveaux les mieux organisés.

Il existait, du temps de César et de Varron des poules et des paons sauvages dans quelques îles de la Grèce et de l'Italie. On n'en trouve aujourd'hui que dans les îles de la Sonde et dans l'intérieur de l'Inde [1].

Les Romains élevaient comme nous des oies et des canards. La chair délicate des uns, le foie gras [2] et le duvet moelleux des autres avaient excité vivement la sensualité de ces maîtres du monde. Deux consulaires, contemporains de Varron, se disputaient l'invention de la méthode barbare qui prive les oies d'eau, de mouvement et de lu-

[1] Cependant M. le colonel Beaumont m'a assuré qu'il existe des paons sauvages dans quelques parcs d'Angleterre, et qu'il en a tué lui-même plusieurs en chassant dans les bois. L'homme fait et défait à son gré l'état domestique.

[2] L'erreur des gourmands romains et de Varron, qui n'assistaient pas à la production du foie gras des oies, avait accrédité l'opinion qu'on les privait d'eau, tandis qu'au contraire on leur donne à discré-

mière, pour obtenir ces foies succulents dont la gourmandise fait encore ses délices. Il n'y a que la plume des ailes, dont nous avons fait l'instrument de nos pensées, qu'ils aient négligée comme inutile. C'est du cinquième au sixième siècle de notre ère qu'on s'en est servi pour écrire.

Je prendrai encore chez les anciens, relativement à la nourriture des bœufs, un fait qu'on jugeait apocryphe et qui sera désormais bien constaté.

Élien et Athénée rapportent que les Péoniens, peuple de la Thrace, nourrissaient leurs bœufs avec des poissons : « Les bœufs, disent-ils, les mangent avec autant de plaisir que les autres bœufs mangent du foin, pourvu qu'on les leur présente vivants et palpitants ; morts, ils en ont dégoût, et ne veulent pas y toucher. » La singularité de l'assertion devait la faire révoquer en doute ; mais on peut l'affirmer au moins des solipèdes ; car des chevaux que M. de Calonne a fait venir d'Islande, en 1788, n'ont eu pour aliment que du poisson de mer cru, pendant la traversée, et tout le temps de leur séjour au port de Dunkerque. Notre confrère, M. du Petit-Thouars, qui s'y trouvait en garnison, l'a vu de ses propres yeux, et m'a fourni ce témoignage qui appuie la véracité des rapports d'Élien et de Zénothémis.

C'est encore un des fruits de la domesticité que la production permanente du lait chez les vaches, les brebis et les chèvres. Les espèces sauvages ne le conservent que le temps nécessaire pour que leurs petits puissent s'habi-

tion de l'eau pure avec deux morceaux de charbon réduits en poudre fine qu'elles avalent en buvant ; répétant ainsi leur potion, les oies, nourries avec des grains entiers de maïs trempés dans du lait, finissent par s'engraisser assez vite et fournissent les beaux foies qui ont fait la renommée des pâtés de Strasbourg. Cette note m'a été donnée par une Alsacienne qui, pour obtenir les foies si renommés, a engraissé des oies pendant longtemps.

tuer à d'autres aliments. Les espèces domestiques, transportées dans le nouveau monde, ont perdu, en acquérant l'indépendance, cette propriété de leurs ancêtres, et n'ont du lait que lorsqu'on garde les veaux et les chevreaux pour teter leurs mères.

Un passage curieux d'Aristote nous montre que cette sécrétion si utile qu'on entretient par une irritation mécanique a été produite primitivement par une inflammation des mamelles au moyen de plantes urticantes. Il ajoute même pour les chèvres : « Quand elles n'ont pas été fécondées, on frotte leurs mamelles avec des orties assez fortement pour exciter de la douleur. On trait d'abord un lait mêlé de sang, ensuite de pus, et enfin un lait aussi pur, aussi sain et aussi abondant que celui qu'on tire des chèvres pleines. »

Chose étrange, et qui prouve combien les facultés lactifères sont développées chez la chèvre domestique, il arrive que des boucs fournissent du lait. Nous avons vu, il y a quelques années, un de ces boucs laitiers dans le grand duché de Hesse-Darmstadt, près de Giessen : le pis, placé au devant du scrotum, fournissait un lait aussi bon qu'abondant, et dont l'analyse chimique a démontré que la composition était identique avec celui des chèvres. Ce bouc, âgé de quatre ans, avait d'ailleurs autour de lui une nombreuse progéniture, à laquelle il avait en partie aussi servi de nourrice [1].

J'ajoute encore le fait suivant : Brégy de Girardin, bâti comme un athlète, avec une gorge de femme, faisait jaillir de ses tetons des jets de lait pur et sucré, quand nous nous faisions frotter pour étancher la sueur après avoir joué longtemps à la paume. Ce lait était aussi abondant

[1] *Essai sur les chèvres*, par M. Sacc, professeur à la Faculté des sciences de Neufchâtel (Suisse), inséré dans le *Bulletin de la Société d'acclimatation*, t. IV, n. 1, alin. 5, p. 5. Janvier 1857.

que celui de la mère ou de la nourrice dans les deux premiers mois de son allaitement.

J'espère que la connaissance de cette origine un peu révoltante ne dégoûtera aucun de mes auditeurs des deux sexes de l'usage d'un aliment aussi agréable que le lait, le beurre et la crème ; peut-être pensera-t-on que toute vérité n'est pas bonne à dire, et que j'eusse mieux fait de me taire.

M. Geoffroy s'étonne, en commençant son cours de zoologie, que, pour les mammifères domestiques, on ait ajouté si peu d'espèces à celles que nous a léguées l'antiquité.

On a pourtant découvert deux mondes nouveaux et fait de savantes excursions dans les trois autres parties du monde ancien.

La domestication des lamas, de l'hémione et du zèbre, tentée avec une noble constance par le savant naturaliste que j'ai cité, est plutôt un espoir fondé en apparence qu'un succès réel. La classe des oiseaux nous offre non plus des espérances, mais des faits accomplis.

Le dindon, originaire de l'Amérique du Nord, et importé en France sous François Ier, était déjà, en 1539, dans la basse-cour de Marguerite de Navarre[1], qui, en quittant Alençon, y laissa six coqs et six poules d'Inde, les premiers qui aient paru en France.

Depuis cette époque le dindon est domestique dans toutes les parties du monde, avec toutes les variétés de plumage ; quelques-uns même se présentent avec la couleur brun fauve de l'espèce sauvage.

[1] C'est ce que prouve une charte recueillie par Odolant Desnos. (*Mémoires historiques sur la ville d'Alençon et ses seigneurs*, t. II, p. 567; Alençon, 1787). « On assigna à Pierre Beauchêne, parquier du château, 31 livres 8 sols 5 deniers par chacun an, pour l'entretien et la nourriture de six coqs et six poules d'Inde, appartenant à la princesse de Navarre qui se rendait au Plessis-lez-Tours. »

Le casoar gris de l'Australie est, selon M. Geoffroy, qui a grand droit à espérer sa domestication, l'une des espèces dont notre alimentation devra bientôt s'enrichir. Ce n'est point critiquer et contrarier les nobles efforts que mon savant maître fait depuis plusieurs années pour doter notre pays d'espèces véritablement utiles ; je me suis joint moi-même à ses tentatives avec un grand zèle et une vive ardeur.

Si j'ai prouvé, dans l'histoire des gallinacés, avec quelle facilité et en combien peu d'années ces animaux, en passant de l'état domestique à l'état sauvage dans les temps anciens comme dans l'époque actuelle, retournaient vers la souche primitive, dont ils reprenaient la forme, le plumage et même le cri, ce n'est point assurément pour nous détourner de l'usage et de l'emploi des volailles domestiques, mais c'est pour nous avertir que dans les nouvelles acclimatations il y a bien des conditions à observer pour que le type artificiel, imprimé par la puissance de l'homme, par la sujétion et la dépendance de l'animal, se conserve intact et sans altération.

Je me borne en ce moment à ce petit nombre d'exemples. Mais je ne dissimulerai pas que, pour quelques espèces de plantes ou d'animaux dont la culture ou la domesticité remonte au berceau de la civilisation, la question de l'origine primitive sera souvent insoluble. Il faudra alors se borner à faire l'histoire de ces races domestiques, à suivre leur marche, leur propagation dans les diverses contrées du globe, à l'aide des monuments et des témoignages historiques, heureux si l'on peut de temps en temps réunir quelques probabilités dans ces conjectures sur leur origine.

On pourra se consoler en pensant que beaucoup de questions, beaucoup de faits de l'histoire moderne, et même contemporaine, resteront toujours affectés d'une incertitude pareille, et que, dans plusieurs cas, tels que la conjuration de Bedmar, par exemple, et l'histoire du Masque de fer, on sera réduit éternellement à adopter une conjecture pour un fait et une opinion plus ou moins motivée pour une solution précise.

Toutefois, quand on ne considérerait ce travail que comme un moyen d'arriver à la preuve directe, comme une suite de questions, de recherches et d'explorations à indiquer aux voyageurs présents et futurs, il ne serait point encore tout à fait inutile.

Mais j'espère, tout en faisant l'histoire ancienne de nos races domestiques et de nos plantes usuelles ou alimentaires, exposer quelques faits nouveaux, que l'observation, répétée depuis vingt-cinq ans, de ces plantes ou de ces animaux m'a mis à portée de recueillir.

C'est ici que je dois indiquer les facilités que mes études, mes goûts, ma vie habituelle, partagée entre la ville et la campagne, m'ont offertes pour traiter le sujet que j'ai embrassé.

D'après les limites dans lesquelles je l'ai renfermé, ce sujet n'exige de connaissances profondes ni en érudition, ni en histoire naturelle ; sans cela, la conviction de la faiblesse de mes moyens me l'eût fait rejeter tout de suite. Cependant, si des recherches de ce genre n'impliquent pas absolument la nécessité de connaissances profondes, elles exigent impérieusement une grande variété de connaissances et d'instruction. L'étude des sciences et de l'érudition, des langues et des monuments, des objets de la nature et des auteurs qui en ont traité, m'a appris au moins à savoir tout ce qui me manque et à savoir consulter ceux qui savent.

Agriculteur et chasseur par goût, j'ai été porté presque involontairement à l'application de la botanique et de la zoologie dans mes délassements ou mes amusements les plus futiles. J'ai naturellement observé, sous différents points de vue et dans des situations diverses, les objets qui servaient à mes plaisirs ou qui se mêlaient à mes habitudes journalières.

On verra, dans la suite des mémoires, dont ces considérations générales sont le préambule, que, malgré les nombreux et savants travaux des naturalistes, le sujet que je traite était à peine effleuré, et que la réunion d'une portion de pratique et de théorie, de connaissance des sciences physiques et historiques, des langues et des monuments, était indispensable pour éclaircir et avancer l'histoire de nos animaux domestiques et de nos plantes usuelles.

J'ai poursuivi les observations et les expériences sur ce sujet pendant les années qui se sont écoulées depuis 1825 jusqu'en 1857.

En effet, les naturalistes proprement dits, qui connaissent très-bien les espèces et les variétés existantes, n'ont guère consulté, pour la partie de l'histoire ancienne de ces êtres, que les auteurs systématiques, Aristote, Pline et Élien pour les animaux, Théophraste et Pline pour les arbres et les plantes.

Les érudits proprement dits, tels que Saumaise et Bochart, par exemple, connaissaient à fond les langues, les monuments historiques ; mais ils ne connaissaient qu'imparfaitement les êtres auxquels ils appliquaient les textes et les descriptions des auteurs anciens, chez qui souvent les caractères essentiels qui déterminent le genre ou l'espèce ne sont pas exprimés avec précision.

J'espère montrer aux naturalistes que nuls auteurs, nuls monuments ne sont à négliger pour fixer la synonymie, éclaircir l'origine ou achever l'histoire de ces êtres qui vivent avec nous depuis tant de siècles.

Ils verront, par exemple, qu'Hérodote, un élégant historien, est le premier qui a décrit exactement le chat sous le nom d'αἴλουρος, qui nous a fait connaître ses mœurs, ses habitudes, ses antipathies beaucoup mieux qu'Aristote, dont l'ouvrage d'ailleurs est si estimable ; que Diodore complète l'histoire de la patrie, de l'origine, la connaissance des mœurs de cet animal dans l'état sauvage ; que deux poëtes, Théocrite et Némésien, y ajoutent deux observations précieuses ; qu'Hérodote nous a fait seul connaître l'habitation et les propriétés du chanvre ; Strabon, un géographe, la patrie et l'emploi du furet ; Palladius, un agronome, l'usage de la fouine soumise à l'état domestique, et associée au chat pour combattre les souris, les mulots et autres rongeurs. On verra quels progrès la domestication des animaux a faits dans le cours des siècles. Les observations des anciens sont aussi précieuses pour cette partie de l'histoire des animaux que leurs observations astronomiques l'ont été pour l'histoire du ciel. Ainsi, du temps de César et de Néron, les oies et les canards ne se conservaient dans les basses-cours des Romains qu'avec des précautions extraordinaires. On les tenait dans des viviers clos de murs et couverts de filets, sans quoi ces oiseaux, trop près encore de la vie sauvage, et qui étaient en quelque sorte de nouveaux sujets de l'empire de l'homme, prenaient leur volée chaque automne et s'enfuyaient dans leurs déserts avec leur postérité adulte.

Il paraît certain qu'à cette époque le bœuf, le mouton, la chèvre, l'âne et même le cheval existaient à l'état sauvage dans plusieurs parties de l'empire romain. Je me borne à indiquer ce petit nombre d'exemples, dont je donnerai les preuves dans la suite de l'ouvrage par des textes et des témoignages positifs.

Qu'il me soit permis, en terminant cette exposition, d'espérer que ces recherches sur la patrie, l'origine, les migrations, l'histoire de ces êtres qui ont tant contribué au développement de la civilisation, de l'agriculture, du commerce, des richesses et du bonheur de la société, que des observations soigneuses de l'influence des causes extérieures sur l'organisation seront encouragées par l'approbation des hommes éclairés, et qu'ils excuseront quelquefois l'insuffisance des moyens de l'auteur en considérant les difficultés et l'intérêt général du sujet qu'il a embrassé.

MÉMOIRE

SUR L'ALTERNANCE

OU

SUR CE PROBLÈME :

LA SUCCESSION ALTERNATIVE DANS LA REPRODUCTION DES ESPÈCES VÉGÉTALES VIVANT EN SOCIÉTÉ EST-ELLE UNE LOI GÉNÉRALE DE LA NATURE[1]?

L'expérience des quarante années écoulées depuis Arthur Young jusqu'à nos jours avait démontré que l'alternement des récoltes pour les plantes annuelles, celui surtout des récoltes de grains et des récoltes sarclées, était une condition essentielle de la bonne culture. Je suis parti de ce point bien établi pour porter plus loin le compas de l'observation, et des faits nombreux, soumis à un examen attentif, à une discussion scrupuleuse, m'ont prouvé que cette théorie, base de toute bonne agriculture, et qui ne date que de la fin du dernier siècle, était une loi générale essentielle à la reproduction, à la conservation des espèces végétales vivant en société dans les climats tempérés. Il en est de même pour les contrées situées entre les tropiques, et où l'extrême variété des espèces qu'y rassemble et qu'y mêle la nature dans le même terrain est une sorte d'alternance permanente. Je n'ai pas observé ces ré-

[1] Lu à l'Académie des sciences, dans sa séance du 1er septembre 1824. Imprimé dans les *Annales des Sciences naturelles*, août 1825.

gions, mais plusieurs faits transmis par des savants distingués qui y ont vécu tendent à établir que la succession alternative des diverses espèces dans le même sol y existe comme sous la zone tempérée.

Trente ans d'observations m'ont fourni de plus quelques faits à ajouter aux faits déjà connus sur la pesanteur des bois nés dans divers sols, et sur la propriété qu'ont les semences de certaines familles de conserver très-longtemps leur faculté germinative.

J'ai annoncé ce résultat, il y a deux ans, dans une description du Bocage percheron, insérée dans les *Nouvelles Annales des voyages* de MM. Eyriès et Malte-Brun.

Landres, la terre que j'habite dans le Perche, province qui est enclavée aujourd'hui dans le département de l'Orne, est située à quarante lieues de Paris, entre les forêts de Réno, de Bellesme, du Perche et de Perseigne. Ces forêts réunies occupent un espace de plus de 15,000 hectares.

Elles couvrent en général les hauteurs formant le point de partage des eaux qui se versent au nord dans la Manche, d'elles-mêmes ou par l'intermédiaire de la Seine, et à l'ouest dans l'Océan, par celui de la Sarthe, de la Mayenne et de la Loire.

L'élévation absolue des plateaux renfermés dans cette enceinte varie depuis 150 jusqu'à 350 mètres [1]. Plusieurs stations ont été mesurées barométriquement d'après la méthode de M. Ramond et avec des baromètres de Fortin. C'est le point culminant de cette partie de l'intérieur de la France. C'est là qu'aboutit l'extrémité de la chaîne primitive qui coupe en deux la Bretagne, part de Brest et vient finir dans la forêt de Perseigne, à quarante-

[1] Somme-Sarthe ; lat. 48° 14' ; long. 2° 40' ; alt. 275m, lieu coté le plus près des sources de la Sarthe. Bubertré, lieu coté le plus près des sources de la Rille ; lat. 48° ; long. 2° 40', alt. 303m.

six lieues de Paris (184,000 mètres), quatre lieues au delà d'Alençon. (J'entends toujours par lieue la lieue de poste de 4 kilomètres.)

La constitution géologique et minéralogique du sol renfermé dans ces limites est très-variée.

Les montagnes sont accessibles et peu élevées; elles offrent cependant en miniature l'abrégé complet des Alpes et des Pyrénées. En deux ou trois lieues de marche, on peut parcourir, observer tous les divers systèmes de stratification depuis le granit, le porphyre, le gneiss, le calcaire primitif, les cornéennes, jusqu'aux trapps, aux amphibolites, aux couches de schiste, d'argile, de calcaire secondaire, coquillier, magnésien, et enfin jusqu'aux grès modernes et aux terrains de transport de la dernière révolution.

Selon que le sol s'élève et s'abaisse, on trouve dans le terrain primitif le béril, le quartz enfumé et limpide, l'éméraude de Limoges, etc.

Dans les terrains de formation postérieure, les marbres, les pétrifications, les impressions de végétaux ou d'animaux sur l'argile, le calcaire magnésien ou siliceux.

Un géologue peut en quatorze heures se rendre sur le terrain par la grande route de Brest, et y faire avec toutes les facilités possibles des recherches utiles, que je n'ai fait qu'indiquer, mais que j'indique avec confiance.

Le fer se trouve partout et sous toute sorte de formes, même dans les terrains les plus modernes; les autres métaux sont plus rares. Les marnes calcaires ou argileuses y sont très-fréquentes, y possèdent des propriétés très-variées, et sont avantageusement exploitées pour l'agriculture et la maçonnerie. Cette partie du règne minéral ayant été peu étudiée, je la désigne à l'attention des savants. On a trouvé dans ce pays des *mines d'or*, dit-on, près de la Trappe; ce qu'il y a de sûr, c'est qu'on y voit des pyrites sulfureuses : le gypse ou sulfate de chaux n'y a pas encore été reconnu.

J'ai présenté l'aperçu de la constitution minéralogique de ce terrain, parce qu'il offre dans un rayon de 20,000 mètres une très-grande variété; que cette variété de sol peut être jugée capable d'influer sur la végétation ; qu'enfin c'est là que j'ai observé les faits dont je vais déduire les conséquences et présenter les principaux résultats.

De plus, ce terrain me fournissant à peu près dans son enceinte l'abrégé de la constitution minéralogique du globe, sauf les produits volcaniques, m'offrait les circonstances les plus favorables au but indiqué en tête de ce mémoire, de prouver que l'alternance est une loi générale de la nature, et qu'elle est une condition essentielle à la conservation et à la reproduction des espèces végétales vivant en société. Cette succession alternative des divers végétaux a pour base le fait bien établi de la longue faculté germinative des graines. Le phénomène qui la prouve se reproduit dans les futaies du Perche à chaque exploitation. La futaie en coupe n'est composée que de chênes, de hêtres [1], de quelques châtaigniers et de frênes, dans la proportion de un cinq centième environ. Les sous-arbrisseaux qui végètent seuls à l'ombre de ces dômes de verdure sont le houx et la bourgène en petite quantité. Le centième ou le cent vingtième de ces futaies est abattu chaque année. Elles sont généralement assolées à cet âge.

On ne laisse en baliveaux que des chênes et des hêtres

[1] Je réfuterai en passant une erreur qui vient de l'envie de trop généraliser, et qui se trouve dans De Candolle, et la *Géographie générale des plantes*, par Schow, vol. I, Copenhague, 1822; De Candolle dit que le hêtre prospère surtout dans les terrains calcaires. Schow modifie cette assertion; je la modifierai aussi en attestant que des hêtres de cent vingt pieds croissent dans la forêt de Bellesme sur un sol de silice pure mêlé de détritus végétaux produits par eux-mêmes.

pour semer et reproduire ; cependant à peine la futaie est-elle abattue, que le sol se couvre uniquement, en plantes et en sous-arbrisseaux, de genêts, de digitales, de seneçons, de vaccinium et de bruyères ; enfin en arbres, de bois blancs, bouleaux ou trembles. On abat ces bois blancs au bout de trente ans ; à peine succède-t-il quelques arbres à bois dur : ce sont toujours des bouleaux et des trembles. Trente ans après, même destruction et même reproduction. Ce n'est qu'à la troisième coupe du taillis, après quatre-vingt-dix ans, que les chênes et les hêtres, les bois durs enfin, ont reconquis leur patrie ; ils restent maîtres du terrain sans partage, et ils étouffent tous les bois blancs qui voudraient l'usurper. Il faut donc deux cent quatre-vingt-dix à trois cent trente ans, pour avoir sur le même terrain deux coupes de futaies. Les bois blancs ont occupé le sol quatre-vingt-dix ans. Cependant il n'y a point de bois blancs aux environs, et leurs semences ne peuvent y être portées par les vents. Ce fait, constaté tous les ans, prouve donc que dans certaines circonstances, la faculté germinatrice des graines de bouleau et de tremble, et des sous-arbrisseaux ou plantes que j'ai cités, peut se conserver dans la terre au moins pendant un siècle.

Je pourrais ajouter des faits nombreux à ceux que j'ai observés, je me borne à quelques-uns bien authentiques. Si le principe général est juste, les autres viendront s'y ranger. Rey [1] rapporte que le *sisymbrium irio* poussa abondamment à Londres après un incendie. Jamais il n'avait crû spontanément en Angleterre avant ce désastre. Selon Georgi et Pallas [2] « une forêt de pins communs entièrement détruite ne se remplace pas spontanément. A la place des pins détruits, il s'élève des sorbiers, des bou-

[1] *Hist. plant.*

[2] *Nouvelles Annales des voyages* d'Eyriès et Malte-Brun, t. XIX, p. 103 ; *Georgie, Russie*, t. VIII, p. 1308.

leaux, des aubiers communs, des tilleuls, des framboisiers et d'autres arbustes analogues. »

M. L. de Buch confirme cette assertion. Les sapins et les pins ne repoussent pas dans les endroits où on les a coupés, d'après la loi de botanique, qui ne veut pas qu'un arbre ou une plante croisse avec vigueur sur le point où vivait auparavant un individu de son espèce[1].

Mackenzie[2] s'exprime en ces termes : « Une chose très-« digne de remarque, c'est que, lorsque le feu dévore une « forêt de sapins (*Abies spruce*) et de bouleaux, il y croît « des peupliers, quoique auparavant il n'y eût dans le « même endroit aucun arbre de cette espèce. »

Le fraisier, dit Hearne[3], croît en plus grande quantité dans les endroits où le feu a passé ; cette particularité est commune à d'autres plantes, car il est reconnu que dans l'intérieur du pays, ainsi qu'aux forêts d'Albanie et de Morsæ, après que les bois taillis et la mousse ont été brûlés, le terrain se couvre de framboisiers et de ronces. M. Jefferson a assuré à M. de Humboldt qu'en Virginie il avait souvent observé les mêmes faits.

Cette succession alternative de divers végétaux existe de même dans les régions tropicales ou équatoriales.

« Au Brésil, lorsqu'on ouvre un grand chemin dans les forêts vierges, on voit repousser sur les bermes de ces routes des arbres tout différents de ceux des forêts vierges et semblables à ceux qui croissent dans les Capreiras ; puis succède le *pteris aquilina*, puis une graminée visqueuse, qui chasse tous les autres végétaux. »

« Entre Sainte-Thérèse et Montevideo, la violette, la bourrache, l'*anethum fœniculum*, et quelques géraniums

1 Voyez de Buch, *Voyage en Norwége*, t. I, p. 319.

2 Voyez Mackenzie, *Voyage dans le nord de l'Amérique sept. de* 1769 *à* 1793, t. I, p. 360; traduction de Castera.

3 *Voyages à l'Océan-Nord*, p. 427, in-4, trad. franç.

d'Europe se sont promptement naturalisés. Des plantes qui, dans leur pays natal, ne se trouvent qu'isolées, vivent en société dans nos climats. Elles s'attachent aux pas de l'homme, entourent ses habitations, et s'emparent des pâturages qu'il parcourt le plus. Les chemins sont bordés d'*echium vulgare*; l'*avena sativa* est aussi commune dans quelques pâturages que si on l'y avait semée. On retrouve partout nos mauves, nos anthémis, notre marrube commun, un de nos erisymum. »

« Un de nos myagrum, dont le premier parut, il y a dix ans, sur les murs de Montevideo, couvre presque à lui seul tout l'espace entre cette ville et son faubourg. »

« Le chardon-Marie et surtout notre *cardon* (*cinara cardunculus*) se sont répandus avec profusion dans les campagnes du Rio de la Plata et de l'Uruguay. Ils couvrent aujourd'hui des terrains immenses. »

Ces faits curieux ont été recueillis par M. Auguste Saint-Hilaire[1], observateur et botaniste distingué, qui est resté six ans dans ces contrées.

L'empire de l'homme produit dans les pays déserts des faits qui démontrent positivement la loi générale de l'alternance. Un grand naturaliste, Azara[2], dit positivement : « Partout où l'homme a bâti une baraque ou une case, il a vu naître autour de cet asile des plantes qui ne se montraient pas auparavant à une distance de plusieurs lieues, et qui se multiplient à un tel point qu'elles étouffent toutes les autres herbes. »

« Les animaux contribuent aussi à développer ces changements. J'ai vu des *estancias* ou fermes, qui peu d'années auparavant avaient été peuplées de troupeaux, couvertes

[1] *Voyage au Brésil*, p. 371; voyez cinquième année, cinquième cahier des *Mémoires du Muséum d'histoire naturelle*.

[2] Tome II, trad. franç. par Moreau-Saint-Méry.

d'un chardon qui en occupait toute la surface et qui avait anéanti le pâturage [1]. »

M. Du Petit-Thouars m'a fourni le fait suivant, qui confirme la loi de la succession alternative des divers végétaux dans les régions tropicales.

« A l'île de France, quand on défriche une forêt, soit en arrachant, soit en brûlant les arbres, le sol se couvre instantanément d'espèces toutes différentes, la plupart étrangères à l'île et originaires de Madagascar, telles que l'*haronga*, et un solanum arborescent, nommé *tabac marron*, à cause de ses feuilles. Mais le plus abondant de toutes est le *rubus roseus* de Smith, espèce de framboisier originaire des Moluques. »

Je me félicite d'autant plus de pouvoir citer pour les régions tropicales deux observateurs aussi exacts et aussi éclairés, que la série de faits qu'ils présentent se rapporte exactement avec ceux que j'ai observés si souvent en France.

Dans les clairières de ces futaies du Perche dont j'ai parlé, j'ai vu, depuis trente ans, les plantes sociales, telles que les airelles (*vaccinium myrtillus*) et les bruyères (*erica tetralix, ciliaris et cinerea*), alterner plusieurs fois, et se succéder tour à tour. Je n'ai jamais vu pourtant s'opérer la destruction totale d'une de ces espèces ; l'une ou l'autre seulement prédomine avec une supériorité excessive. Le parti vaincu et non détruit répare peu à peu ses forces, se relève de ses pertes et finit par asservir son vainqueur, sans l'exterminer. Puis le cercle alternatif d'infériorités et de supériorités, de prédominance et de subjection, recommence.

Le même fait s'est présenté dans des îles désertes, entre des chiens et des chèvres devenus sauvages. Les chiens ont d'abord détruit presque toutes les chèvres, quelques-unes

[1] Addition de 1855.

ont échappé en se réfugiant sur des rochers inaccessibles; alors la plus grande partie des chiens est morte de faim, et les chèvres n'étant plus inquiétées se sont multipliées beaucoup à leur tour.

Cette alternance des diverses familles, genres ou espèces de végétaux, s'est offerte cent fois à mes yeux pour des arbres, arbrisseaux, sous-arbustes et sous-arbrisseaux dans l'arrachement des haies.

Je cite ce fait en seconde ligne, et j'y attache moins d'importance, parce que les haies entourant des cultures, étant d'ailleurs placées très-près d'autres haies, peuvent recevoir des semences fraîches, soit par les oiseaux, soit par les vents ou par les engrais; que leur sol peut être modifié par ces mêmes engrais tirés des végétaux, animaux ou minéraux; circonstances qui rendent l'observation du fait moins précise que dans des futaies de 4,000 à 10,000 et 15,000 arpents.

Cependant j'ai arraché dans ma terre plus de cent haies, les clôtures étant trop multipliées, et comme on laisse la terre s'ameublir deux ou trois ans, pour la reporter sur les champs, ou la disposer aux cultures des céréales et des fourrages, j'ai vu partout germer, se développer et croître des végétaux herbacés ou ligneux dont la grande majorité était de familles, de genres ou d'espèces différentes de ceux qui occupaient auparavant le sol de la haie.

Le même phénomène se présente dans les taillis exploités en coupes réglées de huit à douze, vingt et trente ans. Ici le fait peut être mieux constaté, et l'observation prend un caractère de précision plus rigoureux.

Les mêmes phénomènes se sont reproduits constamment à mes yeux dans les taillis de trente ans, des quatre grandes forêts que j'ai citées.

Ce serait répéter fastidieusement des détails toujours semblables. Je me bornerai à un exemple particulier que je prends sur ma propriété; car c'est là que j'ai pu observer plus longtemps, plus souvent et avec plus d'exactitude.

J'ai acheté, il y a vingt ans, cinquante hectares de bois taillis, nommés les bois de La Mare-Bâcon; ces taillis croissent sur un terrain de transport mêlé d'argile blanche, de grès grossier en dalles plates, de mines de fer, contenant du fer hématite irisé, le tout recouvert d'un banc de pétro-silex mêlé à du sable siliceux uni à un peu de quartz.

Ces taillis s'exploitaient à six ans; je les ai assolés à douze.

Depuis, j'ai acquis cent hectares de taillis de vingt ans, contigus aux premiers, et qui faisaient partie du domaine de la couronne et de l'apanage de Monsieur, qui a régné depuis sous le nom de Louis XVIII. Ils se nomment les bois de Dambray, et sont situés commune de Mauves, arrondissement de Mortagne, département de l'Orne. Les plans, descriptions et évaluation de ce taillis, divisés par essences[1] de bois, âges et quotités, ont été conservés dans les archives depuis 1250, époque de la réunion du Perche à la couronne. Ces titres m'ont été remis lors de mon acquisition. Ils contiennent plusieurs descriptions successives de la propriété.

Voilà donc une longue série de faits qui peuvent infirmer ou confirmer la loi générale que j'ai établie.

Qu'on fouille les archives des eaux et forêts, il s'y trouve plusieurs pièces analogues, remontant peut-être à des époques plus reculées. J'appelle et je désire l'examen. Je ne cherche point à former et à faire valoir un système.

Les essences de ces taillis sont plus variées en genres et en espèces que les futaies. Le sol est plein de sources à

[1] *Essences*, mot technique des eaux et forêts, qui vient d'*exire* et non d'*essa*, comme essence, parfum, *essentia*.

mi-côte, de marécages dans les bas-fonds, sec et brûlant sur les hauteurs ; de là une plus grande variété de végétaux ligneux ou herbacés.

Dans le sol profond et humide, le phénomène de l'alternance, du moins pour les arbres et arbustes, se reproduit plus lentement, et demande une plus longue période de temps.

Néanmoins la loi générale s'y confirme, et je vais exposer les faits qui ne m'ont offert qu'une ou deux anomalies.

Dans les fonds, au pied humide des côtes et dans les marécages à eaux rousses, les aunes prédominent, les marsaults ensuite, à peine quelques chênes. Les végétaux herbacés sont la prêle, le rossolis, des mousses, carex, joncs, mêlés de quelques touffes de bruyère, qui prédomine et s'accroît dans les années sèches, et s'affaiblit sans s'éteindre tout à fait dans les années pluvieuses, ou lorsque les fossés d'écoulement sont obstrués. Plus loin, le terrain se relève un peu; les trembles, les bouleaux paraissent. Un gradin au-dessus, le chêne se mêle au bouleau qui vit sur le terrain siliceux, et pourtant brave mieux l'humidité que le chêne et le châtaignier.

Dans le pied des côtes, où le sol est plus riche, moins humide, toutes les amentacées vivent en communauté avec des ormes, des rhamnus, des rosacées, des jasminées, des légumineuses, des tiliacées..... et même avec des liliacées et des thymélées. Les souches sont vivaces, franches ; ici, le besoin de l'alternance (et c'est ce qui arrive dans les contrées équatoriales) se fait sentir moins vite en raison de la grande variété d'espèces que nourrit le terrain; c'est aussi là que le bois est plus fourré. Il en est de même pour le méteil[1] et la mouture de mars[2], qui donnent

[1] Mélange de *triticum hibernum* et de seigle.

[2] Mélange de *triticum æstivum* et d'*hordeum vulgare*.

un produit plus abondant en paille et en grain étant mêlés, que chaque céréale seule, pourvu qu'ils soient semés dans le sol propre au seigle ou au blé d'été.

M. de Beaujeu, l'un de mes voisins, propriétaire agriculteur, m'a fourni la note suivante : « On a souvent blâmé, dans les livres d'agriculture, le mélange des grains; je crois que c'est une erreur. On dit, par exemple, qu'il vaudrait mieux, dans un champ de deux arpents de terre de moyenne qualité, en semer un arpent en blé et un en seigle, que le mélange de ces deux grains dans la totalité du champ. Tout agriculteur praticien aura pourtant la preuve que, dans ce dernier cas, *le produit total du méteil surpasse en paille et en grain celui que donneront les deux grains semés séparément* ; ce qui compense et au delà le désavantage de ne pouvoir pas récolter les deux grains, chacun à leur vrai point de maturité. »

L'alternance ne se manifeste sensiblement dans la partie de bois citée que parmi les végétaux herbacés. De quatre à douze ans, le sol couvert de feuilles ne peut produire aucune plante. On coupe à blanc, et le printemps suivant, la terre est couverte de digitales, de seneçons, d'hyeracium, de bourgène, de bruyères même, qui cherchent à s'élever, et sont bientôt étouffées par les touffes vigoureuses d'arbres plus robustes. M. Thouin, de l'Institut, m'a assuré avoir observé le même fait à Meudon, dans des circonstances semblables.

C'est sur les côtes et le plateau des bois de La Mare et de Dambray que le sol étant homogène, dans soixante-quinze hectares (c'est toujours de la silice pure posée sur des bancs de grès et de silex); c'est là, dis-je, que la loi de l'alternance, n'étant pas modifiée par l'action des engrais, se manifeste avec la clarté la plus évidente.

L'état des lieux de 1720 constate que cette partie de taillis venait d'être semée en chênes et en hêtres ; maintenant, en 1823, il ne reste que des souches sans vigueur (*arrossies*, pour me servir d'un mot patois très-énergique) qui occupent à peine le dixième de la superficie.

Ces taillis s'exploitent à douze ans et se convertissent en charbon pour les forges de fer[1] situées à Longny, bourg éloigné de quatre lieues. Toutes les places à charbon, c'est-à-dire l'emplacement du fourneau où l'on a carbonisé le bois, se couvrent de trembles sitôt que le fourneau est refroidi. Cependant, il n'existe en baliveaux, sur toute cette surface, que des chênes, des hêtres ou des bouleaux. Le tremble, qui aime des terrains bas et humides, ne se plaît pas sur un sol aussi maigre et aussi brûlant. Il y a, dans ce cas, peut-être un phénomène chimique qui se combine avec la loi générale de l'alternement. L'alcali et le carbone produits par la combustion des bois peuvent

[1] La mine de fer est très-fusible et très-riche, elle donne de cinquante à soixante pour cent, au rapport des maîtres de forges eux-mêmes qui l'achètent. Le bois né sur ce sol siliceux fournit un charbon d'un tiers plus pesant que celui des bois situés dans les vallons entourés par ces côtes siliceuses. J'ai pris un rejeton de chêne de six pieds de long, de deux pouces de diamètre, je l'ai mis dans une balance exacte avec une tige de bouleau égale en âge, en grosseur, en longueur, et celle-ci avait un tiers de poids en sus. Il y a deux mois que rencontrant des charbonniers qui menaient à la forge des charbons formés de mes bois, je leur fis plusieurs questions, entre autres, s'ils pesaient les sacs de charbon. Ils me dirent que oui, et que le sac de charbon des côtes de La Mare et de Dambray pesait de 140 à 150 livres (70 à 75 k.), tandis que celui des taillis des vallées calcaires, situées un peu au-dessous de ces côtes siliceuses, ne pesait que de 80 à 100 livres (40 à 50 k.), quoique ce fussent les mêmes espèces de bois. On voit donc que les calculs précis adoptés par la marine et la physique végétale qui donnent au pied cube de bouleau 24 k., et à celui de chêne rouvre (*quercus robur*), 36 k. de poids, sont inexacts, qu'il faut prendre une moyenne proportionnelle sur un grand nombre de pesées, et qu'ici comme dans beaucoup d'autres cas, le calcul des probabilités est plus exact que le calcul rigoureux.

modifier ce sol siliceux planté en majeure partie de chênes.

Mais je dois me borner à exposer les faits, et me défendre de les expliquer. C'est aux Davy, aux Berzelius, aux Gay-Lussac, aux Thénard, dignes rivaux de Th. de Saussure, à nous donner la vraie théorie de la végétation. S'ils passent quelques mois de l'année à la campagne, s'ils rassemblent tous les faits bien constatés, s'ils y appliquent les forces de leur génie, les ressources de leur art et la constance de leurs investigations, l'agriculture, qui offre la plus vaste application des forces physiques, deviendra véritablement une science, au lieu d'être livrée à l'empirisme et à la routine.

Pour l'amélioration de ces côtes arides et siliceuses que j'ai décrites, j'ai fait depuis vingt ans de nombreuses épreuves et contre-épreuves qui toutes m'ont conduit à reconnaître que l'alternance est une loi générale imposée à la végétation par l'auteur de la nature; que la succession alternative est utile pour les végétaux de la plus longue durée autant que pour ceux dont la vie est moins longue; autant pour les plantes vivaces que pour les annuelles et bisannuelles; et que vraiment, à moins de changer la nature chimique du sol par des engrais ou par une division mécanique, le semis, la plantation des espèces les plus appropriées à la nature du terrain, seront toujours infructueux, si on rend les mêmes espèces ou des espèces analogues à un sol qui en est déjà rassasié. Les bruyères seules m'ont offert une exception.

Je passe au détail de ces expériences, et je citerai avec la même bonne foi les deux seules anomalies qui se soient présentées.

J'ai voulu repeupler ces côtes ou plateaux arides qui formaient le tiers ou trente hectares des bois cités.

PREMIÈRE EXPÉRIENCE. — J'ai suivi les procédés banaux

indiqués dans les ouvrages d'agriculture. On défendait l'écobuage; je l'ai proscrit. J'ai fait piocher le terrain, retourner la bruyère, arracher, labourer, herser, ameublir; j'y ai semé avec l'avoine des graines de bouleaux, chênes et châtaigniers, choisies avec soin, les glands et châtaignes stratifiés dans l'hiver avec du sable frais mêlé de suie, pour dégoûter les mulots de les attaquer. Ces graines avaient été recueillies sur de vieux arbres nés dans un sol analogue à celui que je voulais planter en bois, et ce sol semblait très-convenable à ces espèces de bois.

L'avoine a été semée dans une terre bien préparée, par un temps très-favorable. Elle a levé, a langui un ou deux mois, et avant le développement du tuyau il n'en existait plus un brin; la bruyère a repris le dessus.

Les chênes et châtaigniers ont germé faiblement et disparu en entier au bout de deux ans ; le bouleau au bout de quatre ans.

La contre-épreuve a été faite chez moi. Un taillis de quatre arpents (deux hectares) a été planté par mon père, il y a trente-cinq ans. Le sol de terre franche un peu argileuse était couvert de bruyères. On a écobué, labouré, semé des châtaignes et planté des bouleaux à la charrue. Des trembles s'y sont élevés tout seuls. Le bois a réussi merveilleusement. Il est assolé à huit ans, et vendu pour charbon. Dans toutes les places à charbon, le tremble et le bouleau croissent en abondance. Le terme d'épuisement du sol pour les espèces dominantes n'étant pas encore venu, le besoin de la succession alternative ne se fait pas encore sentir. Je n'ai pourtant jamais vu des chênes germer sur ces cendres, et il y en a beaucoup pour baliveaux dans le bois. Cet arbre, qui se plaît dans le sol argilo-siliceux, craint-il un mélange trop fort d'alcali et de carbone?

DEUXIÈME EXPÉRIENCE. — J'ai fait plus, j'ai choisi un arpent de terrain d'un sable profond, couvert de six pouces de terre de bruyère. Je l'ai fait piocher, bêcher, nettoyer, cultiver en pépinière; je l'ai couvert de graines de bouleaux; une source était à cent pas; j'ai fait arroser les semis. J'ai obtenu une moisson superbe de bouleaux que j'ai distribués sur les vides du taillis, et plantés dans des fosses à la pioche et à la bêche. J'ai laissé en quinconce dans la pépinière les plants les plus vigoureux. A peine existe-t-il le millième des plants laissés ou plantés à l'âge de deux ans, soit dans la pépinière, soit dans le bois; le reste est rabougri, languissant, et s'éteint successivement.

TROISIÈME EXPÉRIENCE. — J'ai pris des forêts voisines et planté quatre cents milliers de plants de bouleaux vigoureux de trois à cinq ans, sans obtenir plus de succès.

QUATRIÈME EXPÉRIENCE. — Les glands, faînes, châtaignes, graines d'ormes et de frênes, semés en place dans des fosses ameublies et abritées par la bruyère, sont restés aussi infructueux.

Ici se présentent les anomalies dont j'ai parlé, et qui sont une légère exception à la loi générale de l'alternance; car il n'y avait d'ormes et de frênes dans mes bois que dans les fonds riches et humides. Or, j'opérais alors sur le plateau culminant et sur les pentes arides, situées à l'est et à l'ouest.

Les frênes et ormeaux, jeunes hêtres et chênes de deux ans que j'ai plantés, n'ont pas mieux réussi. J'en donnerai plus bas la raison.

CINQUIÈME EXPÉRIENCE. — En 1806, M. Thouin me donna un sac de graines prétendues larizio, qui lui venaient de Corse. Je les semai à Landres, dans mon jardin, sur une terre argileuse et fumée, recouverte d'un pouce de terre de bruyère.

J'ai obtenu des plants nombreux de pins maritimes.

pinus maritima, et de pins rouges, *pinus sylvestris*, mêlés de quelques larizio, que j'ai fait arracher sans soin la deuxième année, comme on arrache l'oignon, et que j'ai jetés négligemment, soit dans les vides couverts de bruyère, soit dans les fosses qui étaient devenues le tombeau de mes premières plantations d'amentacées.

Ces conifères ont déployé une végétation remarquable sur ce sol, où un mur de silex et de grès est à peine couvert de deux à trois pouces de sable ou de terre de bruyère. Quelques-uns ont atteint trente à quarante pieds de haut, donnent déjà quelques graines fertiles, et la mortalité a été à peine sensible.

Le même fait peut être constaté dans la forêt de Fontainebleau, où le sol et les circonstances sont analogues au terrain que j'ai soumis à l'expérience. Les conifères semées par Louis XVI végètent avec la plus grande vigueur depuis trente ou quarante ans, sur des espaces qui n'étaient couverts que de bruyères et de chênes rabougris.

SIXIÈME EXPÉRIENCE. — Encouragé par ce succès, j'ai tiré des sapinières, situées du côté de Laigle, plusieurs milliers de jeunes sapins, *abies pectinata*, vigoureux et sains. J'ai fait enduire la racine d'une dissolution d'argile et de bouse de vache ; j'ai planté avec soin. Pas un de ces arbres n'a survécu : cette anomalie s'explique, comme les précédentes, par le changement de conditions atmosphériques résultant du transport de jeunes plants nés, élevés à l'ombre protectrice de leurs pères, et portés dans un sol aride, brûlant et exposé à toute l'action du soleil, de l'air, des vents, et des changements de température.

Si l'on combat la loi générale que j'ai posée, je demande que dans la comparaison attentive, on pose pour premier élément une identité parfaite de circonstances.

SEPTIÈME ET DERNIÈRE EXPÉRIENCE. — J'ai fait peler cinq

arpents (deux hectares et demi) de bruyère, située sur ce même plateau et sur les pentes orientales dont j'ai parlé ; on a enlevé la bruyère avec des glèbes ou couennes de terre de trois à quatre pouces de large, on a fait l'opération en avril, on a laissé sécher jusqu'en août ; déjà le sol était envahi par des joncées, des cypérées, des graminées, preuve de la puissance et du besoin de l'alternance. On a brûlé en août. En octobre on a semé du seigle sur un seul labour léger de deux à trois pouces ; le seigle a donné une moisson superbe. L'année suivante on a semé de l'avoine sur un seul labour avec des glands, des châtaignes, des graines de bouleau, et le terrain s'est couvert d'un taillis fort bien venant, dont rien n'annonce la destruction. Quelques conifères y ont été jetées pour servir de baliveaux. Leur crue, leur force est très-supérieure à celle des amentacées.

Ce sol s'était cependant montré rebelle à tous les efforts avant que la combustion des bruyères, et de la terre formée de leurs débris, eût changé la nature chimique du terrain.

Un exemple, dans ce même sol, pris sur une portion contiguë, prouve que la division mécanique donne naissance à des phénomènes analogues, ou du moins conduit aux mêmes résultats.

Il y avait des forges à bras dans le pays voisin. Elles ont croulé dans le dernier siècle ; on a fouillé quarante à cinquante arpents (vingt à vingt-cinq hectares) de ce plateau aride pour en extraire la mine de fer. Les trous d'extraction, qui s'est faite à ciel ouvert, y sont placés de cinq en cinq toises. Eh bien, les bois durs, chênes, hêtres, châtaigniers, ont encore une vigueur, une épaisseur, un fourré remarquable, tandis que le sol voisin, qui n'a pas été remué, n'offre que des souches maigres, appauvries, et avec tous les caractères de la décrépitude.

Ces faits ne contredisent point, ne détruisent point la loi générale de l'alternance; et voilà pourquoi j'ai demandé qu'en répétant mes expériences on se plaçât dans une identité complète de circonstances; car, pour un observateur superficiel et inattentif, le lieu que j'ai appelé en témoignage de la constance de la loi semblerait déposer en faveur de l'exception.

Voilà pourquoi aussi j'ai choisi pour exemple des sols soumis à l'influence des seules forces de la nature, des terrains où l'action de l'homme, celle des engrais ou des divers moyens qu'il emploie, ne pouvaient changer, modifier, suspendre ou altérer pendant quelque temps les règles générales de la succession alternative.

Plantes sociales.

Les plantes qui vivent en famille, telles que les bruyères, les vaccinium, les genêts, les ajoncs, etc., sont sujettes, avec quelques modifications, à la loi générale de l'alternance, et conservent aussi pendant un siècle leur faculté germinative; seulement les espèces du genre *erica* alternent entre elles; c'est une anomalie qui mérite d'être observée longtemps et avec soin.

Les landes de l'Ouest, où les genêts et les ajoncs prédominent et couvrent des espaces immenses, présentent un champ facile et sûr d'observations curieuses pour la végétation de ces plantes sociales.

J'ai vu dans les coupes de futaies de cent vingt ans, même de cent soixante, où les seuls sous-bois étaient des houx (*ilex aquifolium*) et quelques bourgènes (*rhamnus frangula*), le sol se couvrir, outre les trembles et les bouleaux dont j'ai parlé, de genêts, de bruyère, en telle abondance que cette production ne pouvait évidemment être attribuée à des transports de semences par les vents ou par les oiseaux.

Les graines de moutarde et de bouleau conservent, même sous l'eau, leur faculté germinative pendant vingt à trente années.

J'ai chez moi une écluse de moulin qui n'est curée qu'au bout de vingt ans. Chaque fois qu'on fait cette opération, la vase se couvre d'abord d'une moisson très-épaisse de moutarde (*sinapis nigra*), à laquelle succède une pépinière de bouleaux qu'on n'a pas semés. Ainsi, l'ombrage des grands dômes de verdure fait le même effet pour empêcher la germination des graines que la présence d'une nappe d'eau, d'une couche épaisse de terre, étendues sur elles.

On sait que le contact de la terre avec l'atmosphère est essentiel pour la germination. Mais cette observation prouve que l'eau n'altère pas, du moins pendant vingt ans, la faculté germinative, et comme les deux milieux sont très-différents, il doit se passer, dans l'un et dans l'autre cas, des phénomènes chimiques différents aussi, qui, examinés par d'habiles physiciens, pourront conduire à l'explication positive des lois générales ou particulières de la germination[1]; et, quant à l'alternance, j'ai vu depuis trente

[1] Les racines de certaines familles de plantes peuvent conserver assez longtemps, sous terre, leurs facultés vitales, sans pousser de tiges au dehors. Voici un fait que j'ai observé, et sur lequel j'appelle l'attention des naturalistes. Un mur de mon jardin était tapissé de clématite (*C. viticella*), de lilas et de jasmin. Ce mur tomba en 1821, et fut reconstruit, la même année, sur une largeur double, avec des fondations de cinq pieds de profondeur, qui occupent la portion du terrain où végétaient ces arbustes. Les lilas et les jasmins ont péri. La clématite seule vient de pousser, au printemps de 1825, des jets forts et vigoureux. Une apocynée, au Jardin du Roi, observée par M. le professeur Desfontaines, a offert, après le même laps de temps, une résurrection semblable. Quel est le mode de végétation, de dévelop-

ans sur les mêmes clairières, situées au milieu des forêts dont j'ai parlé, les *erica vulgaris*, *ciliaris*, *tetralix* et *cinerea*, acquérir tour à tour la prééminence, et les vaccinium chassant, ou plutôt subjuguant les erica, et subjugués eux-mêmes à leur tour.

J'avais un mûrier noir, *morus niger*, dans ma cour. Cet arbre très-vieux fut fendu par le vent en quatre quartiers. Le dernier fut arraché en 1802. Un sureau avait crû à sa place, de graines tombées au milieu du tronc creux du mûrier. Ce sureau vient de mourir, en 1827, et depuis un an et demi qu'il a commencé à languir, une douzaine de petits mûriers ont poussé, dont deux rejetons ont déjà deux pouces de diamètre et deux pieds de haut.

J'ai fait arracher le sureau devant moi pour m'assurer si ces rejetons venaient de graines conservées en terre pendant vingt-quatre ans, ou s'ils provenaient de racines du vieux mûrier, qui avaient vécu de cette vie souterraine sans pousser hors de terre aucun jet. Quoique le sol soit très-bon, exposé au soleil, ils n'étaient ou ne pouvaient être gênés que par le sureau qui avait crû, exposé au sud-est, dans cette cour herbue qui a un demi-hectare d'étendue.

L'expérience a prouvé ce fait curieux de la longue vie ou torpeur des racines enfermées sous terre.

On a coupé avec la pioche de très-grosses racines du vieux mûrier détruit au-dessus du sol depuis vingt-quatre ans, et ces racines étaient très-vivantes, et ont rendu un suc laiteux, de l'aubier et de l'écorce, très-épais et très-abondant, blanc, visqueux, semblable à du lait qui tourne en crème.

pement de ces racines privées de tiges, pendant cette époque et dans ce milieu? C'est un fait de physiologie végétale qui me semble mériter d'être observé avec soin.

Je n'ai laissé que deux drageons de cette racine, dont la torpeur sous terre avait duré vingt-quatre ans. Le premier, laissé sur place, a aujourd'hui, en 1856, dix-huit à vingt pieds de haut, et huit pouces de diamètre à sa base. Le second, transplanté de suite dans un sol semblable de mon potager, a atteint presque les mêmes dimensions.

Prés artificiels de plantes pérennes.

Ce qui se passe tous les jours sous nos yeux dans les prairies artificielles prouve évidemment la loi générale de 'alternement, et confirme l'exception momentanée qu'y apportent l'ameublissement, la profondeur ou la division mécanique du sol, conditions que j'ai eu soin d'exclure de mes expériences. Je prends le sainfoin et la luzerne pour exemples.

Tout le monde sait que, dans les sols profonds, ces deux légumineuses durent la première jusqu'à huit, la seconde jusqu'à vingt ans; mais l'observation de ce qui se passe sur la terre, pendant la durée de ces prés artificiels, prouve encore évidemment, ce me semble, la loi générale de l'alternance, que je considère comme une condition essentielle de la conservation et de la reproduction de végétaux vivant en société. En effet, les luzernes et les sainfoins ne sont presque jamais attaqués fortement par leurs congénères ou même par les peuples de leurs tribus, les végétaux de la grande famille des légumineuses, qui sont pourtant vivaces et doués de la faculté d'association, tels que les *trifolium repens*, *lagopus*, *rubens*, *fragiferum*, les *medicago lupulina*, les *melilots*, les *vesces*, les *ononis* et autres papillonacées analogues.

Je les ai vues quelquefois attaquées par les cuscutes, mais les graminées sont leurs ennemis les plus acharnés, et finissent par les détruire sans pouvoir les exterminer entièrement. Ce fait explique la conservation des espèces les plus délicates depuis la dernière révolution géologique du globe jusqu'à nos jours.

Cependant la profondeur et la division du sol ne sont pas une condition absolument nécessaire pour la longue durée de la luzerne et du sainfoin, comme on l'a cru jusqu'ici. Cet axiome n'est vrai que pour la quantité du produit; il est vrai numériquement ou agricolement parlant, si je puis m'exprimer ainsi, il ne l'est pas dans le sens absolu.

J'ai chez moi, à Landres, des pieds de sainfoin isolés, au milieu de graminées vivaces, sur un sol argileux d'un pied au plus d'épaisseur reposant sur un banc de calcaire coquillier; et ces légumineuses sont les restes d'un sainfoin éteint depuis cinquante ans. Ils sont très-vigoureux et semblent épier le moment de recouvrer leur empire.

Loi admirable de l'auteur de la nature pour la conservation des êtres. L'homme, avec toute sa puissance, peut diminuer et ne peut éteindre les espèces les plus nuisibles.

Prés naturels.

Je me borne à ces deux exemples dans les prairies artificielles. Je pourrais accumuler une quantité de faits semblables qui ne seraient que la répétition des mêmes circonstances, et conduiraient aux mêmes résultats, la loi générale de l'alternance.

Je terminerai ce mémoire par l'examen de la végétation des prés naturels, et je résumerai les principaux faits qui y sont contenus, les conséquences que j'en déduis.

Plaçons-nous, pour l'observation des phénomènes qui se succèdent dans la longue existence des prés naturels, au même point fixe que j'ai choisi pour étudier la loi de l'alternance dans les futaies et les taillis.

Ecartons l'action de toute espèce d'engrais végétaux ou minéraux, même des irrigations estivales ou hibernales.

Choisissons un plateau dominant les collines et les vallées d'alentour, soumis seulement à l'action des pluies et des conditions atmosphériques.

J'insiste sur cette exclusion, parce que, depuis trente ans, j'ai vu l'emploi des engrais très-variés, usités dans le Perche, tels que chaux vive, alcalis, carbonate calcaire ou argileux, plâtre, poudrette, fumier de cheval, de bœuf, de mouton, de cochon, de poule, d'oie et de canard, changer subitement la proportion entre les espèces de fourrages naturels.

Les irrigations hibernales chargées de tous ces engrais, les irrigations des rivières, chargées aussi de ces mêmes substances, jointes aux débris des poissons, des reptiles, des insectes et des mollusques qu'elles contiennent, modifient plus ou moins la constitution chimique du sol.

J'écarte donc ces circonstances comme autant de perturbations dans l'ordre d'alternance que je cherche à déterminer.

Je réduis le problème à des termes simples, à des valeurs facilement appréciables.

Je pourrai quelque jour donner un tableau exact de l'action des divers engrais végétaux ou minéraux, sur la végétation et même la germination des plantes de plus de vingt familles.

Il ne faut pour cela que transcrire, rédiger et coordonner le journal d'observations que j'ai faites dans le cours de trente ans, dont plus de la moitié a été passée à la campagne.

Je ne présenterai néanmoins que des faits observés,

constatés par des expériences répétées; je me garderai de la manie d'expliquer.

Dans plusieurs plateaux isolés, tels que je les ai décrits plus haut, j'ai vu cinq à six fois, pendant le cours de trente ans, les graminées et les légumineuses perdre et remporter successivement la prééminence; j'ai observé constamment la même alternative de prédominance et d'infériorité ; j'ai vu rouler l'alternement dans un cercle uniforme qu'on pourrait diviser, pour le rendre sensible à la vue, en portions blanches et en portions ombrées, sauf quelques intervalles qu'il faudrait laisser pour l'espace occupé par les genres distincts des espèces prédominantes.

La même loi générale qui régit la reproduction des arbres en futaie, en taillis, des sous-arbrisseaux croissant à l'ombre ou à ciel découvert, sous ces futaies ou dans ces taillis, qui régit les plantes sociales, sauvages ou cultivées, pérennes, bisannuelles ou annuelles; cette loi générale de l'alternance s'applique avec la même rigueur aux prés naturels, et je suis assez heureux pour être à portée d'en mettre un exemple sous les yeux de l'Académie.

Expérience à Paris.

J'ai acquis, en 1818, la maison du voyageur Volney, mon confrère à l'Institut, située rue de la Rochefoucault, n° 11, maintenant n° 25.

En 1820, je priai M. Gabriel Thouin de dessiner le jardin avec une pelouse au milieu. Le sol est sec et aride comme le plateau de Montmartre; il repose sur le banc de gypse qui a même fourni les moellons pour les murs de clôture; M. G. Thouin choisit, vu l'aridité du sol, les graminées les plus sèches et les plus dures des hauteurs près de Versailles.

Croyant que ces seules espèces pouvaient végéter sur ce sol, et désirant obtenir un gazon uni, j'ai fait sarcler avec soin, les deux dernières années, toutes les autres plantes, même les légumineuses. J'ai été absent du 6 octobre 1822 au 1er août 1823; le sarclage a été interrompu; et telle est la tendance de la nature vers l'alternance, que la moitié de la pelouse est déjà envahie par le *trifolium repens*.

Je l'ai montrée, le 7 août 1823, à M. G. Thouin; il peut attester la vérité du fait, que tous les membres de l'Académie sont d'ailleurs à portée de vérifier.

Ces observations sur l'alternement successif des diverses familles dans les prés artificiels pérennes et dans les prairies naturelles ont été aussi constatées par M. de Beaujeu, mon voisin de campagne, qui, depuis douze ans, fait valoir trois cent cinquante arpents à Viantais, près Rémalard. Comme c'est un homme versé dans la connaissance et l'application des sciences physiques et mathématiques, cette coïncidence dans les faits et dans les résultats d'expériences faites séparément, sur des points éloignés de quatre lieues l'un de l'autre, m'a donné lieu d'espérer que j'avais résolu le problème, et m'inspire plus de confiance pour le soumettre à l'examen de mes confrères de l'Académie des sciences, que je regarde comme mes maîtres et mes juges.

Résumé et Conclusion.

Il résulte donc des expériences contenues dans ce Mémoire :

1° Que la faculté germinative des semences de beaucoup de végétaux pris dans un grand nombre de familles naturelles peut se conserver vingt ans sous l'eau et cent ans au moins dans la terre, pourvu qu'elles soient soustraites à l'action des conditions atmosphériques ;

2° Que la variété minéralogique des sols n'influe pas sensiblement sur la végétation, à moins qu'on ne change la nature chimique et hygroscopique du terrain, soit par l'action des engrais, soit par la division mécanique ; encore ne fera-t-on que reculer le terme de l'alternance, qui se manifestera tôt ou tard ;

3° Que la pesanteur spécifique des bois varie dans la proportion de 1 à 2, selon la nature du terrain producteur des arbres, et qu'une moyenne proportionnelle tirée d'un grand nombre de pesées de bois de même âge, de même espèce, choisis dans divers sols, et dans une identité parfaite de circonstances, pourrait seule donner une détermination précise ;

4° Enfin, que la succession alternative dans la reproduction des espèces végétales, surtout quand on les force à vivre en société, est une loi générale de la nature, une condition essentielle à leur conservation, à leur développement. Que cette règle s'applique également aux arbres de haute futaie, dont la vie est la plus longue, aux arbrisseaux, arbustes et sous-arbrisseaux, régit la végétation des plantes sociales, des prairies artificielles, des prés naturels, des espèces pérennes, bisannuelles, annuelles, vivant en société ou même isolées ; qu'enfin, cette théorie, base de toute bonne agriculture, et réduite en fait par le succès prouvé de l'alternement des récoltes, est une loi fondamentale imposée à la végétation par l'auteur de tout ce qui existe. Depuis trente-un ans que j'ai publié ce Mémoire, aucun fait n'est venu infirmer la loi générale que j'ai posée, et, au contraire, un grand nombre de faits nouveaux s'y sont ajoutés pour la confirmer.

DES TRANSFORMATIONS

OPÉRÉES LORS DU RETOUR DES DIVERSES VARIÉTÉS DE NOS ANIMAUX ET DE NOS OISEAUX DOMESTIQUES A L'ÉTAT SAUVAGE, ET DU PASSAGE DE LA SERVITUDE A L'INDÉPENDANCE ET A LA LIBERTÉ[1].

Gallinacés redevenus sauvages après avoir été domestiques.

L'histoire de l'introduction en Europe de nos animaux domestiques et la détermination de la contrée dont ils sont originaires ont été traitées par quelques naturalistes et par moi-même, depuis trente ans, dans plusieurs Mémoires. Sur ce point, les faits sont nombreux et les renseignements abondants.

Les changements qui se manifestent lors du retour de nos animaux domestiques à l'état sauvage ont été consignés beaucoup plus rarement, surtout pour les espèces rentrées dans l'indépendance, qui ont peu de moyens de se défendre contre les chasseurs et les animaux carnassiers.

Azara[2] a, le premier, observé que les chevaux sauvages, qui sont si nombreux dans les vastes plaines du Paraguay et qui se composaient de chevaux domestiques de races diverses, de toutes formes et de toutes couleurs, abandonnés par les conquérants espagnols dans les im-

[1] Extrait des *Comptes rendus des séances de l'Académie des sciences*, t. XLI, séance du 29 octobre 1855.

[2] *Azara*, don Felix, trad. fr. par Moreau-Saint-Méry. Paris, 1801, t. II, p. 307.

menses *llannos* de cette contrée, avaient presque tous changé de forme et de couleur, et que, dans une troupe de dix mille chevaux, on en remarquait à peine un sur cent gris, alezan, noir ou pie ; tout le reste était d'un poil brun à crins noirs. Azara l'appelle proprement *roucio*, c'est-à-dire *marron*, couleur de l'écorce de la châtaigne mûre, intermédiaire entre le bai brun et le bai doré, ce qui a fait conclure à ce naturaliste que telle fut la couleur primitive du cheval sauvage. La forme et la structure étaient redevenues celles du cheval sauvage du steppe des Kirguis gravé dans Pallas.

Je puis y ajouter un fait semblable concernant l'histoire de la poule redevenue sauvage, et qui est rapporté par deux témoins oculaires, dont l'un écrivait quarante-cinq ans avant l'ère chrétienne, et dont l'autre a fait ses observations en 1842 et les a publiées en 1848.

« Les poules sauvages, dit Varron [1], sont rares à Rome, où on ne les voit guère que dans des cages. Elles ressemblent pour l'aspect, non à nos poules domestiques, mais plutôt aux poules africaines ou pintades (*numida meleagris*) [2]; elles ne pondent et n'élèvent de poulets que dans

[1] III, IX, 16.

[2] Cinq coqs mâles et autant de poules sauvages du Bengale, qui existent au Muséum d'histoire naturelle et qui m'ont été mis en main par M. Portmann, à côté du coq de Bankiva et de celui de Java, offrent le plumage tacheté blanc et noir brun, et la ressemblance pour la forme, même celle de la crête dans les poules et les coqs avec la pintade. Ce rapport complet et remarquable prouve que les gallinacés de Varron, de même que ceux de l'île d'Annobono, ont eu pour souche mère l'espèce sauvage du coq du Bengale et des pintades déjà sauvages dans l'île qui auront procréé les variétés à casque corné. Le grand voyageur Burton (*a*) a vu le même fait se reproduire dans toute

(*a*) *First Footsteps in E. Africa*, p. 274; forêts primitives (*primaeval forest*).

les bois et sont stériles dans nos villes [1]. On dit que ce sont ces poules sauvages, *gallinæ*, qui ont donné leur nom à l'île *Gallinaria*, située dans la mer de Toscane, vis-à-vis les monts de Ligurie; d'autres pensent que cette île doit son nom à des poules domestiques, qui y ont été apportées par des navigateurs et dont les petits sont devenus sauvages. »

Cependant les poules et les coqs sont des oiseaux qu'on apprivoisa de bonne heure en Grèce et dans l Ionie. Si Homère et Hésiode n'en parlent pas dans l'*Iliade* et l'*Odyssée* et dans le poëme des *Travaux et des Jours (Opera et Dies)*, le cri du coq : ἕως ἐβόησεν ἀλέκτωρ, est exprimé dans la *Batrachomyomachie*, poëme qui a été attribué à Homère, et qui, s'il n'est pas de ce grand poëte, est du moins très-ancien et fort antérieur aux premiers historiens en prose [2].

On trouve ensuite les poules et les coqs décrits ou mentionnés dans les plus anciens auteurs tragiques et comiques de la Grèce, et chez les Romains dans Plaute [3]. Cependant la domesticité de ces gallinacés n'était pas encore tout à fait complète, puisque Varron dit positivement que

l'Afrique, au milieu des forêts primitives. Quant au coq et à la poule, M. J. Dalton Hooker (*a*) les a vus, entendus et mangés bien souvent dans ses excursions indiennes. « C'est à Dunwah, dit-il, au « pied des monts Khasia, que j'ai vu et entendu le paon sauvage pour « la première fois. Son cri, son plumage, ne peuvent pas être distin- « gués de celui du même oiseau domestique en Angleterre. »

Curieux exemple de la perpétuation du caractère de l'espèce dans des circonstances entièrement différentes, et contrastant avec le coq sauvage des jungles (*wild jungle fowl*), dont le chant ne rivalise en aucune manière avec celui du coq de basse-cour de nos fermiers.

[1] Voyez *Colum*. VIII, II, 2.

[2] Voyez Link, *Monde primitif*, trad. fr. p. 316.

[3] *Pseudol*. I, I, 28. *Asin*. III, 3, 76.

(*a*) *Himalayan Journals*, t. I, p. 27, et *passim*.

le poulailler et la basse-cour devaient être couverts d'un filet pour empêcher les poules de s'envoler : *intento supra rete, quod prohibeat eas extra septa evolare*[1].

Ces observations curieuses que Varron a faites et consignées dans son ouvrage sur l'agriculture, écrit quarante-cinq ans avant l'ère vulgaire, viennent d'être confirmées entièrement par un observateur moderne. Le capitaine William Allen revint en 1842 de son expédition sur le Niger, où la moitié de son équipage avait succombé à l'intempérie du climat. Lui-même et ceux de ses compagnons qui avaient survécu étaient encore en proie aux fièvres pernicieuses qui infestent toute la côte occidentale de l'Afrique.

Ils furent envoyés, pour rétablir leur santé, des bouches du Niger à l'île de l'Ascension et à celle de Sainte-Hélène, situées au milieu de l'océan Atlantique. Allen relâcha d'abord à une petite île volcanique du golfe de Guinée, nommée *Annobono*, située par 1° 25′ latitude sud.

Là, sur deux pics très-élevés et inhabités, il rencontra beaucoup de pigeons sauvages et d'autres oiseaux auxquels il donna la chasse, et qui lui procurèrent une nourriture fraîche et salubre.

« Mais l'aliment le plus salutaire et le plus efficace, dit William Allen[2] nous fut fourni par les volailles sauvages, poules et coqs (*wild, poultry*), qui commençaient à être très-abondantes et qui avaient déjà changé de forme et même de cri. »

C'est ce changement, cette transformation, qui avaient surtout frappé Varron[3], comme je l'ai dit plus haut. Je cite en note le texte formel[4].

[1] Varron, *De villaticis pastionibus*, III, IX, § 15.

[2] *Travels on Niger's discovery*, t. II, p. 42. London, 1848.

[3] III, IX, 16, édit. Schneider.

[4] « Gallinæ rusticæ sunt in urbe raræ, nec fere mansuetæ sine cavea

On verra que cette observation rapportée par Varron, et ce fait curieux du retour prompt des coqs et des poules domestiques à l'état sauvage, et du changement qu'il apporte dans leur forme et même dans leur chant, ont été confirmés entièrement par le capitaine William Allen.

L'habile observateur anglais y ajoute même, d'après le témoignage des insulaires d'*Annobono*, sinon la date précise, du moins la limite assez restreinte dans laquelle ces changements se sont opérés.

« Ces insulaires, dit Allen, nous affirmèrent que ces nombreux gallinacés étaient provenus de quelques volailles vivantes qui s'étaient échappées *d'un vaisseau naufragé sur cette côte*, il y avait plusieurs années (*from a vessel wreked on the island many years ago*).

« Elles étaient extrêmement sauvages et s'envolaient d'arbre en arbre, en poussant un cri tout à fait différent de celui de nos volailles domestiques. »

Il est bien à regretter que quelques-uns de ces coqs et de ces poules sauvages de l'île d'*Annobono*, tués par Allen et son équipage, n'aient pas été empaillés, conservés dans l'alcool et apportés en Angleterre.

On aurait pu en déduire avec une grande probabilité, comme Azara l'a fait pour les chevaux domestiques devenus sauvages au Paraguay ; on aurait pu, dis-je, en déduire a forme et le plumage du coq et de la poule pri-

« videntur Romæ. Similes facie non his villaticis gallinis nostris, sed « Africanis (*a*) ; neque fere in villis ova ac pullos faciunt, sed in « silvis. Ab his gallinis dicitur insula *Gallinaria* appellata, quæ est « in mare Thusco, secundum Italiam contra montes Ligustinos, Intemelium (*Vintimille*), Albium Ingaunum (*Albinga*). Alii ab his « villaticis (gallinis) invectis a nautis, ibi feris factis procreatis (*b*). »

(*a*) *Numida meleagris*, Varr., éd. Schn., l. c.

(*b*) Varron, III. IX, 17, éd. Schneider.

mitifs, originaires de l'Orient et domestiqués dans l'Asie Mineure depuis le huitième siècle au moins avant l'ère chrétienne.

Quant à la détermination de l'espèce des poules sauvages d'*Annobono*, il ne peut y avoir le moindre doute; car le capitaine Allen, savant distingué lui-même, était accompagné d'un zoologiste habile qui a enrichi la science et le *British Museum* de beaucoup d'espèces nouvelles, recueillies par lui sur les bords du Niger, sur les côtes, dans les îles et même dans l'intérieur de l'Afrique occidentale.

Ces deux faits très-rares, très-curieux et bien constatés, quoiqu'à dix-huit cents ans d'intervalle, démontrent de plus en plus quelle ténacité s'attache à la conservation des espèces. Le Créateur les avait faites immuables, même pour le plumage et la couleur, éléments si frêles et si peu durables. L'homme, depuis cinquante siècles au moins, a puissamment agi sur une trentaine de ces espèces soumises à son empire par la domesticité. Il en a tiré, surtout pour le chien, des variétés très-nombreuses, et nous voyons que, rendues à l'indépendance dans des climats et sur un sol favorables à leur reproduction, il a suffi d'une vingtaine d'années, d'un demi-siècle au plus, pour effacer tous ces changements humains et pour rendre aux variétés domestiques la forme, le poil et même le cri ou le chant de l'espèce primitive[1].

[1] M. le docteur Roulin, dans son Mémoire sur quelques changements observés dans les animaux domestiques transportés de l'ancien dans le nouveau continent (lu à l'Académie des sciences, le 29 septembre 1828, et imprimé en 1829 dans les *Annales des Sciences naturelles*, t. XVI), a dit, p. 352, troisième conclusion : « Les habi« tudes d'indépendance amènent aussi leurs changements qui, en « général, paraissent tendre à faire remonter les espèces domestiques « vers les espèces sauvages qui en sont la souche. » Je l'ai déjà dit expressément dans mon Mémoire sur le genre *equus*, comprenant

Il me semble avoir prouvé que le retour de nos races domestiques et de leurs nombreuses variétés à l'état sauvage amène aussi, dans un laps de temps assez court, du moins pour le cheval et le coq, le retour vers la forme, la couleur, le cri ou le chant de l'espèce primitive dont elles sont issues.

Du reste, je fais un appel aux sociétés savantes, aux naturalistes voyageurs, pour les prier de réunir les faits positifs qui doivent réfuter ou confirmer mes vues.

On peut le faire par des expériences directes et peu coûteuses que j'invoque dans l'intérêt de la science, et j'indique comme pouvant offrir de grandes chances de succès les genres ***Bœuf***, ***Mouton***, *Cheval*, *Chat (felis catus)*, ***Furet*** *(mustela furo)*, si on les trouve ou si on les place dans les mêmes conditions où se sont trouvés le cheval et le coq.

Voilà pour les mammifères.

Dans les oiseaux palmipèdes, le canard privé et ses variétés, le cygne blanc et le cygne chanteur, l'oie privée blanche et grise peuvent faire espérer un retour très-prompt vers la souche primitive.

l'âne, l'hémione, le zèbre, le dauw et le couagga (*Ann. des Scienc. nat.*, t. XXI, p. 50, et du tirage à part, p. 52 et 53). Je suis heureux de me trouver d'accord avec un si habile observateur.

CONSIDÉRATIONS GÉNÉRALES

SUR

LA DOMESTICATION DES ANIMAUX[1].

HISTOIRE DU GENRE *EQUUS*.

Cheval, hémione, âne, zèbre, mulet et bardeau (*ginnus*).

Les faits que l'on peut recueillir dans l'antiquité sur la marche et les progrès de la domestication des animaux, le plus anciennement et le plus immédiatement soumis à l'empire de l'homme, sont malheureusement trop peu nombreux : ils n'en sont pas moins d'une grande importance. On peut même affirmer que rien ne peut les suppléer, s'il est permis de s'exprimer ainsi, pour l'histoire de la civilisation de nos basses-cours et de nos étables. Les observations des anciens, si elles datent de l'ère de Rome ou des olympiades, et si d'ailleurs on peut se fier à leur exactitude, sont aussi précieuses pour la connaissance de l'éducation physique et morale de nos animaux domestiques que les observations astronomiques des Chinois, des Grecs et des Orientaux l'ont été pour fixer la chronologie, constater l'état du ciel à une époque reculée et le comparer avec son état actuel.

Les grandes révolutions du globe, la réunion des hommes en société, l'établissement des différentes religions, l'élévation et la chute des empires, tout ce qui tient enfin ou touche immédiatement à l'espèce humaine, a été soi-

[1] Extrait des *Annales des Sciences naturelles*.

gneusement enregistré dans les traditions et les monuments historiques de tous les peuples. L'histoire de ces êtres inférieurs à l'homme, mais qu'on voit s'unir à sa destinée dès les premiers âges du monde, a été un peu négligée par leur maître orgueilleux. Elle n'a point offert à ses regards de brusques changements, de grandes péripéties ; elle a suivi, comme le temps et la nature, une marche lente, insensible. Enfin, après un certain nombre de siècles, on s'est avisé de jeter les yeux en arrière et de mesurer l'espace parcouru ; on a vu, non sans étonnement, combien ces brutes tant dédaignées avaient contribué au développement de la civilisation, de l'agriculture, du commerce, des richesses et du bien-être de la société. Ne serait-il pas temps de rechercher aujourd'hui quelle a été l'influence des causes extérieures sur leur organisation, et quels effets a produit l'action directe et prolongée des facultés supérieures de l'homme sur le développement des mœurs et de l'intelligence de ces animaux, compagnons assidus de ses travaux et de ses plaisirs?

L'opinion généralement répandue, et qui a prévalu chez les naturalistes modernes, est qu'on chercherait en vain à fixer l'origine et la patrie de nos animaux domestiques ; cependant presque tous les animaux privés existaient à l'état sauvage du temps d'Aristote. Ce grand naturaliste [1] l'atteste, et il cite comme exemple les chevaux, les bœufs, les cochons, les moutons, les chèvres et les chiens. Pline [2], après avoir parlé de l'accouplement fréquent des cochons avec les sangliers, dit aussi qu'il n'y a pas d'espèce d'animaux privés qu'on ne trouve encore dans l'état sauvage.

Le rapprochement de ces deux passages est curieux en

[1] *Hist. Anim.*, l. I, 12. Ed. Schneid.

[2] *In omnibus animalibus placidum ejusdem invenitur et ferum*, VIII, 79.

ce qu'il montre que dans les quatre cent cinquante ans écoulés depuis Aristote jusqu'à Pline, la domestication des animaux privés ne s'était pas beaucoup étendue sur le globe et n'avait pas fait de progrès rapides.

Varron [1] rapporte et paraît approuver l'opinion des philosophes grecs, que « le mouton avait été le premier animal soumis à l'état de domesticité à cause de son utilité et de sa douceur ; car les brebis, dit-il, sont à la fois et d'un naturel très-paisible et l'animal le plus approprié aux besoins de la vie humaine, puisqu'elles ont apporté à l'homme pour sa nourriture le lait et le fromage, et pour se vêtir leurs laines et leurs peaux. Il existe encore maintenant, dit toujours Varron, dans plusieurs contrées, à l'état sauvage, quelques-uns des animaux que nous avons rendus domestiques. En Phrygie et en Lycaonie, on voit beaucoup de troupeaux de brebis sauvages. La chèvre sauvage existe en Samothrace, et il y en a beaucoup en Italie, dans les montagnes voisines de Fiscellum [2] et de Tetrica. Quant au cochon, tout le monde sait qu'il est provenu du sanglier, qu'on trouve sauvage partout [3].

« Il y a encore maintenant un grand nombre de bœufs sauvages dans la Dardanie, la Mésie et la Thrace ; des ânes sauvages en Phrygie et en Lycaonie, des chevaux sauvages dans quelques parties de l'Espagne citérieure. »

C'est une erreur que j'ai commise en suivant l'opinion de la plus grande partie des naturalistes de cette époque ;

[1] II, I, 4-6, *De Re rustic.*

[2] Le *Fiscellus Mons*, Monte della Sibilla, dans l'Abruzze. *Tetrica* est sur la frontière du *Picenum*, haute Marche d'Ancône. C'est le point culminant de l'Apennin, qui, au mont Vellino, atteint deux mille trois cent quatre-vingt-treize mètres.

[3] Non, mais d'une espèce de l'Inde. G. Cuvier, *Anim. foss.*, 5 vol. in-4. — Note 1856. D. L.

quoique les nombreuses variétés domestiques de nos cochons produisent avec le sanglier des individus féconds, on ne sait pas encore jusqu'à quelle génération. Nous savons maintenant que le cochon domestique de France et d'Europe, dont la race était la plus répandue en 1700, a pour type primitif un cochon sauvage de l'Inde. G. Cuvier[1] persistait encore dans cette opinion, qu'il a rétractée plus tard dans son beau travail sur les animaux fossiles[2], que notre cochon a pour souche le sanglier de nos forêts. Je renvoie, pour les preuves, à l'histoire du genre *sus* [3].

Ce paragraphe de Varron est très-curieux pour l'histoire de l'origine de nos animaux domestiques, et confirme puissamment les témoignages d'Aristote et de Pline; car nous n'ignorons pas que le savant romain avait parcouru presque toutes les contrées où il assure que les espèces dont il parle existent à l'état sauvage. On a dernièrement vérifié l'assertion de Varron et reconnu la véritable patrie de l'âne : ce sont les montagnes du Taurus, du bas Kurdistan, celles qui séparent la Perse des Afghans. Il y existe encore à l'état sauvage, et la chasse de ce solipède est un des grands plaisirs des rois persans.

C'est une erreur que j'avais commise avec tous les naturalistes, je l'avoue; je l'ai rectifiée deux ans après la publication de ce Mémoire et après avoir vu la planche donnée par Ker Porter dans son *Voyage en Perse;* cet âne sauvage de Varron doit être l'hémione des agriculteurs romains et de Pline; c'est peut-être aussi l'onagre de la Bible. C'est certainement pour l'Asie Mineure et la Perse que l'hémione est, selon un zoologiste anglais, du genre *asinus* et non du genre *caballus*. Nous le connaissons maintenant à merveille, puisque depuis quinze ans il vit au

[1] *Règne animal*, t. I, p. 243; Paris, 1839.

[2] Cinq volumes in-4°, avec des planches nombreuses.

[3] Notes du 29 octobre 1855. D. L.

Musée d'histoire naturelle, s'y est propagé dans des individus féconds eux-mêmes, et est presque devenu domestique, grâce à la persévérance et à l'habileté de M. Geoffroy (Isid.), dont il faut consulter l'excellent Mémoire et la planche qui y est jointe dans le ***Bulletin de la Société d'acclimatation***, 1re année [1].

L'opinion des Grecs et de Varron sur l'époque de la domestication de la brebis est différente de celle de Buffon et des naturalistes modernes, qui pensent que le chien [2] est le premier animal dont l'homme ait fait l'acquisition, et que c'est par son secours qu'il a pu saisir, dompter et réduire en esclavage les autres espèces d'animaux nécessaires aux besoins d'une population et d'une société croissantes. Cependant l'opinion des anciens sur l'antériorité de domestication de la brebis peut se soutenir avec avantage et paraît plus vraisemblable. Le mouton vit en grandes troupes ; sa douceur, sa bêtise, son penchant à suivre ses semblables, en faisaient une proie facile pour le sauvage des premiers âges de la création. Son utilité pour la nourriture et le vêtement était évidente. Le chien sauvage vit en troupes, est carnassier, féroce, hardi, se réunit pour l'attaque et la défense ; il est aussi fort et plus à craindre que le loup. Son poil, son lait, sa chair ne sont d'aucun usage. Est-il probable que l'homme sauvage ait prévu et combiné d'abord tous les avantages futurs qu'il tirerait de l'association du chien [2] pour réduire et dompter les autres animaux, et qu'il n'ait pas été détourné par la difficulté de le prendre et de l'apprivoiser ? Il faut convenir

[1] Note du 29 octobre 1855. D. L.

[2] Cependant les animaux de ce genre s'apprivoisent très-facilement ; leur sociabilité ou leur faculté d'imitation en est-elle la cause ? Azara cite un aguarachay (*canis cinereo-argenteus*) du Paraguay, qui devint aussi familier qu'un chien, mais qui mangeait toutes les poules. T. I, p. 298, trad. franç.

au moins que, dans ce cas, ce ne serait pas l'idée la plus simple et la plus naturelle qui se serait présentée la première à son esprit.

On conçoit très-bien que, dans cette époque où le globe était moins peuplé que de nos jours, et où les espèces privées se trouvaient encore sur beaucoup de points à l'état sauvage, le grand œuvre de la domestication ait été lent à s'accomplir. Les animaux soumis à cette sorte d'esclavage nécessaire à leur éducation physique et intellectuelle devaient être sans cesse détournés de l'accomplissement de leurs devoirs sociaux par le spectacle et l'exemple de leurs frères errant en liberté au milieu des déserts et des forêts. Ils étaient comme ces Indiens sauvages des Etats-Unis, qui, dès leur bas âge ravis à leur tribu, sont élevés au sein des villes dans la religion et la civilisation européennes; si, au bout de vingt ou trente ans, ils rencontrent une troupe de chasseurs de leur nation, ils abandonnent tout, vie paisible et assurée, jouissances morales et intellectuelles, et se rejettent, sans balancer, dans la vie sauvage, errante et aventureuse de leurs pères. Les documents présentés le 19 mai 1829 au Parlement anglais sur la colonie de Sierra-Leone confirment mon assertion; et un fait remarquable, c'est, dit le rapport, l'immense supériorité d'intelligence qu'ont les enfants nés de nègres affranchis, dans la colonie, sur ceux des nègres encore esclaves. Cependant les parents habitent la même contrée; mais les uns ont continué leur vie de sauvage et de brute, tandis que les autres ont reçu un commencement d'éducation morale et religieuse [1]. On voit clairement, dans ce premier âge de la civilisation, les qualités intellectuelles transmissibles par la génération dans l'espèce humaine, tout comme elles le sont dans les animaux domestiques.

[1] Voyez *Globe*, 21 avril 1830.

Cependant, comme il est universellement reconnu que chez les animaux soumis à la puissante influence de l'homme, les modifications de forme, de couleur, les qualités physiques et même les qualités morales et intellectuelles sont transmissibles par la génération [1], il s'ensuit que la race est éminemment perfectible. Elle doit même l'être plus que l'espèce humaine, quoique contenue dans une sphère de facultés plus bornées, « puisque, dit M. Cuvier, les qualités transmissibles par les animaux à leurs petits sont de nature à naître de circonstances fortuites, et qu'il nous est donné de modifier les animaux et leur descendance ou leur race dans les limites entre lesquelles nous pouvons maîtriser les circonstances qui sont propres à agir sur eux. »

J'ai rassemblé un grand nombre de faits de ce genre dans un ouvrage sur le perfectionnement de l'intelligence de nos animaux domestiques [2], où j'ai consigné le résultat de trente ans d'observations et d'expériences dirigées constamment vers cet objet. Mais comme on doit toujours se défier d'une sorte de prévention en faveur de ses idées, dans l'étude de cette psychologie animale, si variée dans ses nuances, si fugitive dans ses impressions, si difficile enfin à observer et à soumettre à l'exactitude de la méthode des autres sciences naturelles, je citerai un fait analogue, constaté par M. Magendie, et qui me semble décisif.

On sait que dans les races d'épagneuls, de braques, et dans leurs métis, la faculté d'arrêter le gibier, imposée d'abord à l'animal par la contrainte et les châtiments, se transmet par la génération. Le talent de rapporter était-il de même transmissible? On était tenté de le nier; les chiens d'arrêt de France n'en avaient point encore offert

[1] Fr. Cuvier, *Essai sur la domesticité*, p. 42.

[2] Voyez *Ann. d'Hist. nat.*, 1832.

aux naturalistes d'exemple bien constaté. M. Magendie apprit qu'en Angleterre, pays qui nous surpasse de beaucoup dans l'emploi des moyens de domestication, il y avait une race de chiens d'arrêt (*pointers*) qui rapportaient naturellement. Il s'est procuré un couple de ces braques adultes; une jolie chienne en est provenue, qui, étant restée constamment sous ses yeux et n'ayant reçu aucune instruction, a arrêté et rapporté le gibier, dès le premier jour qu'on l'a menée à la chasse, avec autant de fermeté et d'assurance que les chiens auxquels on avait appris cette manœuvre à l'aide du fouet et du collier de force.

On n'a pu jusqu'ici, et il sera peut-être toujours impossible de tenter sur l'espèce humaine un perfectionnement semblable, en unissant pendant une longue série de générations les individus des deux sexes les plus distingués par la beauté de leurs formes, la bonté de leur tempérament et l'étendue de leurs facultés intellectuelles, ce qui rend nécessairement, je le répète, l'homme moins perfectible, comme race, que les animaux domestiques sur lesquels il peut exercer, changer, modifier enfin de mille manières sa souveraine influence.

Le fait une fois bien établi de la transmission des facultés par la génération, on sentira mieux, je l'espère, l'importance et l'intérêt des observations qui datent de vingt à vingt-cinq siècles, et combien il doit être utile et fructueux de suivre attentivement les progrès successifs de l'entendement animal des espèces privées pendant une période aussi étendue.

On sait aussi que les besoins, les dangers et la nécessité développent les diverses facultés des animaux, de même qu'elles excitent, qu'elles étendent celles de l'homme. Ce vers de Virgile :

. . . . Labor omnia vincit
Improbus, et duris urgens in rebus egestas.

« Le travail opiniâtre et les besoins pressants qui éveillent l'industrie triomphent de tous les obstacles »; ce vers, fort de sens, est applicable aux animaux non moins qu'à l'homme. Selon Aristote[1], les passions étaient plus violentes, chez les animaux domestiques, anciennement que de nos jours. La domesticité a influé sur leurs mœurs.

M. F. Cuvier a effleuré cette question dans son *Essai sur la Domesticité*[2]. « L'herbivore ou le carnassier, placé dans la plus grande indépendance, dans l'état de nature le plus parfait, satisfera sans peine tous ses besoins physiques, et ne développera aucune de ses qualités intellectuelles, si elles ne sont pas nécessaires à son existence ou à sa conservation. Mais arrachez ces animaux à cet état d'inactivité presque complet où on peut les supposer dans des contrées fécondes et loin de la présence de l'homme; placez-les dans des conditions plus compliquées; variez leur situation par une foule de circonstances; multipliez leurs besoins, leurs désirs, leurs passions; augmentez même les dangers auxquels ils sont exposés, ces nouveaux rapports feront jaillir d'eux-mêmes de nouveaux penchants, de nouvelles ressources, et produiront enfin des actes plus complexes et d'un ordre supérieur à ce qu'on aurait attendu de leur organisation dans l'état de nature. »

Il est temps de sortir des généralités et de prouver par le détail des faits, classés suivant les différentes espèces, quel a été, chez les anciens, l'état physique et moral des animaux domestiques.

[1] *Hist. anim.*, VI, 18.
[2] P. 5, 6, 7.

Cheval, *Equus caballus* (Linné).

Le cheval, dit Hérodote[1], existait à l'état sauvage sur les bords de l'Hypanis (le Dniester); il ajoute que ces chevaux sauvages étaient blancs. Il nous apprend aussi[2] qu'en Thrace, les Péoniens du lac Prusias donnent aux chevaux et aux bêtes de somme du poisson en place de foin.

Ces faits sont curieux. Hérodote est digne de foi. Nous savons qu'il avait voyagé dans le pays, et qu'il nous raconte ce qu'il a vu. Il nous dit que ces chevaux sauvages étaient blancs, λευκοὶ, tandis que le bai brun étant devenu la couleur dominante dans les chevaux sauvages de l'Amérique, les naturalistes en ont conclu que c'était la teinte primitive de l'espèce. Le froid agit-il sur le poil des solipèdes et des ruminants, comme sur celui des rongeurs, lièvres, lapins, etc.? Pallas dit que les chevaux libres qui habitent entre le Jaik et le Volga sont fauves, roux ou isabelles; Léon l'Africain et Marmol, qu'il y a en Afrique des chevaux sauvages, qu'ils sont petits et de couleur blanche ou cendrée[3]. Aristote[4] dit que le froid et l'influence des eaux changent la couleur du poil des oiseaux et des animaux.

« Il existe des chevaux sauvages, à poils crépus, nommés *pichay*, dans le Paraguay; ils ne sont ni pies ni blancs; leur queue est plus courte, mais munie, de même que la crinière, de poils crépus. La crinière et la queue sont aussi

[1] IV, 52.

[2] V, 16. Athénée, VIII, 7, parle d'un certain peuple de Thrace qui nourrissait ses bœufs de poissons. J'ai cité, à l'appui de ce fait, les chevaux d'Islande, que notre confrère Dupetit-Thouars a vu nourrir uniquement de poisson de mer cru. (*Ann. des Sc. nat.*, 1832.)

[3] *Dict. des Sc. nat.*, t. VIII, p. 456, Fr. Cuvier.

[4] *Hist. anim.*, III, 12.

plus courtes que chez le cheval ordinaire. » Voyez dans l'édition espagnole la description du cheval sauvage des *llanos*[1].

L'eau du Psychus, près de Chalcis en Thrace, fait produire aux brebis blanches des agneaux noirs, lorsqu'elles s'accouplent après en avoir bu. Aux environs d'Antandros, il y a deux rivières dont l'une donne des brebis blanches, et l'autre des brebis noires. Souvenons-nous qu'Aristote était de Stagyre, et qu'il cite un fait observé par lui dans son pays. Varron[2] confirme ce fait d'après son expérience : « Quandiu admissura fit, eadem aqua uti op-« portet quod commutatio lanam facit variam et corrumpit « uterum. » Pline[3], Élien[4], Anatolius[5] attestent ce fait qu'il serait curieux de vérifier.

L'autre passage nous montre qu'il faut modifier un peu nos idées sur cette distinction tranchée en herbivores, frugivores et carnivores, qui ne donne souvent que des idées fausses. L'organisation des animaux est si souple qu'elle se prête à l'usage de toute sorte de nourriture.

Élien[6] nous a transmis, d'après Zénothémis, ce fait singulier pour la nourriture des bœufs, « que dans un lac de Péonie, il naît certains poissons que les bœufs mangent avec autant de plaisir que les autres bœufs mangent du foin, pourvu qu'on les leur présente vivants et palpitants. Morts, ils en ont du dégoût et ne veulent pas y toucher. » On peut soupçonner que l'odeur et l'élément azotés étant moins développés dans le poisson vivant que dans le pois-

[1] Azara (don Felix), trad. franç. par Moreau-Saint-Méry. Paris, 1801, t. II, p. 333. Note du 2 janvier 1856. — D. L.

[2] II, 2, 14.

[3] III, 12.

[4] VIII, 21.

[5] *Hippiatric.*, p. 59.

[6] XVIII, 30, *Nat. Anim.*

son mort, les ruminants ont dans le premier cas moins de répugnance pour cette sorte de nourriture. Beaucoup d'auteurs dignes de foi attestent que dans les régions froides de l'Europe, situées près de la mer, on nourrit bœufs et chevaux avec du poisson. Torfæus[1] le dit pour la Norwége.

Le jaguar de l'Orénoque vit de poissons qu'il pêche avec sa patte, comme nos chats. La fouine[2] vit d'œufs, de volailles, de poisson qu'elle prend à la nage, et aussi des fruits de nos espaliers. La marte *taïra*, dans la Colombie, mange des bananes, du maïs vert, outre les quadrupèdes, les reptiles, les oiseaux et les insectes. Je tiens ces faits du docteur Roulin, qui y a résidé six ans, et qui est bon observateur et naturaliste distingué. J'ai moi-même observé cent fois la fouine mangeant des poires, des pêches, des abricots et du raisin.

Enfin, mon confrère M. Magendie a fait de nombreuses expériences sur la nourriture des animaux, qui confirment la *pantophagie* de nos espèces domestiques, et c'est peut-être aussi un des résultats curieux de leur association avec l'homme et de leur domesticité.

Je puis affirmer que l'*hemionus* ou le dziggtai de la Mongolie était jadis domestique dans la Syrie, car Aristote[3], après avoir décrit la génération des mulets, ὀρεοῖ, des bardeaux, ἴννοι, et des métis nains, γίννοι, produits de la mule et du mulet ou du mulet avec la jument selon Pline[4], dit positivement : « Les mules, ἡμιόνοι, de cette partie de la Syrie, située au-dessus de la Phénicie, conçoivent et engendrent. Il est vrai que cette espèce, quoique ressemblant à la mule, est néanmoins différente. »

[1] *Hist. Norveg.*, part. I, lib. II, 24.

[2] Voyez plus bas mon Mémoire sur le chat.

[3] L. VI, 3. VI, 24. I, 29, 4. Ed. Schneid.

[4] VIII, 69.

Il ajoute[1] : « La jument met un intervalle d'une portée à l'autre. L'hemionus porte sans interruption, συνεχῶς. » Plus loin[2] il dit : « On voit en Syrie des animaux appelés *hemionus*, espèce ressemblante par l'apparence, mais différente du mulet, produit par l'accouplement de l'âne et de la jument. Ces hemionus ont plus de vitesse que les mulets. Ils produisent entre eux une race constante. Quelques animaux qui restent de cette race en Phrygie, où ils ont été amenés du temps de Pharnace, père de Pharnabaze, sont la preuve de ce fait. Il en existe encore trois de neuf qu'ils étaient autrefois, à ce que l'on dit. »

Aristote[3] a soin encore de distinguer l'hemionus du cheval, de l'âne, du mulet, du bardeau, avec lesquels il a tant de ressemblance. Je traduis en entier ce passage curieux : « Les animaux qui ont une crinière et qu'on appelle λοφοῦροι (c'est-à-dire le cou et le front garnis de crins) forment un genre particulier sous ce point de vue ; tels sont le cheval, l'âne, le mulet, le bardeau, le cheval quarteron[4] et l'espèce appelée en Syrie *hemionos*, qui a reçu ce nom à cause de sa ressemblance avec le mulet, quoiqu'elle ne soit pas du tout la même espèce, puisqu'elle s'accouple ensemble et qu'elle se propage avec les individus de sa race. »

Pline[5] dit que Théophraste rapporte que le mulet se propage en Cappadoce, mais que c'est une espèce particulière à cette contrée. Théophraste confirme le témoignage

[1] VI, 22.

[2] VI, 30, 4.

[3] H. A., 1, 6, 7, éd. Camus.

[4] J'ai cru devoir employer ce terme, qu'on applique dans les colonies au produit de la mulâtresse et du blanc, pour désigner le γίννος, fruit du mulet et de la jument.

[5] VIII, 63. *Theophrastus vulgo parere in Cappadocia tradit, sed esse id animal ibi sui generis.*

Strabon dit que la Cappadoce payait aux Perses pour tribut quinze cents chevaux et deux mille hemionus.

d'Aristote, et avait probablement nommé *hemionos* l'animal dont Pline a fait un mulet.

Enfin vous trouvez, dès le temps d'Homère, la mention de cette espèce du genre *equus*, et dans la même contrée, car il cite[1] parmi les peuples de la Paphlagonie les Hénètes, où la race des *hemionos* vit à l'état sauvage, et le scoliaste de Didyme explique ce vers en disant : « C'est là que les *hemionos* ont été trouvés sauvages, et observés la première fois. » Constantin Porphyrogénète[2], et Eustathe[3] ajoutent, en s'appuyant de plusieurs passages d'Homère, que c'est dans cette partie de l'Asie Mineure que l'*hemionus* a été soumis à la domesticité.

Pallas avait déjà reconnu que les *hemionos* d'Aristote ou de Syrie étaient le dziggtai, qu'il a nommé *equus hemionus*. Il en a donné une *bonne* figure et une courte description[4].

C'est une grave erreur que j'ai commise, je m'empresse de la rétracter. La figure donnée par Pallas est très-mauvaise, ce que M. Geoffroy déclare hautement. Cependant le savant professeur (cours de 1854 et 1855) y voit le cheval sauvage et non l'hémione ; je reviendrai sur ce sujet[5]. Voyez son excellent mémoire sur l'hémione (*Mémoires de la société d'acclimatation*, année 1855), accompagné d'une bonne figure de l'hémione.

Il est donc hors de doute que l'*hemionus* de Paphlagonie, de Cappadoce et de Syrie décrit sous ce nom par Homère, Aristote et Théophraste, est le dziggtai, espèce qui, pour les proportions, tient le milieu entre le cheval et l'âne, et

[1] *Iliad.*, II, 852.

[2] Them. 7.

[3] Ad. *Iliad.*, II, 852.

[4] *Comment. nov. Petropol.*, t. XIX, p. 394. Un extrait en a été donné dans le *Journal encyclopédique*, année 1776, t. IV, part. III, p. 400.

[5] Note de 1855, 29 janvier.

qui vit en troupe dans les déserts sablonneux de l'Asie. Il est isabelle, à crinière et à ligne dorsale noires ; sa queue se termine par une houppe noire. M. G. Cuvier ajoute à cette description : « C'est probablement le mulet sauvage des anciens [1]. »

J'ai cru devoir rectifier cette assertion, et rassembler les preuves qui constatent l'identité de l'hemionus avec le dziggtai, et l'existence, chez les peuples de l'antiquité, d'une espèce particulière d'animal domestique qu'on avait toujours confondu avec le mulet.

Probablement cet animal aura été amené en Syrie par l'irruption de quelques hordes tartares, et il s'y sera perpétué dans l'état domestique jusqu'au siècle d'Aristote. On l'aura ensuite remplacé par le cheval et le mulet, car jusqu'ici je n'ai plus retrouvé sa place dans l'histoire. Cependant l'hémione est encore domestique dans plusieurs parties de l'Asie centrale.

Strabon dit que le cheval sauvage se trouvait dans l'Inde [2], dans les Alpes [3], dans l'Hibérie et chez les Celtibériens [4], et enfin dans le Caucase, où la rigueur du froid lui donne un poil très-fourni [5]. Cette observation est vraie. Les chevaux de Norwége et de Laponie ont un poil crépu et laineux comme une toison de brebis.

Pline dit [6] que le Nord renferme des troupeaux de chevaux sauvages, de même que l'Asie et l'Afrique des hordes d'ânes sauvages.

Strabon [7] rapporte, d'après Mégasthènes, que la plupart

1 *Règne anim.*, t. I, p. 252, éd. 1829.
2 P. 710, éd. Casaubon.
3 P. 207.
4 P. 163.
5 P. 520.
6 VIII, 16. *Vid. Aldrov. de Quadrup.*, lib. I, cap. I, p. 19.
7 P. 710.

de nos animaux domestiques se trouvent sauvages dans l'Inde. Élien[1] l'affirme pour l'intérieur de l'Inde.

Quant au cheval à tête de cerf et à une seule corne que Ctésias[2] nomme âne sauvage, Élien[3] *kartazonos* et Mégasthènes[4] *monoceros*, il a toujours été regardé comme un animal fabuleux. Mais Azara[5], cet excellent observateur, dit avoir vu au Paraguay des chevaux qui avaient des cornes, et croit que si on avait pris soin de les multiplier, nous aurions aujourd'hui une race de chevaux cornus. Il est peut-être possible qu'un accident de ce genre soit arrivé dans l'Inde, et que ce fait mal observé ait donné lieu aux Grecs de croire à l'existence de la licorne[6].

Le docteur Roulin, dans un Mémoire sur les animaux domestiques transportés dans le nouveau continent (Amérique du Sud)[7], tels que le porc, le cheval, la vache, le chien et le chat, s'exprime ainsi[8] : « L'âne s'appelle en espagnol *roncio*, c'est-à-dire presque gris ; le cheval s'appelle *maïs bajo*, c'est-à-dire *bai brun*. Cette remarque s'accorde avec les observations de D. Félix Azara sur les chevaux

[1] XVI, 20.

[2] *Photii Bibl.*, p. 154. Chap. XXV, p. 344 ; trad. Larcher.

[3] XVI, 20.

[4] Ap. Strab., p. 710.

[5] T. 1, p. 379, trad. franç.

Ruppel a vu, dans le Kordofan, un quadrupède à une corne. Voyez la note de Klaproth, *Universel*, 23 mars 1830. La licorne est un fissipède, à une corne longue, droite ; son nom est *tsopo*, il vit dans le désert à l'ouest, entre la Chine et le Thibet. Licorne fissipède, sur les *Mon. Egypt.*

[6] Voyez M. G. Cuvier, *Disc. sur les Rév. du globe*, p. 84, 85, 88, 89, qui croit que l'*antilope orix*, à cornes droites, représenté de profil, a été le type original de la fabuleuse licorne. On pourra choisir entre ces deux suppositions la plus vraisemblable.

[7] Académie des sciences, *Mémoire des savants étrangers*, t. VI, p. 321.

[8] P. 322.

redevenus sauvages dans les *llanos* du Paraguay. » (Dernière édition espagnole revue par l'auteur, 3 vol. in-8.) Azara l'appelle *roucio*, c'est-à-dire *marron*, couleur de la châtaigne mûre : couleur intermédiaire entre le bai brun et le doré. Je crois être sûr, mais je n'ai pas encore mis la main sur le passage suivant d'Azara [1] : « Comme on prise surtout les mulets, plus forts et plus chers que les chevaux entiers et les juments, dont quelques-unes ne valent que 2 francs 50 centimes, on châtre les uns et les autres, et ces individus châtrés, rendus à l'indépendance, reprennent la couleur du châtain marron. »

Pour en revenir à l'histoire de la domestication du cheval, on peut se figurer que ses progrès ont dû être assez lents, tant qu'il a existé sur un grand nombre de points des chevaux à l'état sauvage; car ces animaux, qu'Azara [2] a observés, vivant en liberté dans les plaines du Paraguay par troupes de plusieurs milliers d'individus, ont pour habitude instinctive de débaucher les chevaux domestiques. « Sitôt qu'ils en aperçoivent, dit ce savant naturaliste [3], même à la distance de deux lieues, ils se forment en colonne non interrompue, et accourent au galop pour les investir. Ils les entourent, ou bien ils passent à côté d'eux ; ils les caressent en hennissant doucement, et ils finissent par les emmener avec eux pour toujours, sans que les autres y montrent aucune répugnance. Les habitants du pays les poursuivent vivement pour les éloigner de leurs haras, parce que sans cela les chevaux sauvages enlèveraient tous les autres. »

[1] *Essai sur l'Histoire des chevaux redevenus sauvages dans le Paraguay.*

[2] Don Félix Azara, traduction française par Moreau Saint-Méry, t. II, page 296. Paris, 1801.

[3] T. I, p. 373, trad. de Valkenaer ; Paris, 1809, Dentu, 3 vol. in-8.

On peut trouver dans le même motif une des causes qui, dans l'ancien monde, à mesure que la population s'est accrue, auront fait disparaître la race des chevaux sauvages [1].

Selon les missionnaires qui ont le mieux connu la Chine, on trouve encore des chevaux sauvages dans la Tartarie occidentale et sur les terres des Kalkas. Dans le voisinage de Ha-mi, ils ressemblent aux chevaux ordinaires et vivent en grandes troupes. S'ils rencontrent des chevaux domestiques, ils les enveloppent, les placent au milieu d'eux, et les serrant de tous côtés, les entraînent dans leurs forêts du Saghatur. Grosier [2], Du Halde [3] décrivent de même les chevaux sauvages (48° de lat. N. à Kara-Ousson), et sous le nom de *mules sauvages*, les hemionus, ou dziggtai [4].

Un fait qui tendrait à faire croire que le cheval est originaire d'un pays très-tempéré, et que l'espèce sauvage se sera réfugiée vers le nord, à mesure que la population humaine et la domestication lui auront fait perdre du terrain, est que, « dans les pays chauds, le jeune cheval n'est point sujet à la gourme; elle était inconnue en Grèce. Xénophon et les *Hippiatriques* n'en parlent pas. On n'en a nulle idée dans le royaume de Naples. Cependant plusieurs herbivores, originaires des climats chauds, deviennent, comme le cheval, sous des zones plus froides, sujets à de telles maladies. Dans la Calabre, les chevaux en sont

[1] « Il y a des chevaux et des chameaux sauvages entre Bara et le « lac Bar. » *Voyage de Hétoun, roi d'Arménie, vers Batoun*, en 1254. Ouvrage rare aujourd'hui, que m'a obligeamment prêté mon ancien ami et confrère, M. Quatremère.

[2] *Description de la Chine*, t. IV, p. 224, 2e éd., in-8°.

[3] *Description de la Chine et Tartarie chinoise*, t. IV, p. 28, in-f°.

[4] P. 21, extrait des *Voyages en Tartarie*, du P. Gerbillon.

exempts; mais les buffles, pour qui cette température est froide, y meurent en grand nombre, à trois ou quatre ans, du mal appelé *barbone*, qui se déclare par un gonflement extraordinaire des amygdales et des parotides. Les chameaux introduits en Toscane y ont pris la même maladie, et parmi ceux des Kalmouks, au dire de Pallas, ce fléau fait d'affreux ravages [1].

Un passage de Xénophon, en rappelant une habitude instinctive, caractéristique chez le cheval sauvage, et bien observée par Azara et les missionnaires de la Chine, indique que, 450 ans avant J.-C., la domestication de cette espèce était encore assez récente et n'avait pas tout à fait dompté l'instinct primitif.

Voici ce trait, qui s'applique au cheval dressé par l'écuyer : « Il faut savoir si, étant monté, il s'éloigne volontiers des autres chevaux, ou si, passant à peu de distance, il ne s'emporte pas pour les aller joindre [2]. »

Un autre passage de Xénophon montre que la domestication était encore imparfaite : « On ne peut avec la parole rien apprendre à un cheval [3]. » Nous avons trop de preuves et d'exemples du contraire pour qu'il soit nécessaire de les rappeler ici [4].

Je dois signaler ici un fait résultant des progrès de la

[1] Voy. *Courier*, p. 49-50, trad. de Xénophon, Ιππικής.

[2] Περὶ ἱππικῆς, t. III, p. 4, éd. *Courier*.

[3] *Ibid.*, t. VIII, p. 13.

[4] Sur l'*equus hemionus*, ou *dzigttai*, voyez *Chevaux sauvages*, près de Boulouloursk, entre le Volga et le Jaïk, sur l'Irtich, Pallas, *Voyage dans l'Asie septentrionale*, trad. franç., t. I, p. 325 et p. 435. Chameau à deux bosses, à Oranienbourg, 51° lat. N., Pallas, I, 390.

J. Leonis Afr., *Africæ Descr.*, éd. Elzevir, p. 751. Pour l'âne sauvage, p. 752, ou *Koulan*, Pallas, voy., II, 472.

Marmol, traduction par le sieur d'Ablancourt, t. I, p. 51.

Descripcion general de Africa, por el veedor Luys del Marmol Ca-

domestication ou plutôt de l'éducation du cheval en parlant de ses allures. Les allures naturelles sont, comme on sait, le pas, le trot et le galop.. Celles qu'on lui a données par l'éducation, pour obtenir à la fois de la vitesse dans la marche et des mouvements doux pour le cavalier, sont l'amble, l'*entrepas* ou pas relevé, et l'aubin. Ces qualités acquises se transmettent par la génération, tout comme la faculté d'arrêter chez le braque, l'épagneul et leurs métis.

Le pas relevé consiste à relever, non pas à la fois, comme dans l'amble, mais successivement, les deux pieds du même côté. C'est un trot serré qui marque, comme le pas ordinaire, quatre temps distincts. Les Romains et les Grecs n'avaient pas créé cette variété de chevaux. Celle qu'ils nomment *tolutarii*, que les lexiques donnent comme synonyme d'εὔδρομος [1], est évidemment celle des chevaux qui vont l'amble. « Dans cette allure, dit Buffon [2], le pied du cheval rase encore la terre de plus près que dans le pas. » On dirait que cette définition est la traduction littérale du passage de Pollux [3].

ravajal. En Grenada, año de 1573. Primera parte, *Cavallos salvages*, f° 24, col. 2.

Chevaux sauvages, sur l'Irtich, au sud d'Omsk. Pallas, voy. III, 124, trad. franç., dans la lande entre l'Obi et l'Irtich, bruns, roux, ou isabelles. Pallas, III, 376. Chevaux sauvages et *onagres* abondent aux environs de l'Aral, à l'est de la mer Caspienne, journal d'Hogg et Thompson, rapporté par Hanway, *British trade on the Caspian sea*, t. I, p. 349.

En chinois, d'après M. Abel Rémusat, qui m'a fourni ce document, le cheval sauvage s'appelle *ye-ma, Encyclop. japonaise*, liv. XXXVIII, p. 10, et l'âne sauvage *chan-lou, ibid.*, p. 13.

[1] Pollux, *Onom.*, I, II, 194.

[2] T. VI, p. 15, éd. Lacépéde. 1817, in-8.

[3] *Loc. cit.*

Deux passages de Varron [1] et de Pline [2] lèvent toute incertitude sur la détermination de l'espèce de ces chevaux d'allure. Le premier dit : « Ut equus, qui ad vehendum « est natus, tamen traditur magistro, ut equiso doceat « *tolutim* incedere. » Le naturaliste dépeint cette allure avec plus de précision : « In eadem Hispania, Callaica « gens est et Asturica : equini generis hi sunt quos thiel- « dones (leg. tollutones) vocamus, minori forma appella- « tos Asturcones gignunt, quibus non vulgaris in cursu « gradus, sed mollis alterno crurum explicatu glomeratio : « unde equis *tolutim* carpere incursus traditur arte. » Nonius explique ainsi le mot *Asturco* : « Gradarius equus « est molli gradu, et sine succussatione nitens. » Vegèce [3] nomme cette allure *tolutarem ambulaturam*, d'où est venu notre mot d'*amble*.

Voilà le trot doux à deux temps, le mouvement alternatif des deux jambes du même côté, l'amble enfin bien décrit. Mais on voit en même temps, par ces passages curieux, que cette allure était le fruit de l'art, *traditur arte*. La race n'avait pas été modifiée par une suite de générations assez longues pour que la qualité acquise devînt transmissible par l'accouplement, et se changeât en qualité naturelle. C'est donc dans le laps de temps écoulé depuis Pline et Varron jusqu'à nous que l'amble, le pas relevé, ou trot à quatre temps, et l'aubin, dans lequel les chevaux galopent avec les jambes de devant et trottent avec

[1] *Apud Non.*, I, 12.

[2] VIII, 67.

[3] IV, 6, Voy. Forcellini. *Voce* TOLUTIM. Ducange, *Glossar. Voce* AMBULATURA. G. Hermann (*Opuscula varia, dissertatio*, Lipsiæ, 1827, *De verbis quibus Græci veteres varios equi incessus designaverant*, p. 65, 67), ne s'attache à expliquer que les allures du cheval de guerre, le pas, le trot, le galop, qu'il nomme à tort *tolutilis gradus* : *tolutilis gradus* est l'*amble*, il n'y a pas le moindre doute.

celles de derrière, allures totalement artificielles, sont devenues pour les chevaux une allure naturelle qui se transmet par la génération.

Je dois ici relever une erreur de Buffon, qui n'a pas été réfutée par les naturalistes; il dit[1] que les chevaux d'allure amble, aubin, ou pas relevé, sont beaucoup plus faibles, plus sujets à buter, et se ruinent plus promptement que les autres.

Or, j'ai vu en Normandie, où cette variété du pas relevé est recherchée pour les longs voyages à cheval, les chevaux de pas relevé trotter, sur le verglas, avec un cavalier très-lourd, la bride sur le cou, sans glisser ni buter, et j'ai vu un cheval de cette allure, appartenant à un marchand de toile mon voisin, faire régulièrement deux fois par semaine le voyage de Mortagne à Paris (39 lieues de poste), portant deux pièces de toile pesant 90 livres, son maître pesant 160 livres, et revenir dans le même temps avec son cavalier après un jour de repos. Ce bidet de pas relevé a fait son service, sans interruption, depuis l'âge de trois ans jusqu'à vingt ans.

Je n'affirme rien pour les ambles et les aubins, que je n'ai pas observés; mais j'assure que les poulains sortis de pères et mères doués de l'allure du pas relevé, ou même d'une mère trotteuse et d'un cheval d'allure, prennent ce mouvement dans l'herbage, avant de quitter la mamelle de leur mère, et qu'on n'a pas besoin de les y dresser.

Il n'est peut-être pas inutile de donner ici quelques détails sur les différentes races ou variétés de chevaux connues des anciens; elles étaient, comme on peut facilement le présumer, beaucoup moins nombreuses que chez nous, où des besoins variés, l'extension du commerce par terre et par mer, enfin le croisement des races pendant vingt

[1] T. VI, p. 41.

siècles et plus de domestication, ont modifié de mille manières cette espèce si utile à l'homme, et disposée naturellement à la sociabilité. On reconnaît cependant, dans les monuments figurés qui nous restent de l'antiquité, deux races bien distinctes, la race thessalienne et la race africaine; plus deux variétés intermédiaires, les races sicilienne et appulienne, formées probablement du croisement des chevaux grecs et italiens, et des chevaux d'Afrique et d'Italie. Les descriptions des auteurs s'accordent avec les statues, bas-reliefs ou médailles, du moins pour les deux races primitives.

Le cheval de guerre, dit Xénophon [1], doit avoir la corne dure et haute, le paturon oblique, les os du tibia forts, la jambe sèche, le genou flexible, le bras musculeux et fort, le poitrail large, l'encolure non penchée vers la terre comme le cochon, mais relevée et d'une courbure élégante comme le coq; la tête sèche, peu de ganache, les barres égales pour la sensibilité, les yeux à fleur de tête, les naseaux larges et ouverts, le haut de la tête large [2], les oreilles petites, le garrot relevé, l'épine du dos rendoublée, la côte ample, ayant du relief à l'égard du ventre, le rein large et court, la croupe large et musclée, comme les flancs et le poitrail; les fesses, à partir de la queue, divisées par une large dépression, et enfin les bras, les jambes, les pieds et les sabots de derrière conformés comme ces mêmes parties dans les jambes de devant. Voilà le

[1] *De Re equestri*, I, I.

[2] Cette largeur du sommet de la tête était le trait caractéristique des chevaux nommés *bucéphales*, race particulière de chevaux thessaliens. De ce genre est la belle tête de cheval du palais Colombrano, à Naples. Le cheval de Marc-Aurèle, au Capitole, est *bucéphale*. Quant aux proportions du corps, c'est un cheval napolitain entier. Il a, en tout, le caractère des belles races de la Calabre et de la Pouille. (Note de Courier, trad. de l'*Equitation* de Xénophon, p. 45, 46.)

portrait fidèle du cheval thessalien tel qu'il est représenté sur le Parthénon, dans les statues équestres, les bas-reliefs grecs, et même la colonne Trajane et les sculptures romaines, qui ont adopté ce type pour le cheval héroïque.

C'est l'espèce décrite par Virgile dans ses *Géorgiques*. Voici les qualités que Varron exige pour les juments poulinières : « Forma et magnitudine media. Clunibus ac « ventribus latis. » Pour les étalons : « Equos lege for- « mosos, nulla corporis parte inter se non congruente. « Oculis nigris, naribus non angustis, *auribus applicatis* [1], « cervice molli, *non angusta, juba crebra, fusca, subcrispa*, « subtenuibus setis, implicata in dexteriorem partem « cervicis, pectus latum et plenum, humeris latis, ventre « modico, lumbis deorsum versum pressis, scapulis latis, « spina maxime duplici ; sin minus non extante, *cauda « ampla subcrispa*. Cruribus rectis æqualibus, potius figura « altis, genibus rotundis, nec magnis nec introversus « spectantibus, ungulis duris. Toto corpore ut habeat « venas, quæ animadverti possint. Corpore multo. De « stirpe magni interest quâ sit, quod genera sunt multa. « Itaque ad hoc nobiles a regionibus dicuntur, in Græcia « Thessalici equi, a terra Appuli, ab Rosea Roseani. » (Varro, *De Re rustica*, II, 7, 4, 5, 6.)

Pour donner une idée précise des formes du cheval thes-

[1] Cette phrase s'explique par la description que fait Pallas (V, 90, *Voyage en Russie*) d'un cheval sauvage des steppes entre le Jaïk et le Volga : « Il portait les oreilles couchées en arrière, comme un cheval ordinaire qui a envie de mordre. » Voilà le sens précis d'*auribus applicatis*, et une nouvelle trace de l'état sauvage qui reste encore attachée au cheval domestique dans le dernier siècle de la république romaine. Ce caractère n'existe plus chez les chevaux de notre époque que quand ils ont peur, sentiment qui, triomphant de l'éducation, les ramène momentanément aux habitudes de l'état sauvage.

salien, je citerai les médailles de Thessalie en général, entre autres celle de Phalanna, qui représente un cheval court, râblé, ramassé, comme ceux des monuments. Elles se trouvent abondamment au cabinet des médailles de la Bibliothèque alors royale, où je les ai observées avec soin.

On voit par la description du cheval que nous ont donnée Xénophon [1], Varron [2] et Virgile [3], et encore mieux par les monuments, que l'espèce prisée pour la guerre était fort différente des races arabes, anglaises, limousines ou normandes; le cheval barbe et napolitain est celui de nos chevaux modernes qui s'en rapproche le plus. Par exemple, ils estimaient dans un étalon une crinière et une queue épaisse et fournie [4], tandis que nous regardons comme un signe de race d'avoir la crinière mince et courte, la queue légèrement garnie de crins, et des poils très-courts au paturon. La description du cheval de race par Columelle [5], est semblable à celle de Varron. Columelle ajoute seulement : « Sic universum corpus compositum, ut sit « grande, sublime, erectum, ab aspectu quoque agile, et « ex longo, quantum figura permittit, rotundum. » Pline [6] dit que les Scythes se servent de juments pour la guerre, parce qu'elles peuvent pisser sans ralentir leur course. « Les Sarmates, quand ils doivent faire de longues marches, préparent leurs juments par quelques jours de jeûne et de diminution d'eau dans leur ration journa-

[1] *De Re equestri*, I, sect. 2-16.

[2] II, VII, 5.

[3] *Georg.*, III, 72-88.

[4] Varron, *ibid.*

[5] VI, 29, 2.

[6] VII, chap. V, *Histoire naturelle*, édit. de Franzius et d'Hardouin, t. Ier, p. 448, ligne 9.

nalière. Alors ils les montent et peuvent faire sans s'arrêter, *continuo cursu*, cent cinquante milles romains (222 kilomètres). »

J'ai interrogé un de mes fermiers, qui, depuis vingt-cinq ans, ne se sert que de juments pour ses labours et ses charrois ; il n'a pas observé qu'elles urinassent en travaillant, mais il a remarqué que ses juments pouvaient faire des attelées de cinq heures sans uriner qu'au retour à la ferme. Les chevaux mâles, au contraire, s'arrêtent plusieurs fois dans ce laps de temps, pour satisfaire ce besoin naturel.

On sait que cette faculté de garder sans douleur et sans danger l'urine dans la vessie, pendant sept à huit heures, est dévolue à la femme et refusée à l'homme.

On prétend, dit Varron[1], que ceux qui ne font rapporter leurs juments que de deux années l'une obtiennent de meilleurs poulains ; j'ignore si cette remarque a été faite dans nos haras. Aristote[2] dit : « Les femelles des animaux qui ne sont pas susceptibles de superfétation, comme les lièvres, fuient le mâle quand elles sont pleines. La femme et la jument font exception, et le reçoivent même après avoir conçu. » Cette observation, que je crois fondée, a été omise dans le *Dictionnaire des Sciences naturelles*. Comme elle est admise dans les cantons voisins des haras, elle méritait une réfutation ou une confirmation. On ne sevrait les poulains du lait de leur mère que lorsqu'ils avaient deux ans faits. Nous les sevrons à six mois. On devrait tenter des essais de ces deux manières de procéder.

A trois ans on les exerçait, et quand ils étaient en sueur on les frottait d'huile. Quand il faisait froid, on allumait

[1] *De Re rustica*, II, VII, 11, Colum., VI, 27, 13.

[2] *Hist. anim.*, VII, 4.

du feu dans les écuries[1]. Nous ne donnons pas à nos chevaux ces soins recherchés.

Les chevaux italiens ne mangeaient en grain que de l'orge, comme cela se pratique encore en Espagne; ils n'en goûtaient qu'à trois ans, et se nourrissaient jusque-là de foin, d'herbe et de mêlée, *farrago*[2].

On voit le type thessalien dans un cheval court, râblé, puissant, sur les médailles d'*Alexandria Troas* (Biblioth. royale) et sur les médailles d'*Archélaüs*, roi de Macédoine. Le cheval des médailles de Capoue, en argent, approche du cheval napolitain et thessalien.

Quant à la race africaine, les médailles de Carthage et une médaille de Mauritanie (qu'on croit d'un Juba), une autre de Juba Ier[3], qui offrent la figure d'un cheval au grand galop, peuvent nous en donner une idée assez exacte. C'est un cheval fin, à tête droite et forte, bien d'accord dans ses membres, et qui approche de l'arabe. On peut voir ces monnaies à la Bibliothèque royale.

La race appulienne ou tarentine est figurée sur les belles monnaies de Tarente[4]. C'est, je crois, un croisement des chevaux du pays avec la race africaine; ils sont plus allongés, plus hauts sur jambes, l'encolure plus maigre, et semblent plus propres à la course que les chevaux thessaliens. Ses formes se rapprochent à la fois de la race persane et de la race tartare. L'espèce sicilienne, comme on

[1] Varron, II, VII, 15.

[2] Varron, II, VII, 7, 14.

[3] *Catalogue* de M. Mionnet, n°s 5, 6, t. VI, p. 598.

[4] Voyez les n°s 426, 428, 413. *Catalogue* de M. Mionnet, et les originaux au Cabinet, Bibliothèque royale; un beau vase du cabinet de M. Durand, gravé dans la *Raccolta di Gargiulo*, pl. LXIV: le cheval est élancé, les jambes longues, les formes fines et légères d'un cheval de course. Il semble de la race appulienne ou tarentine.

peut le voir sur les monnaies de Syracuse [1], sur les médailles de Philistis et de Gélon [2], paraît un croisement de la race thessalienne et africaine. Elle présente du moins les formes intermédiaires; plus élancée que la thessalienne, moins fine que l'africaine, elle participe de toutes les deux, et diffère néanmoins sensiblement de la race appulienne ou tarentine.

Quant à la variété des chevaux roséens, qui étaient élevés dans les prés si féconds de Roséa, près de Réate ou Riéti, je ne puis encore indiquer aucun monument qui la représente.

Oppien [3] donne la liste la plus complète des races de chevaux distingués connues de son temps, c'est-à-dire sous Septime-Sévère. C'étaient les races toscane, sicilienne, crétoise, mazace, achéenne, cappadocienne, mauresque, scythique, magnésienne, épéenne, ionienne, arménienne, thrace et arabe.

Excepté les races thessalienne, sicilienne, macédonienne et tarentine, que j'ai décrites plus haut, je n'ai pu trouver au cabinet de la Bibliothèque royale, où j'ai fait une recherche exacte, de monuments qui figurent les chevaux de ces autres contrées désignés par Oppien.

La race persane du temps des Achéménides est figurée sur les monuments de Persépolis [4]. C'est un cheval lourd, à tête forte, encolure épaisse, à jambes courtes et grosses, ramassé dans ses formes, assez rapproché de nos anciens chevaux de carrosse, ou de nos chevaux de poste et de diligence.

1 Bibliothèque royale, Mionnet, *Catal.*, n. 744.

2 *Ibid.* n°s 105, 199.

3 *Cynegel.*, I, 170.

4 Voyez *R. Ker Porter Travels in Persia, Armenia*, etc., t. I, pl. XL, XLI, XXXIX, 2 vol. in-4. London, 1821.

Ceux de Nakshi Roustam[1] représentent la même race sous la dynastie des Sassanides, ainsi que les bas-reliefs de Nakshi Rajab[2], ceux de Salmos[3], de Tackti Bostan[4].

La race des chevaux égyptiens, dans les anciens monuments de Thèbes, offre une grande ressemblance avec le cheval thessalien, celui des frises du Parthénon, les chevaux de bronze de Venise, et enfin le type que les Romains ont adopté pour les statues équestres, dans la colonne Trajane et dans les bas-reliefs. Je citerai en preuve les monuments de Karnak[5], du Memnonium[6], de Louqsor[7], et l'on sait avec quelle fidélité les artistes égyptiens ont représenté les formes et le caractère distinctif des différentes espèces d'animaux.

L'Ane, *Equus-asinus* (Linné).

Cet animal, moins utile que le cheval, qui a reçu de l'homme des soins moins assidus, et, par une conséquence nécessaire, un moins grand développement de ses facultés physiques et intellectuelles, peut cependant offrir dans son histoire ancienne et moderne quelques faits neufs et intéressants qu'il sera utile de comparer, de rapprocher entre eux pour éclaircir quelques points douteux sur les progrès de sa domestication et sur le pays d'où il tire son origine.

Burton[8] exprime l'opinion, qui me semble très-juste, que le genre *equus* a son type originaire dans les pays

[1] *Porter*, t. I, pl. XX, XXI, XXII, XXIII.

[2] *Ibid.*, pl. XXVII, XXVI.

[3] Pl. LXXXII.

[4] T. II, pl. LXII, LXIV.

[5] *Description de l'Egypte*, par la Comm., part. anc., Atlas, vol. III, pl. I, fig. 5, 6; pl. XL, fig. 2. Atlas de Denon, pl. CXXXIII, fig. 2.

[6] *Description de l'Egypte*, atlas, vol. II, pl. XXXI, fig. 3.

[7] Atlas, vol. III, pl. XIV, fig. 5 *et passim*.

[8] Burton, *Pilgrimage to el Medinah and Meccah*, t. III, p. 339, et note *.

chauds. Le climat brûlant de la Mecque, du Nedj, de l'Hadramaut et de l'Afrique tropicale, lui paraissent le siége du type primitif du genre *equus*, car on y trouve les ânes sauvages, les zèbres et les couaggas.

L'âne a certainement pour patrie l'Afrique et n'effleure l'Asie que par l'Arabie, la Syrie, la Palestine et l'Egypte orientale.

M. Dalton Hooker[1] fait un tableau non moins brillant du poney tibetain, qui est élévé entre 10 et 14,000 pieds d'altitude.

« Ils ratissaient, dit-il, la neige avec leurs pieds pour tondre l'herbe maigre qui était dessous, puis prenaient entre leurs dents la corde du caveçon et décampaient au galop à travers les rocs, les pentes abruptes, les fondrières, les cours d'eau, et, quoique la neige les aveuglât de manière à ne pouvoir distinguer les objets, doués d'un instinct qui ne se trompe jamais, ils nous ramenaient à nos tentes aussi droit qu'une flèche. »

L'âne a certainement pour patrie l'Afrique, où l'on trouve le plus grand nombre de solipèdes, le zèbre, peut-être deux races, une au Cap et une en Abyssinie, le couagga et le daw ; il ne touche à l'Asie que par la Syrie, l'Arabie, le Cutch ou vallée du bas Indus, et n'acquiert tout son développement que dans les pays les plus chauds. Pline, dit Burton, a bien raison de signaler cet animal si utile et ses congénères, le zèbre et l'âne sauvage, comme des êtres qui redoutent le froid au plus haut degré, et de nommer l'âne en particulier : *animal frigoris maxime impatiens*[2].

«En partant de la Mecque, dit Burton[3], où nous avions

[1] Hooker, *Himalayan Journals*, t. I, p. 109 et note *.

[2] Burton s'est trompé en citant Pline au lieu d'Aristote, *H. A.*, liv. VIII, ch. XXV et XXVIII, et *de la Génération*, liv. II, ch. VIII.

[3] Burton, *Pèlerinage à Médine et à la Mecque*, t. III, p. 339 et note *.

passé les mois d'août et de septembre par une chaleur moyenne de quarante degrés centigrades, nos ânes, bien soignés, bien nourris, ressemblaient à de bonnes mules pour la taille et la célérité. »

« L'âne dégénère dans les pays froids, à moins que, comme dans le Bélouchistan[1], dans l'Afghanistan et la Barbarie, l'été ne soit long, chaud et sec. Aden, le Cutch et Bagdad ont de belles races : les meilleures, celles du plus haut prix, viennent du Magreb. Au second rang, la race égyptienne. »

« A la Mecque, une nourriture soignée et un doux traitement transforment l'esclave hébété en actif et tendre ami de l'homme ; il connaît l'aimable voix de son maître, et si une ou deux fois il jeûne, il est *généralement bipède.*

« Les ânes de la cité sainte sont grands et gras, au poil lisse et uni, généralement cendré ou gris coloré, des yeux de cerf, pour allure l'amble[2] et le pied toujours sûr. »

« Il résiste aux grandes fatigues, et on a vu les étalons en rut, dans un accès de férocité, tuer leurs *grooms.* Leur prix varie de 25 à 150 dollars (de 130 à 780 francs). »

A Burton opposez Hooker. Au cheval de l'air brûlant de la Mecque, du Nedj, de l'Hadramaut, le poney tibétain de Sittim.

« Quoique né et élevé entre 10 à 14,000 pieds d'altitude, il est un des plus actifs et des plus utiles animaux dans les plaines chaudes et humides du Bengale. Vigou-

[1] Contrée située entre l'Indus et la Perse. *Geographical Dictionary*, by R. Brookes M. D. 1854.

[2] Je crois que Burton s'est trompé et qu'il a pris le *pas relevé* ou mesure à quatre temps pour l'amble, qui est incompatible avec la sûreté de la marche, qualité distinctive de l'âne. *Vid. supr. Tolutarius Equus*, Pline, t. I, p. 468, l. 13. Je suis dans un pays où il y a beaucoup d'ânes et d'ânesses, et je n'ai jamais vu ni mâle ni femelle marcher l'amble.

reux et hardi, et, quand il est bien dressé de bonne heure, docile, quoique de nature vicieux et obstiné. Le Dewan en amène lui seul par an plus de cinquante à Dorjiling. »

« Ce même poney franchit d'un pied toujours sûr les affreuses crevasses et les escarpements glacés, seuls passages entre cette muraille de neige de 15,000 pieds en moyenne, et dont les pics, situés de 60 à 180 milles de cette barrière, s'élèvent à 22,000 et même à 28,000 pieds au-dessus de la mer. »

Que conclure de ces deux opinions, qui semblent opposées, sur la patrie de l'âne et du cheval?

La plus intéressante à déterminer est surtout celle du cheval, qui a été, dès les premiers âges, le compagnon le plus utile de l'homme à la guerre, à la chasse, dans les voyages et les périls qui en sont la suite obligée.

Le cheval, dis-je, a dû être transplanté par l'homme primitif sous les latitudes les plus différentes, enfin habitué à braver et à vaincre comme lui les chaleurs les plus excessives et les froids les plus intenses.

Mais avec deux voyageurs tels que Burton et Hooker, dont le coup d'œil perçant et les observations justes ont embrassé les cinq parties du monde, quelle belle page Buffon eût ajoutée à la splendide histoire de son cheval !

La *patrie* de l'âne une fois bien reconnue (et nous espérons la déterminer de la manière la plus positive) nous mettra à même de fixer les contrées d'où sont sorties nos autres espèces d'animaux domestiques, celles du moins où ils vivaient à l'état sauvage du temps des Grecs et des Romains. Car si leurs récits relativement à la patrie de l'âne sont authentiquement confirmés par les observations des voyageurs modernes les plus dignes de foi, il s'ensuit qu'on doit leur accorder confiance lorsqu'ils nous disent avoir vu vivre, sauvages, des animaux que nous ne trouvons plus à présent sur le globe que dans la domesticité.

Les livres saints sont les plus anciens écrits qui nous parlent de l'onagre ou de l'âne sauvage. On le trouve décrit dans le livre de Job[1] : « Quis dimisit onagrum libe- « rum et vincula asini silvestris solvit? Cui assignavi « solitudinem pro domo, et pro habitaculo salsuginem? « Exploratio montium pascuum ejus, et sectatur quidquid « vivit. Onagri in deserto sunt », et dans vingt passages des Psaumes, de l'Ecclésiaste et des prophètes[2]. Les deux passages de Jérémie : « Onager assuetus in solitudine, ona- « gri steterunt in rupibus », désignent clairement un animal sauvage. Ce verset de Job[3] : « Tanquam pullum « onagri se liberum natum putat », n'est pas moins positif. David[4] oppose l'onagre aux animaux domestiques. « Potabunt omnes bestiæ agri : expectabunt onagri in siti sua. » Le livre de l'Ecclésiastique lève tous les doutes par cette phrase : « Venatio leonis onager in eremo[5]. » Enfin Daniel dit de Nabuchodonosor : « A filiis hominum ejectus « est, et cum onagris erat habitatio ejus. » C'est aussi dans l'Assyrie, où Daniel place l'âne sauvage, que cet animal a été observé par Xénophon, témoin oculaire et historien digne de foi[6].

Après avoir traversé l'Euphrate, dans un désert uni comme une mer, et où il ne croissait que de l'absinthe et des plantes odorantes, Xénophon, avec des autruches, des outardes et des antilopes *dorcas*, rencontre les ânes sauvages en grand nombre. Ces animaux, dit-il, plus vites à la course que les chevaux, fuyaient quand on les poursuivait, et s'arrêtaient quand ils avaient gagné du terrain.

[1] 39, § 6, 5, 11, 12, 24, 5.

[2] Psalm. 103. 11; Ecclésiastic., 13-23; Isaia, 23, 14; Jerem., 2-24, 14-6.

[3] 11, 12.

[4] Psalm., 103, 11.

[5] 13, 23.

[6] *Exped. Cyri.*, liv. V, § 7, I, 2, ed. Weiske.

Quand le cavalier se rapprochait, ils reprenaient la même manœuvre, et on ne pouvait les prendre que lorsque plusieurs cavaliers, placés sur divers points, se succédaient pour les chasser. Leur chair approchait de celle du cerf, mais était plus tendre. Strabon[1] indique la Cappadoce comme abondant en ânes sauvages, par l'épithète d'ὀναγρόϐροτος. Xénophon les cite comme étant sauvages en Arménie, où Cyrus en chassa plusieurs[2].

Il paraît que l'âne était un animal commun aux deux continents; car Élien[3] décrit la chasse des onagres chez les Maurusiens. Son récit confirme et explique le passage de Xénophon, qui, par l'omission d'une circonstance, celle du défaut d'haleine chez les onagres, présentait quelque difficulté logique.

« Les ânes sauvages de la Maurusie sont très-vites à la course, et leur premier élan est aussi rapide que le vent ou le vol d'un oiseau; mais ils se lassent promptement, leurs jambes les abandonnent, l'haleine leur manque; roidis par la fatigue, ils s'arrêtent et versent de grosses larmes. Les Maures descendent alors de leurs chevaux, leur jettent une courroie autour du cou, les attachent chacun à un de leur chevaux, et les emmènent comme un prisonnier de guerre. » Élien ajoute : « J'ai dit plus haut que les chevaux et les ânes de Libye étaient petits de taille, mais très-vites à la course. » Marmol dit aussi avoir vu en Sardaigne de grandes bandes d'ânes sauvages, mais plus petits que les ânes domestiques. Arrien[4] et Pollux[5] reproduisent les mêmes faits. Le premier décrit la chasse de l'onagre d'Afrique en témoin oculaire.

[1] P. 539.

[2] *Cyrop.*, lib. II, p. 60, éd. Leunclav.

[3] IV, 10, *Nat. anim.*

[4] *De Venatione*, cap. XXIV.

[5] *Onosmatic.*, V, lib. XII, p. 84.

Je ferai observer, en passant, que ce fait rare de l'existence d'un solipède à l'état sauvage dans deux pays aussi éloignés que la Mauritanie, l'Assyrie et la Perse, tendrait à faire croire que l'âne y a été porté de l'Asie par les colonies mèdes, arméniennes et persanes, que mon savant confrère Saint-Martin croit, d'après l'autorité de Salluste, s'y être établies vers le temps de la guerre de Troie. Peut-être aussi y aurait-il été amené par les Tyriens et les Carthaginois lors de leur établissement en Afrique. Je ne fais qu'indiquer cette supposition, que les faits suivants rendent peu probable.

Léon l'Africain [1] dit que les onagres qu'on trouve dans les déserts de l'Afrique ou sur leurs limites ne le cèdent en vitesse qu'aux chevaux de Barbarie ; ils sont de couleur grise ; à la vue de l'homme ils se mettent à ruer et à braire, se laissent approcher de très-près, et alors prennent la fuite. Ils vont par troupes boire et paître ; on les prend avec des piéges. Léon confirme, comme on le voit, le récit de Xénophon.

Jusqu'ici nous n'avions qu'une indication vague de cet animal, et nous pourrions mériter le reproche que fait aux anciens M. Frédéric Cuvier [2]. « Les anciens, dit-il, parlent bien d'ânes sauvages, sous le nom d'*onager ;* mais, suivant leur usage, ils n'en donnent pas la description, et ne rapportent sur ces animaux que quelques circonstances particulières, peu propres à les faire connaître. »

Un poëte grec du deuxième siècle de l'ère chrétienne va nous donner de l'onagre une description précise, qu'Aristote, Pline, Élien avaient négligée, sans doute parce que cet animal était trop connu de leur temps pour qu'il fût nécessaire de le désigner autrement que par son nom.

[1] Lib. IX, p. 752, ed. Elzevir.

[2] *Dict. des Scienc. nat.*, t. VIII, 470, art. CHEVAL.

C'est une confirmation de ce que j'ai avancé dans la préface de mes recherches sur l'histoire ancienne de nos animaux domestiques et de nos plantes usuelles [1], que nuls auteurs, nuls monuments ne sont à négliger pour fixer la synonymie, éclairer l'origine et compléter l'histoire de ces êtres qui vivent en société avec nous depuis tant de siècles.

L'onagre, dit Oppien [2], léger, vif, rapide, aux bonnes jambes, a la corne solide et a un beau corps, large, bien proportionné. Il est de couleur argentée, a les oreilles longues, la course très-rapide, une ligne noire accompagnée des deux côtés de marques blanches; il vit de fourrages; la terre fertile en herbe le nourrit très-bien, mais il est lui-même la pâture des grands animaux féroces. Martial [3] parle de sa beauté.

Varron[4], que j'ai déjà cité, avait vu l'âne sauvage en Phrygie et en Lycaonie.

Solin [5] dit : « L'Afrique a des onagres; dans cette espèce, un mâle commande à plusieurs femelles. » Oppien [6] et Isidore [7] confirment ce fait, qui a été observé chez les chevaux redevenus sauvages [8]. Isidore parle des ânes sauvages de l'Afrique; Marmol [9], de ceux de l'Afrique et de Sardaigne. Buffon, sans citer le témoin, dit qu'on en trouve dans les îles de l'Archipel, nommément à Cérigo [10].

C'est dans la haute Assyrie, près de la Corduene, ou

[1] *Ann. des Scienc. nat.*, 1829.
[2] *Cyneget.*, III, 183-190.
[3] XIII, 100, *Pulcher onager.*
[4] II, I, 5.
[5] Cap. XXVII,
[6] *Cyneget.*, III, 192.
[7] *Orig.*, lib. XII, cap. I.
[8] *Dict. des Scienc. nat.*, VIII, 458.
[9] Ed. Granada, 1573, f° 25.
[10] *Ane*, p. 71.

pays des Kurdes, qu'Ammien Marcellin [1], qui avait suivi Julien dans son expédition contre les Perses, rencontre et décrit les ânes sauvages voyageant en troupes innombrables. « XVI kal. Julias, lucis exordii, fumus vel vis quadam turbinata pulveris apparebat : ut opinari daretur « *asinorum esse greges agrestium*, quorum multitudo in « illis tractibus est innumera, ideo simul incidens, ut « constipatione densa feroces leonum frustrentur ad-« sultus. »

On voit par ce passage très-curieux d'un témoin oculaire que l'âne vivait en grandes troupes, et à l'état sauvage, dans le même pays que les écrivains hébreux et Xénophon lui assignent pour demeure; qu'il était, comme le dit l'*Ecclésiastique* [2], la proie des lions du désert.

On a récemment reconnu dans la Mésopotamie l'existence du lion, qu'on croyait un animal propre à l'Afrique, et qui se retrouve jusque dans l'Inde orientale.

Le lion asiatique, du moins le mâle, qui diffère du lion africain par plusieurs caractères, entre autres parce qu'il est dépourvu de crinière, vivait au Jardin des Plantes quand j'ai écrit ce mémoire, imprimé en 1832.

Les sept cents ans écoulés depuis Xénophon jusqu'à Marcellin n'avaient pas diminué l'espèce sauvage de l'âne, et la population de ces contrées ne s'était pas assez augmentée pour la réduire à l'état domestique.

Le récit intéressant d'Ammien indique même une de ces migrations particulières à cette espèce, que Pallas [3] nous a fait connaître. « L'âne sauvage, nommé *koulan*, passe les saisons froides dans les parties chaudes de la Perse et de l'Inde, et s'avance en été au nord de l'Oural, où il trouve

[1] XXIV, 8. 5.

[2] *Loc. cit.*, p. 114. *Venatio Leonis onager in eremo.*

[3] T. V, p. 91, 92, *Voyage de 1773 dans les parties méridionales de la Russie*; *Dict. des Sc. nat.*, VIII, 470.

des pâturages abondants et frais. Il vit en troupes nombreuses. Lorsque ces troupes retournent du nord au midi, elles laissent des traces d'une verste en largeur dans les landes. » Le lion est indiqué par Ammien dans l'Asie Mineure. Olivier, Ker Porter, voyageurs modernes, disent l'y avoir rencontré.

Je rapprocherai encore un autre passage d'Ammien, relativement aux habitudes de l'âne sauvage, de celui de Léon l'Africain, parce que ces deux auteurs avaient observé beaucoup de ces animaux. « On a donné récemment, dit Ammien Marcellin [1], le nom d'*onagre* à une machine qui lance des pierres, parce que les ânes sauvages, *asini feri*, pressés par les chasseurs, lancent des pierres derrière eux en ruant avec tant de roideur, qu'ils brisent la tête et les os de ceux qui les poursuivent ». Certainement le fait est exagéré ; mais l'action de la ruade avait été bien observée, et Léon l'atteste en disant : « Hominem videntes, « magnis clamoribus ululantes recalcitrant. » Ce fait est confirmé par M. Cailhaud [2] : « Les animaux qui habitent les déserts de *Barbar*, au-dessus de Dongolah, 18° lat. N., sont l'onagre, le bœuf, le mouton sauvages; comme l'autruche, les onagres et les bœufs sauvages, lorsqu'ils sont poursuivis, lancent avec force des pierres avec leurs pieds de derrière. Le mouton se bat, dit-on, contre l'homme. »

Luitprand, évêque de Crémone, envoyé en ambassade vers Nicéphore Phocas, en 968, prouve que l'âne sauvage était conservé dans des parcs pour les plaisirs de la chasse des empereurs grecs; ils avaient sans doute imité en cela les rois persans, avec lesquels ils avaient tant de relations, et qui, aujourd'hui encore, se plaisent à chasser l'onagre comme nos princes, en Europe, à chasser le cerf.

[1] XXIII, 4, 7.

[2] *Voyages à Méroé*, t. II, p. 109.

« Nicéphore, dit Luitprand, me fit venir, et me demanda : « Avez-vous des parcs[1], et, dans ces parcs, des « onagres et d'autres bêtes? » Lui ayant assuré que nous avions des parcs peuplés de bêtes sauvages, excepté des onagres : « Je te mènerai, dit-il, dans mon parc; tu « en admireras l'étendue et les onagres, c'est-à-dire, les « ânes sauvages, *onagros, id est, silvestres asinos*, qu'il ren-« ferme. » « Des animaux, qu'ils nomment des onagres, se montrent à moi, dit Luitprand, mêlés avec des chevreuils. » « Mais, je te demande, comment sont ces onagres? « — Comme les ânes domestiques de Crémone. La même « couleur, la même forme, les mêmes oreilles, la même voix « lorsqu'ils se mettent à braire, peu de différence pour la « taille et la vitesse, également agréables aux loups[2]. »

L'âne ayant été moins soigné que le cheval dans la domesticité a gardé beaucoup plus de ressemblance avec l'espèce sauvage. On sait, d'ailleurs, que les Romains[3], pour conserver la pureté de la race, prenaient des onagres pour étalons. Vettius, dit Cicéron[4], avait des onagres domptés dans son équipage; ce qui rend vraisemblable qu'en 968 les ânes de Crémone différaient peu des ânes sauvages de Phocas.

On ne doit regarder que comme des assertions erronées les opinions de Chrysostome, d'Olympiodore et de Polychronius[5], qui disent que l'onagre ne peut être soumis à la domesticité. Mutarriph, dans le *Talmud*[6], dit le con-

[1] Περιβόλιον, *Perivolia*, id est *brolia*. Voilà l'origine du nom propre du *Breuil*, si commun en France.

[2] « Color idem, forma eadem, auriti idem, vocales similiter, cum ru-« dere incipiunt, magnitudo non dispar, velocitas una, dulces lupis « æque. »

[3] Varron, II, 6, 3; Plin., VIII, 69, 15.

[4] *Ad Attic.*, VI, 1.

[5] Vid. Bochart, Hieroz., p. 871.

[6] *In Avoda Zera*, cap. I, fol. 16. Assaph in Damire.

traire. Assaph s'exprime ainsi dans la traduction de Bochart : « Cum mansuescit et saginatur (asinus ferus), fit « ut domesticus. »

Les Hébreux avaient remarqué l'ardeur des passions de l'ânesse sauvage dans l'époque de l'accouplement. Ils y font allusion. Aristote [1] et Pline [2] l'indiquent.

Il me reste à parler de l'une des actions de cet animal qui a été mal interprétée par les anciens, qu'on a accusés d'imposture, mais qui a cependant pour base un fait bien observé.

Pline [3] et Solin [4] disent : « L'Afrique a des ânes sauvages en grand nombre. Dans cette espèce, chaque mâle possède plusieurs femelles ; il craint des rivaux en amour, et pour cela surveille les ânesses quand elles sont pleines, et châtre avec ses dents les mâles qu'elles ont produits. Au contraire, les ânesses pleines cherchent à se cacher et à mettre bas sans être vues. »

Oppien [5] répète le même récit, qui tendrait, s'il était constaté, à accorder à l'âne une réflexion et une prévoyance qu'on croit généralement au-dessus des facultés intellectuelles des animaux.

On pourrait penser que l'âne, qui, comme le chat, est très-lascif, détruit ses petits pour jouir plus tôt de sa femelle. Les Arabes, selon Bochart [6], rapportent les mêmes circonstances des onagres, et les donnent comme un fait extraordinaire, mais certain.

Nous serions en droit de le révoquer en doute jusqu'à

[1] *Hist. anim.*, VI, 23.
[2] VIII, 68, 7.
[3] VIII, 46.
[4] Pag, 37, *ed. Salmas.*
[5] *Cyneget.*, III, 197.
[6] Hieroz., p. 869, lig. 30.

ce que des naturalistes instruits et dignes de foi aient pu le constater, en observant les habitudes des onagres ; mais le docteur Roulin, qui est resté six ans dans la Colombie, nous a transmis [1] une observation faite par lui-même sur les ânes vivant en liberté dans les vastes savanes de l'Amérique méridionale, et qui peut fournir une explication plausible des récits exagérés des anciens.

« Quand un âne étalon, dit-il, et un cheval entier se trouvent avec quelques juments dans un pâturage, c'est entre eux une guerre perpétuelle. Malgré l'infériorité de forces, c'est l'âne qui revient le plus souvent à la charge ; il ne cherche guère à se défendre contre les morsures du cheval, autrement qu'en écartant la tête et le cou, où celui-ci s'attaque d'ordinaire ; il ne répond point à ses ruades par d'autres ruades ; il ne s'applique qu'à une chose, c'est à le saisir aux parties de la génération, et assez souvent, après plusieurs jours de persévérance, il réussit à le prendre au dépourvu, et le châtre d'un seul coup de dents. Dans aucune des provinces que j'ai visitées, l'âne n'était revenu à l'état sauvage. »

Azara a fait la même observation au Paraguay, où les chevaux redevenus sauvages sont en si grand nombre. Il n'y a jamais vu de troupeaux d'ânes sauvages. Cette circonstance me porterait à croire que l'âne sauvage d'Afrique, décrit par les anciens et par Léon l'Africain, n'y a point été apporté d'Asie par l'homme, mais qu'il serait peut-être un animal commun aux deux continents.

Quant à la couleur de l'âne sauvage, Marmol [2] dit qu'il est *gris*, « *son de color pardillos.* »

[1] Recherches sur les animaux domestiques transportés de l'ancien dans le nouveau continent (*Ann. des Sc. nat.*, janv. 1829, p. 10).

[2] *Descripcion general de Africa.* En Granada año 1573. Fol. 24, col. 2.

Pollux [1] dit : « Le gris (κίλλιον) est une couleur employée dans les étoffes appelées maintenant ὀναγρίνον ; car les Doriens nommaient l'onagre κίλλος. »

Je ne rapporte qu'avec défiance un passage de Damir [2], qui dit : « Les onagres sont de couleurs différentes ; mais les noirs ont la vie plus longue et de plus belles formes. » C'est probablement des ânes domestiques et non des ânes sauvages que l'écrivain oriental aura voulu parler.

La chair de l'âne sauvage et même de l'âne domestique était regardée comme un mets recherché par les gastronomes romains, qui certes nous ont surpassés dans les recherches de la gourmandise.

Pline [3] dit : « Mécène établit l'usage de manger des ânons, qui, de son temps, étaient préférés aux onagres. Après sa mort, ce mets perdit faveur, l'usage étant venu de manger des onagres de lait : *lalisionum oriente usu*, suivant l'excellente correction de Saumaise [4]. En effet, Pline [5] dit plus bas : « Pullis eorum, ceu præstantibus sa-« pore, Africa gloriatur quos *lalisiones* appellant ; » « l'Afrique se vante de ses jeunes onagres, qu'elle nomme *lalisions*, comme supérieurs pour le goût aux ânons. » Avant Mécène, on ne mangeait que les onagres adultes. Il établit l'usage de manger les ânons domestiques. On renchérit sur lui en abandonnant l'ânon pour le lalision, ou onagre de lait. Cet usage de chasser aux onagres et de manger leur chair comme de la venaison existe encore aujourd'hui

[1] *Onomast.*, lib. VII, cap. XIII, seg. 56.

[2] Cité par Bochart, III, 16, 870, 30.

[3] VIII, 68, 4.

[4] Les imprimés donnent cette leçon absurde : « Post eum interiit autoritas saporis, *asino* moriente viso. » Salmasius, *Plin. Exercit.*, p. 239, *b*, G. Il prouve cette correction judicieuse par deux vers de Martial, très-précis :

> Dum tener est onager, solâque lalisio matre
> Pascitur, hoc infans sed breve nomen habet.

[5] Cap. LXIX. Lin., 19.

en Perse. M. de Lajard, qui a été attaché à l'ambassade du général Gardanne, m'a assuré que Feth-Ali-Châh avait pris deux onagres à la chasse[1] devant lui, près de Téhéran, et qu'il avait envoyé à l'ambassade des quartiers d'âne, comme étant un mets recherché.

Olearius, cité par Buffon[2], dit que le roi de Perse tua devant lui, à coups de flèches et de fusil, trente-deux ânes sauvages, et qu'on les envoya à Ispahan, à la cuisine de la cour; les Persans prisent tellement la chair de ces ânes sauvages, qu'à ce sujet ils ont fait un proverbe.

Ainsi, la partie du récit de Xénophon, touchant l'usage de la chair de cet animal, se trouve confirmée par deux voyageurs modernes dignes de foi.

La description qu'Oppien fait de la couleur et des formes de l'onagre s'accorde aussi avec le témoignage de Pietro della Valle, qui dit avoir vu un âne sauvage à Bassora, et que sa figure n'était point différente de celle des ânes domestiques; il était seulement d'une couleur plus claire (*argenté*, dit Oppien), et il avait, depuis la tête jusqu'à la queue, une raie de poils bruns; il était aussi beaucoup plus vif et plus léger à la course que les ânes ordinaires.

L'onagre vivant encore aujourd'hui à l'état sauvage dans les déserts de l'Assyrie et de la Perse, il n'est pas étonnant que Pietro della Valle en ait vu un à Bassora. Sa description est exacte et mérite toute confiance.

Quant aux ânes domestiques, les races d'Arcadie et de Reate étaient recherchées pour la monte et pour le trait, au point qu'à ma connaissance, dit Varron[3], un âne s'est vendu 40,000 sesterces (8,000 fr.); Pline[4] dit 400,000

[1] Ou plutôt deux hémiones. (Note du 5 avril 1857.)
[2] III, 2, 7.
[3] II, I, 15.
[4] I, 468, 19.

(80,000 fr.), et ajoute qu'un attelage, pour un quadrige d'ânes de Reate (Rieti, près Narni), a coûté à Rome 400,000 sesterces (80,000 fr.). Pline[1] dit encore qu'en Celtibérie des ânesses ont donné par leurs différentes portées un produit de pareille somme, et Varron[2], que certains ânes de Reate ont été vendus pour étalons 300,000 et 400,000 sesterces (60,000 et 80,000 fr.). Un âne superbe est figuré sur les monuments de Persépolis[3].

L'hémione apporté en 1838, et observé par moi-même au Muséum d'histoire naturelle, a toute la partie supérieure et le cou, jusqu'à la tête, isabelle et café au lait; le ventre et la jonction du cou à la tête sont d'un beau blanc.

L'onagre a été rencontré par M. Ker Porter, le voyageur anglais, sur les limites de l'Irak-Adjemi, l'ancienne Médie, et de la province de Fars ou Pars, le royaume primitif de Cyrus, dans de vastes plaines privées de toute espèce de végétation, excepté de maigres saponaires qui croissaient clair-semées çà et là. Les mêmes circonstances de l'âne partant comme un trait, puis s'arrêtant et laissant approcher le chasseur, puis repartant avec la même vitesse, en ruant, en cabriolant, qui se trouvent consignées dans les récits des anciens, ont été observées et rapportées par M. Ker Porter[4]. Il ajoute que cet âne n'avait pas la ligne dorsale noire et la croix noire qui existe chez les nôtres. Mais comme son dessin et sa description pouvaient avoir été faits de mémoire et d'après une vue rapide, je me suis adressé à M. de Lajard, maintenant attaché à l'ambassade perse. Voici sa lettre, qui aura besoin de quelques réfutations :

[1] VIII, 69, 4.
[2] II, 8, 3.
[3] Voy. Ker Porter, *Travels*, t. I, pl. XLIII.— Note de 1838.
[4] T. 1, p. 459.

« Je viens de vérifier que l'*onagre* a été figuré dans le premier volume des *Porter's Travels in Georgia, Persia, Babylonia*, London, 1821, in-4°, ainsi que j'avais eu l'honneur de vous l'annoncer. La planche porte le n° XI, et se trouve placée à la page 460. Elle est coloriée ; mais elle l'a été de souvenir seulement, et ce souvenir me semble avoir été tant soit peu infidèle. Aucun des individus de cette espèce que j'ai vus en Perse, à diverses époques de l'année, n'avait le poil aussi rougeâtre qu'on pourrait le croire d'après la figure citée. (*Erreur.* L'hémione apporté en 1838 au Muséum d'histoire naturelle a le poil isabelle et café au lait, le ventre blanc.) La couleur générale de l'animal est le gris cendré, mêlé d'une teinte rousse, et se rapproche singulièrement de celle qu'a ordinairement en France l'*âne domestique*. Le ventre est d'un blanc argenté. (Ceci est très-juste; voyez ce solipède au Jardin des Plantes.) Une raie brune, fortement prononcée, règne le long de l'épine dorsale. Cette même couleur se trouve dans la crinière et dans les crins de l'extrémité de la queue. Les jambes sont zébrées de brun également. Cette dernière circonstance et l'indication de la raie dorsale ont été omises dans le dessin de sir Robert Ker Porter. Nos ânes domestiques, et même les mulets, ont ordinairement les jambes rayées de bandes brunes.

« Je remarque encore, monsieur, que l'onagre m'a toujours paru plus svelte, moins lourd et plus *distingué* dans sa forme et ses proportions qu'il ne l'est sur la planche citée. Il a, en un mot, *plus de race*, si je puis appliquer à l'âne du désert ce qui ne se dit ordinairement que du cheval. (M. de Lajard n'est pas zoologiste ; son âne du désert est un véritable hémione.)

« Sir Robert indique (pag. 459-61) que cet animal habite les déserts de l'Irak-Adjemi et de l'Irak-Arabi, et il rappelle que M. Mounstuart-Elphinstone, dans son *Account of the Kingdom of Cabul*, a parlé de cette même espèce comme habitant les déserts situés entre l'Inde et l'Afghanistan, ou la province de Caboul.

« Le texte de l'ouvrage de M. Elphinstone, dont j'ai un exemplaire sous les yeux, porte : *Wild bears abound in Persia and India, but are rare in Cabul ; and the wild ass appears to be confined to the Dooraunee country, the Gurmseer, and the sandy country south of Candahar* (page 141). Et plus loin (pag. 396) : *The wild animals of the Dooraunee country are wolves, hyœnas, jackalls, foxes, hares, and many kinds of deer and antelope. In the hills there are bears and leopards; and in the Gurmseer (on the Helmund) are many wild boars and gorekhurs or wild asses.*

« Sir Robert écrit ce dernier nom *goorkhur*, d'après M. Elphinstone, quoique le texte de celui-ci porte *gorekhur;* et il ajoute qu'en Perse on appelle simplement *gour* l'âne sauvage. Je crois qu'il se trompe à cet égard, et que j'ai toujours entendu les Persans se servir du mot *gourkhar*, qui se rapproche beaucoup du mot *gorekhur* que l'on trouve dans l'ouvrage cité de M. Elphinstone, ou plutôt qui est le même, à une légère différence près de prononciation.

« Cet animal, aux environs de Téhéran, habite en troupe des déserts salés et s'y nourrit de plantes également salées [1]. Sa chair est noire et fort bonne à manger. Il est extrêmement vite à la course, et il faut d'excellents chevaux pour le forcer. Cette chasse est un des plaisirs auxquels le roi de Perse actuel, Feth-Ali-Châh, se livre avec ardeur. »

En résumé, il est probable que l'animal appelé âne ou onagre, dans l'Inde, le Caboul et le Candahar, est le vé-

[1] Ce trait caractéristique avait été saisi par Job, comme je l'ai dit plus haut.

ritable hémione, qui vit en troupes très-nombreuses. Je suis tenté de croire aussi que ce sont des bandes d'hémiones, et non d'ânes sauvages, que Xénophon décrit dans sa retraite des Dix Mille. Peut-être les Romains l'ont-ils uni à la jument pour avoir une belle race de mulets, car nous savons qu'il produit avec l'ânesse et la jument; mais je n'en ai point la preuve positive[1].

Je finirai ce mémoire par quelques détails sur le zèbre, tirés des anciens, et j'espère que si cette digression fournit quelques faits nouveaux ou peu connus, on me pardonnera de m'être écarté un moment de la société de nos animaux domestiques, dans les limites de laquelle je m'étais renfermé.

J'avais commis moi-même un grave oubli en 1832, en rangeant le zèbre parmi les animaux sauvages, car je me rappelle exactement qu'en 1802 M. Correa de Serra, secrétaire perpétuel de l'Académie des sciences de Lisbonne, étant alors à Paris, m'avait dit que la reine Charlotte avait un équipage de huit zèbres qui lui venaient du cap de Bonne-Espérance. Ces animaux étaient parfaitement domptés et doux comme des agneaux. M. Correa de Serra a vu cent fois la reine traverser, avec son équipage de zèbres, la ville de Lisbonne pour se rendre à ses résidences situées à cinq ou six lieues de la ville[2].

G. Cuvier avait conjecturé[3] que l'*hippotigre* tué par Caracalla dans le cirque, et dont Dion Cassius[4] ne nous a transmis que le nom, était le zèbre, qui ne vient

[1] Note du 5 avril 1857.

[2] Lettre adressée par M. Dureau de la Malle à M. Isidore Geoffroy-Saint-Hilaire, président de la Société zoologique d'acclimatation. (Année 1854, n. 10, décembre, p. 472.)

[3] *Révolutions du Globe*, p. 76, 5e éd., in-8, 1828; *Conf. Gisb. Cuperi de Elephantis in nummis obviis ex.* II, cap. VII.

[4] T. II, lib. LXXVII, 6, éd. Reimar.

cependant que des parties orientales et méridionales de l'Afrique. Une description exacte de cet animal par les anciens était nécessaire pour le faire reconnaître avec certitude. Nous la trouvons dans Philostorge [1], écrivain ecclésiastique du quatrième siècle de l'ère chrétienne. Il nous dit, en traitant des régions de l'est et du sud de l'Afrique : « Cette contrée produit des onagres d'une grande taille et dont le pelage est admirablement varié par l'alternance du blanc et du noir. Ces animaux sont rayés de bandes qui s'étendent depuis l'épine dorsale, le long des flancs, jusqu'au ventre. Elles sont séparées, et forment entre elles certains cercles qui présentent un entrelacement et une bigarrure tout à fait rares et extraordinaires. »

La traduction est littérale et fidèle.

Bochart [2], qui était mauvais naturaliste, s'est trompé, comme il lui arrive quelquefois, en prenant pour un âne sauvage l'*onagre-zèbre* si bien décrit par Philostorge.

Bruce [3] dit que le zèbre habite le Fazuclo et le Naréa, provinces du midi de l'Abyssinie. Cette dernière est placée par d'Anville à 7 degrés de latitude nord.

M. Caillaud, qui s'est avancé jusqu'au 10e degré de latitude, le long du fleuve Blanc, qu'on croit être le véritable Nil [4], n'a point vu de zèbres dans cette partie de l'Afrique.

Il n'est pas inutile de faire remarquer que les Romains n'ayant jamais fait la circumnavigation de l'Afrique, le fait seul de la présentation dans le cirque de Rome du zèbre, l'an de Rome 965, et de sa description exacte par

[1] Lib. III, cap. II.

[2] *Hieroz.*, p. 869.

[3] *Voyage aux sources du Nil*, t. V, p. 104, trad. fr.

[4] Il l'est certainement. Voyez Harris, *Voyage en Abyssinie*, 3 vol. in-8, Londres, 1844, et les derniers explorateurs qui ont remonté le Nil jusqu'au 3e degré lat. N., sans avoir encore trouvé sa source.

un Grec vivant à Constantinople au quatrième siècle, confirme l'opinion que j'avais émise en 1807[1], « que les anciens entretenaient un commerce très-actif avec l'intérieur de l'Afrique pour en tirer l'or, les aromates, l'ivoire, l'ébène et les animaux rares dont ils faisaient une si grande consommation dans leurs sacrifices, et un si pompeux étalage dans leurs fêtes et leurs jeux publics, et qu'enfin ils avaient une connaissance de l'intérieur de ce grand continent bien plus étendue que nous, qui n'en avons, pour ainsi dire, exploré que les côtes. »

J'ai traité en détail ce commerce par terre dans mon mémoire sur les périples d'Hannon et de Polybe, lu à l'Académie des inscriptions en 1853, refait et lu à l'Académie des sciences et à la séance trimestrielle de l'Institut en 1854 et 1855[2].

J'ai donné, je crois, le premier, la preuve positive qu'Hannon s'est avancé jusqu'à l'équateur dans le golfe du Gabon, et une grande probabilité que Polybe a pénétré en Afrique jusqu'au 15e degré de latitude méridionale.

C'est encore un fait singulier, mais certain, que la coexistence de l'âne sauvage dans deux continents différents et dans des parties aussi éloignées que la Perse et la Mauritanie ; tandis que le zèbre, animal du même genre, n'a pas dépassé les 10 degrés de latitude nord, et que le couagga, et le daw, autre espèce du genre *equus*, ne se trouvent qu'au midi de la péninsule africaine.

Le zèbre produit avec l'âne et le cheval. Un mulet de zèbre et d'âne a été obtenu au Jardin du Roi, et y vivait en 1817. La zèbre a avorté à huit mois d'un mulet qu'elle avait conçu avec un cheval. Ainsi on peut croire que presque toutes les espèces de ce genre peuvent produire en s'accouplant.

[1] *Géogr. phys. de l'intérieur de l'Afrique*, p. 76-85 et suiv.

[2] Voyez plus haut depuis la page 15 jusqu'à 70.

CONCLUSIONS.

Je crois avoir prouvé dans le cours de ce mémoire :

1° Que tous nos animaux domestiques existaient chez les anciens à l'état sauvage ;

2° Que, même dans le genre du cheval, la domestication a fait des progrès faciles à apprécier pendant les dix-sept cents ans écoulés depuis le siècle de Pline jusqu'au dix-neuvième ;

3° Que l'hémione ou dziggtai (*Equus hemionus*) était connu des Grecs, et avait été domestiqué par eux dans plusieurs provinces de l'Asie ;

4° Que l'allure du pas relevé a été donnée au cheval dans l'espace de temps compris entre le premier siècle de l'ère chrétienne et notre époque, et que cette faculté physique se transmet par la génération ;

5° Que les descriptions et les monuments permettent de reconnaître chez les anciens quatre races distinctes de chevaux de course, de guerre et de trait : l'africaine, l'apulienne, la thessalienne et la sicilienne. Ce fait n'avait pas encore été remarqué ;

6° Que l'âne sauvage ou onagre était commun à l'Asie intérieure et à l'occident de l'Afrique, et que les descriptions données par les anciens constatent l'identité de l'espèce avec celle qu'on vient de retrouver sauvage en Perse. J'ai dit plus haut que l'onagre de Perse était certainement l'hémione, *Equus hemionus* ;

7° Enfin que le zèbre, nommé seulement par Dion *hippotigre,* est décrit si exactement par Philostorge, que sur ce seul témoignage on ne peut se refuser à admettre qu'il était bien connu des anciens, et que ces peuples, au deuxième et au quatrième siècle, avaient des relations suivies avec les contrées de l'Afrique méridionale, patrie de cet animal remarquable.

Métis de l'âne et de la jument, du cheval et de l'ânesse, *mulus*, mulet, οὐρεύς, barbeau, ἰννὸς, *hinnus*, γίννος, *hinnulus*, Plin. Mules de mulet et de jument.

La première mention du mulet se trouve dans les psaumes de David [1] et dans Homère [2]; il n'en est pas fait mention dans le Pentateuque [3]. Il est donc probable que c'est dans l'intervalle compris entre le siècle de Moïse et celui de David qu'on aura permis le croisement de l'âne avec la jument et domestiqué leurs produits. D'ailleurs une loi du Lévitique (XIX, 19) défendait expressément ces croisements d'espèces: *Jumentum tuum non facies voire cum alterius generis animantibus*. Dès le dixième siècle avant Jésus-Christ, on s'en servait pour la monture [4], pour la somme [5] et pour l'attelage.

Du temps de la guerre de Troie, on ne s'en servait encore que pour le trait, et la cavalerie étant alors inconnue, ou du moins inusitée dans les combats, il est peu étonnant qu'on ne se soit pas servi du mulet pour monture.

Les écrivains hébreux postérieurs font tous mention du mulet. Ézéchiel [6] dit : « C'est de Thogarma qu'on amène dans tes marchés, ô Tyr, les chevaux et les mulets. » Thogarma, selon Bochart [7], est le pays des Trocmes dans la Gallo-Grèce, et non la Scythie, comme on l'a cru généralement. Il se fonde sur ce qu'Hérodote [8], Aristote [9], Stra-

XXXII, 9.
[2] *Il.*, 1, 50, 24, 716 et passim.
[3] Voyez Bochart (*Hieroz.*, II, 20).
[4] Reg., II, 13, 29, 18, 9; III, 1, 33, 38, 44.
[5] Paralip., I, 12, 40.
[6] XXVII, 14.
[7] II, 19, p. 230, *Hieroz.*
[8] IV, 28.
[9] II, 8.

bon [1], Antigonus [2] assurent qu'en Scythie la rigueur du froid empêche d'y avoir des ânes et des mulets; mais ces témoignages négatifs sont combattus par les assertions positives de Pindare [3], de Callimaque [4] et d'Antonius Liberalis [5], qui nous parlent des hécatombes d'ânes chez les Hyperboréens; d'Apollodore et d'Arnobe [6], qui les mentionnent chez les Scythes : *Ab Scythis asinos immolari.*

Cet *asinus* ou onagre, dont ces auteurs n'ont cité que le nom, sans d'ailleurs nous en laisser de description exacte, est probablement l'hémione, qui supporte les hivers très-rigoureux des montagnes de la Perse et du Kurdistan.

L'illustre voyageur A. de Humboldt a trouvé en Sibérie le grand tigre rayé du Bengale (*felis tigris*), fait bien plus singulier pour un carnassier, qui vit seul avec sa femelle, que l'émigration d'un solipède qui vit en société et qui se transporte facilement en troupes nombreuses dans tous les pays qui lui offrent un climat et un pâturage convenables.

Quelque vague que soit la position des Hyperboréens, on sait pourtant que c'était une contrée froide située au nord-est de la Grèce, et on voit que l'âne et le mulet, qui vivent maintenant, quoique chétifs et faibles, dans la Norwége et la Suède, supportaient déjà un climat assez froid, dans le cinquième siècle avant Jésus-Christ.

« Le mulet, dit ingénieusement Démocrite, cité par Ælien [7], est un produit non de la nature, mais de l'audace

[1] P. 307, éd. Casaub.
[2] *Mirab.*, cap. XIII.
[3] II, Pyth., x, 313.
[4] Del., 280, et note de Spanheim, h. l. et p. 563.
[5] *Fab.*, 20.
[6] Lib. IV.
[7] *Nat. anim.*, XII.

et de l'industrie humaine, et, pour ainsi dire, un mensonge et un vol commis par l'adultère. »

Le mulet proprement dit, produit de l'âne et de la jument, est infécond, du moins pour perpétuer sa race par des générations successives. J'ai prouvé que l'*hémione* de Cappadoce, qui avait cette faculté, avait été pris à tort pour le mulet; il est réellement le dziggtai de Sibérie, *equus hemionus* des naturalistes modernes. Ce caractère suffit seul pour empêcher de confondre l'*hemionus* et le mulet.

La mule, à la vérité, produit quelquefois dans les climats chauds, et porte douze mois, comme la jument. Varron [1] et Columelle [2] citent Magon, agronome carthaginois, en preuve que la fécondité de la mule, regardée en Grèce [3] et en Italie [4] comme un prodige, était un événement assez ordinaire en Afrique. Mais les métis sortis d'une mule ne produisent plus quand on les accouple ensemble. Ainsi cette race métisse ne peut se régénérer que par les espèces primitives qui lui ont donné naissance [5].

Les Romains avaient trois sortes de mulets : l'un de l'âne et de la jument, l'autre de l'ânesse et du cheval, le troisième de l'onagre et de la jument. C'est très-probablement ici l'hémione que cet onagre de Columelle. L'hémione a donné avec l'âne, au Muséum d'histoire naturelle, des petits qui ont été féconds et se sont reproduits plusieurs fois. Columelle, qui cite [6] ces trois produits, ajoute que le mulet, fils de l'onagre, reste sauvage, difficile à dompter

[1] II, 1, 27.

[2] VI, 37, 3.

[3] Hérodote, III, 153.

[4] Pline, VIII, 69. Varro, *loc. cit.*

[5] Pline, VIII, 69, a consigné ce fait : « Observatum e duobus diver« sis generibus nata, tertii generis fieri et neutri parentum esse « similia : eaque ipsa, quæ sunt ita nata, non gignere, in omni ani« malium genere : idcirco mulas non parere. »

[6] VI, 37, 3, 4.

et maigre comme son père ; que l'étalon de cette espèce est plus utile dans la seconde génération que dans la première ; « car, dit-il, quand on donne pour étalon à une jument le fils d'une ânesse et d'un onagre, le naturel s'adoucit par degrés, et le produit de cette union réunit la beauté des formes et la douceur du père au courage et à la vitesse de son aïeul [1]. »

Je citerai sur l'influence du mâle dans la génération un fait très-curieux qui a été observé et constaté récemment en Angleterre. Un couagga mâle fut accouplé avec une jument sortie d'un étalon arabe, mais au sixième degré. La jument produisit un métis presque entièrement semblable à son père. La même jument fut ensuite unie deux fois dans l'espace de trois ans avec un cheval anglais. Elle donna encore d'abord un métis plus rapproché du couagga, son premier mari ; et enfin, la dernière fois, quoique le couagga en eût été tout à fait séparé depuis le premier accouplement, le produit fut si ressemblant au couagga, qu'on ne pouvait plus l'en distinguer. Ces métis ont vécu à Londres ; on en a fait faire des portraits qui sont placés au collége des chirurgiens de cette capitale, avec les procès-verbaux qui attestent toutes les circonstances de cette singulière génération.

On retrouve encore, dans cette observation précieuse de Columelle, un exemple de l'influence de la domestication et de la transmission de certaines facultés morales par la génération. Des faits de ce genre sont d'autant plus importants à recueillir chez les anciens, qu'il nous est impossible de les reproduire, et qu'on chercherait vainement

[1] Pline, II, 69, répète ou a copié cette assertion. On voit par un passage de Pétrone (*Satiric.*, p. 144, trad. franç., éd. in-12, 1756), que l'onagre était préféré à l'âne pour la production des mulets ; car il dit de Trimalcion : « Nam mulam quidem nullam habet quæ non « ex onagro nata sit. »

dans l'Europe actuelle un âne sauvage pour l'unir à nos ânesses et à nos juments. Ce croisement a été opéré entre une forte ânesse de Toscane et un hémione, à la ménagerie du Muséum d'histoire naturelle de Paris : il en est issu un beau métis supérieur aux mulets produits par l'accouplement de l'âne avec la jument. « Le produit du cheval et de l'ânesse, quoiqu'il ait tiré son nom de son père, puisqu'on l'appelle *hinnus* [1], ressemble beaucoup à la mère, dans toutes ses parties. »

Ce fait curieux, rapporté par Columelle [2], confirme les observations positives des naturalistes modernes, qui établissent cette anomalie singulière que, tandis que dans les races primitives, surtout dans les animaux domestiques, l'influence du mâle prédomine dans la génération [3], au contraire, dans les métis, la femelle influe davantage [4]. Dans l'espèce humaine, par exemple, le mulâtre, produit du blanc et de la négresse, tient plus de la mère que du père, et il en est de même pour les autres métis humains.

Cependant la fécondité de la femme blanche par le nègre est rare. Ce qui tient, dit M. Serres, si savant en anthropologie, à la conformation de l'organe génital du noir.

Un autre fait assez curieux touchant les progrès de la domestication se trouve dans Varron [5], Columelle [6], Pline [7], qui traitent de la production des mulets. « Il faut, disent-ils, que l'ânon destiné à être étalon soit soustrait à sa

[1] Ἴννος, en grec, signifie aussi un jeune cheval, un *poulain*, et c'est une onomatopée tirée du hennissement du cheval.

[2] *Loc. cit.*

[3] Voyez Buffon, t. VI, p. 23.

[4] *Dict. des Scienc. nat.*, t. VIII.

[5] II, 8.

[6] VI, 37, 8.

[7] VIII, 69.

mère sitôt qu'elle a mis bas, et soit placé sous une jument à son insu. On la trompe très-bien en la tenant dans l'obscurité ; car son fruit propre lui ayant été dérobé à la faveur des ténèbres, l'ânon substitué dont j'ai parlé est nourri par elle comme si elle lui avait donné la naissance. Au bout de dix jours, la jument, qui s'est habituée à son nourrisson, le laisse téter toutes les fois qu'il le désire. De cette manière l'âne choisi pour étalon apprend à aimer les juments. C'est un fait, un exemple de plus à ajouter à cette tendance, dont j'ai donné tant d'exemples, du prompt retour de la variété vers l'espèce primitive, lorsque cette variété passe de la domesticité à l'état sauvage. Souvent même, quoiqu'il tette encore sa mère, il faut l'introduire dans la société des cavales, pour qu'il se familiarise avec elles et qu'il apprenne, dès l'âge le plus tendre, à désirer leur approche, mais ce n'est qu'entre trois et dix ans qu'il convient de l'employer comme producteur. »

L'auteur décrit ensuite l'accouplement, qui doit se faire dans un lieu étroit, fermé, obscur, avec une jument attachée, liée, qui a déjà porté, et dont les désirs ont été d'avance irrités par un âne commun qui les éveille sans les satisfaire.

Les mêmes procédés, ajoute Columelle[1], sont nécessaires pour obtenir des bardeaux, *hinnos*, d'un cheval et d'une ânesse.

On sait que ces mélanges d'espèces n'ont lieu qu'entre les animaux domestiques du même genre, ou entre des animaux dont un sexe au moins est dans l'état de domesticité[2] : le cheval et le zèbre, le zèbre et l'âne, le mouton et la chèvre, le bison et la vache, le sanglier et la truie, le chien et la louve, dans les mammifères; dans les oiseaux, le serin de Canarie avec les linottes, les bruants, les char-

[1] VI, 37, 8.

[2] *Dict. des Sc. nat.*, art. MULETS, de M. Desmarets.

donnerets, le faisan commun avec les faisans dorés et argentés, l'oie et le canard domestiques avec les diverses espèces d'oies et de canards étrangers, s'accouplent ensemble et donnent des produits plus ou moins féconds. Le canard *musqué* des plaines marécageuses de la Guyane, improprement nommé canard de Barbarie, cherche à s'accoupler avec la poule, mais il n'en naît point de produit. Dans les oiseaux en cage les métis sont inféconds dès la première génération; ils font encore des nids avec le coton qu'on leur fournit, mais ne pondent que des œufs clairs. Les animaux sauvages d'espèces différentes ne s'accouplent pas entre eux[1]. On voit donc que, chez les anciens, la domestication et l'espèce de dépravation qui en est la conséquence n'avaient pas fait dans les mœurs de l'âne et du cheval autant de progrès qu'à l'époque actuelle, puisqu'on était alors forcé de tromper la nature pour en obtenir des accouplements hétérogènes qui ont lieu maintenant chez nous entre les différents sexes des ânes et des chevaux, sans qu'on ait besoin d'avoir recours au moindre artifice.

On trouve avantageux, dit Columelle (*loc. cit.*) de faire nourrir le jeune mulet par une vache. Il a insisté plus haut[2] sur l'âge, les formes et les qualités de l'âne et de la jument destinés à produire une belle race de mulets. Les ânes d'Arcadie et de Béotie étaient extrêmement recherchés pour la monte et pour le trait.

[1] Les faits rapportés par M. Rafinesque (*Ann. des Sc. phys. de Bruxelles*, t. VII), d'une chatte fécondée dans le Kentucky par le didelphe de Virginie, et d'un raton femelle (*procyon lotor*) qui aurait fait des petits avec un renard rouge, à queue noire, sont encore très-douteux, de même que l'existence du *jumard*, et peuvent être rangés, jusqu'à présent, au nombre des assertions souvent répétées, mais jamais constatées.

[2] VI, 36, 1. Varro, II, 8, 3.

Je ne dois pas oublier de citer un exemple de longévité remarquable dans cette espèce. Aristote a rapporté [1] l'histoire, confirmée par plusieurs auteurs après lui [2], d'un mulet qui avait vécu à Athènes jusqu'à quatre-vingts ans, et auquel, dans sa vieillesse, on accorda, par un décret, l'honneur d'être nourri aux frais de l'État, en récompense des bons services qu'il avait rendus lors de la construction du Parthénon sous l'administration de Périclès.

Quant à l'infécondité du mulet, MM. Prévost et Dumas, qui ont répété avec soin les expériences de Leuwenhœck et de Bonnet sur la liqueur spermatique des animaux, se sont assurés que le liquide contenu dans les testicules des mulets ne présente, au moins dans notre pays, aucun des animalcules dont la présence semble indispensable pour que la fécondation puisse avoir lieu. Le manque d'animalcules spermatiques existe aussi chez les étalons et les hommes que l'âge met hors d'état de procréer, selon MM. Prévost et Dumas.

Bonnet avait déjà consigné cette observation [3] relativement au mulet. Nous sommes convaincu par le témoignage positif des anciens, confirmé par les naturalistes modernes, que le mulet et la mule peuvent être féconds dans les pays chauds, même dans l'est et le sud de l'Espagne. Il serait utile que les habiles observateurs que j'ai cités pussent examiner la liqueur spermatique des mulets producteurs de ce pays. On en pourrait déduire des conclusions plus positives sur l'influence de la chaleur ou des animaux spermatiques sur la fécondation dans cette espèce.

Les Grecs possédaient des mulets très-vites et disputaient avec eux le prix de la course des chars aux jeux olympiques. Peut-être ces mulets coureurs étaient-ils des hé-

[1] *Hist. anim.*, VI, 24.

[2] Pline, tr. fr. de Littré, VIII, 44.— Ælien, *De nat. anim.*, VI, 49.

[3] *Contemplat. de la nat.*, part. VII, chap. XII.

miones pur sang ou des métis d'hémione et d'ânesse. Simonide [1], Pindare [2], Héraclite et Aristote en font mention, et réfutent, par l'époque seule de leur existence, l'assertion de Pausanias [3], qui conteste l'ancienneté de cet usage dans les jeux olympiques.

Le bardeau, ἴννος, Gr., *hinnus*, Lat.

Ce métis du cheval et de l'ânesse était connu des Grecs et des Romains. Aristote [4] en fait mention sous le nom d'ἴννος. Varron le décrit très-bien, en disant : « L'hinnus, produit du cheval et de l'ânesse, est plus petit que le mulet, ordinairement plus roux ; il a les oreilles du cheval, la crinière et la queue de l'âne [5]. » Il a dit plus haut [6] : *Ex equâ et asino fit mulus : contrà ex equo et asinâ* hinnus. Pline [7] et Columelle [8] reproduisent la même définition du bardeau, *hinnus*. Le premier ajoute : « Le cheval et l'ânesse produisent aussi un mulet, mais d'une paresse excessive et indomptable. Tout est lent chez lui, comme chez les vieillards. » Ces métis furent ensuite nommés *burdos*, *burrichos*. Isidore [9] le dit positivement : *Burdo ex equo et asinâ*. Végèce [10] et saint Jérôme [11] les appellent *burri-*

[1] Cité par Héraclite, *In rhegin. politia*, et par Aristote, *Rhetor.*, III, 2.

[2] Olymp., V et VI.

[3] Eliac., I, p. 155, lin. 39, ed. Xilandr. Godoyn, tr. fr., t. II, p. 344.

[4] I, 6.

[5] II, 8, 6.

[6] II, 8, 1.

[7] VIII, 69.

[8] VI, 37, 5.

[9] *Origin.*, XII, 1.

[10] Mulomed., IV, 2, 2.

[11] *Epist. ad Psammach.*, 26.

chos, nom que Saumaise[1], contredit à tort par Reinesius[2], dérive de πὐῤῥους, rougeâtre, et dont l'étymologie est confirmée par la description de Varron, *rubicondior quam mulus*. C'est l'origine des noms français de bardeau et de bourrique. Les désignations des anciens s'accordent avec le portrait que les naturalistes modernes nous donnent de ce métis[3]. Le bardeau (*hinnus* des anciens), de la taille de l'âne et souvent moins grand, a la tête plus longue et plus mince à proportion, les oreilles un peu plus courtes, les jambes plus fournies, la queue moins garnie que celle du cheval. Il est toujours plus petit que le mulet, a l'encolure plus mince, l'épine plus saillante, en forme de dos de carpe ; la croupe plus tranchante et plus avalée.

L'infériorité de forces et de services qui distingue le bardeau du mulet en ont fait négliger la production, et il est assez rare aujourd'hui de le trouver employé aux besoins de la société avec nos animaux domestiques.

Le γίννος d'Aristote, *parvus mulus* de Pline.

Je terminerai cette partie de l'histoire ancienne du genre *equus* par la description de ce métis du second degré que les naturalistes modernes n'ont point observé ni mentionné, et qui ne se produit que dans les climats chauds. Cette variété me fournira en même temps l'occasion de fixer la synonymie, encore incertaine et obscure, des espèces qu'on pourrait confondre, en les trouvant désignées par le même nom chez divers auteurs grecs et latins.

Le bardeau est assez commun dans les fermes du Perche où les ânesses paissent en liberté avec les chevaux dans

[1] *Ad Vopisc., Carin, Hist. Aug.*, t. II, 863, *a.*
[2] *Ad Petronii*, cap. XLV.
[3] *Dict. des Sc. nat.*, t. XXXIII, p. 292.

les mêmes champs bien clos. Quoiqu'on s'oppose de tous ses moyens à cet adultère, il s'accomplit souvent, et l'ânesse produit un bardeau au lieu d'un mulet qu'on aurait voulu en tirer. Au reste l'anatomie et l'ostéologie de ce métis, assez rare dans les pays de plaines qui entourent Paris, sont bien connues maintenant ; car j'en ai envoyé un, à la prière de mon savant ami, de Blainville, qui l'a étudié avec soin. Mon meunier en possède encore un autre actuellement, qu'il donnerait à vil prix au Muséum d'histoire naturelle pour le même usage.

Le γίννος est très-bien distingué par Aristote [1], comme je l'ai fait voir en citant son texte, du cheval, de l'âne, de l'hémione, du mulet enfin et du bardeau. C'est le produit du mulet et de la jument. Je vais traduire le passage entier du naturaliste grec [2] qui a été défiguré dans la traduction de Camus :

« Le mulet, ὀρεὺς, couvre les femelles, s'accouple quand il a jeté les premières dents à sept ans, et les féconde ; il en naît un *ginnus* lorsqu'il a monté une cavale, ἵππον θήλειον. Plus tard il ne les couvre plus. On a vu aussi des mules emplies par des mulets, mais sans porter leur fruit à terme. » Pline confirme ce fait de l'existence du *ginnus* [3] : *In plurium Græcorum est monumentis, cum equâ muli coitu natum quem vocaverint ginnum, id est, parvum mulum.*

Plus loin, Aristote dit qu'on nomme aussi γίννοι, *ginni*, les fils du cheval et de l'ânesse. Lorsque les fruits ont souffert dans la gestation, il les compare aux nains parmi les hommes et aux pourceaux dégénérés dans l'espèce des cochons.

Enfin, il cite les mules [4], qu'on nomme en Syrie *hemio-*

[1] Vid., *loc. cit.*, p. 6, *suprà.*
[2] *Hist. anim.*, VI, 24.
[3] VIII, 69.
[4] *Hist. anim.*, VI, 24.

noi, qui, au contraire des mules proprement dites, coïtent et engendrent sans interruption. Mais, dit-il, cette espèce, quoique ressemblant au mulet, en est réellement différente. Il en est arrivé récemment deux femelles de Syrie, au Muséum d'histoire naturelle de Paris, que M. Isidore Geoffroi a nommées *equus syrus*.

On entrevoit déjà facilement quelle confusion ont dû jeter dans la synonymie les noms de ἴννος et de γίννος, dont la prononciation ne différait que par une légère aspiration, l'écriture que par une lettre facile à confondre, quoiqu'ils désignent deux métis particuliers, celui du cheval avec l'ânesse et celui du mulet avec la jument.

Le mot *hémionus*, ἡμίονος, demi-âne, ayant été appliqué depuis Homère, et à l'hémionus ou dziggtai, solipède *sui generis*, qui tient le milieu entre le cheval et l'âne, et au mulet proprement dit ὀρεὺς, qui est un métis produit de l'âne et de la jument, il s'en est suivi que les poëtes et les grammairiens, les lexiques et les glossaires, les commentateurs et les érudits ont perpétuellement confondu ces espèces, appliqué à tort leurs descriptions, et enfin horriblement embrouillé la matière.

Schneider [1] et Camus [2] étaient aussi tombés dans la même méprise; mais il était facile de lever toute équivoque, en comparant les descriptions originales des anciens avec les descriptions et les figures que les modernes nous ont données, et j'espère que désormais ce point d'histoire naturelle sera jugé et complétement éclairci.

Je citerai encore les noms des métis : de cheval et d'ânesse, *burdo ;* de jument et d'âne, *mulet ;* de brebis et de bouc [3], *titirus ;* de chèvre et de bélier, *musmo ;* de cochon

[1] *Ad Varr.*, II, 8, 1.

[2] *Anim. d'Arist.*, trad. franç., VI, 24 ; et not., t. II, p. 530.

[3] Formann dit qu'au Chili on croise les races des moutons espagnols

et de sanglier, *ibris;* de loup et de chienne, *lycisca*[1]. Car l'existence de ces noms propres indique la présence et presque la vulgarité de ces métis du temps des Romains, tandis que les peuples modernes n'ont pas un nom particulier qui désigne le produit de la chèvre et du bélier, de la truie et du sanglier, de la chienne et du loup, espèces que nous savons positivement pouvoir s'accoupler et produire entre elles. Il faut citer textuellement le passage curieux d'Eugenius Tolitanus, *Carm.* XXII, *de Ambigenis :*

Burdonem sonipes generat, commixtus asellæ,
Mulus ab arcadicis et equina matre creatur,
Titirus ex ovibus oritur hircoque parente,
Musmonem capra verveno semine gignit,
Apris atque sue setosus nascitur ibris,
At lupus et catula formant coeundo lyciscam.

Il est à regretter que les anciens ne nous aient pas laissé de descriptions précises de ces diverses hybrides dont quelques-unes ne se montrent chez nous que très-rarement.

avec des chèvres, et qu'il en résulte un animal plus grand que le mouton.

[1] *Conf. Schneid. ad Varr., De re rust.*, II, 2, 12.

NOTICE

SUR

LES RACES DOMESTIQUES DES CHEVAUX[1]

Causes de leur origine, de leur création et de leur anéantissement.

Il est évident que les races domestiques sont dues à l'influence de l'homme, qui les a modifiées pour ses besoins en les changeant de climat, d'air, de lieu, d'abri, surtout d'alimentation, d'éducation et de méthode d'enseignement physique et intellectuel. Il n'est pas moins clair que les besoins les plus pressants de ce roi de la création l'ont déterminé, presque seuls, à accroître les facultés physiques et intellectuelles des chevaux, ses compagnons si utiles dans la guerre et dans la paix, à la chasse et aux voyages, enfin au transport des denrées d'un pays dans un autre. On conçoit en même temps que, les goûts ou les besoins cessant ou s'accroissant pour l'une ou l'autre des nécessités de l'emploi de chacune de ces races, il les a laissées tour à tour déchoir et s'anéantir, ou se propager et s'accroître.

Deux mille ans avant J. C., les Égyptiens, qui n'avaient point de cavalerie, et les Grecs, qui du temps de la guerre de Troie ne s'en servaient point encore, ont créé une race

[1] Extrait du *Moniteur universel* du 16 mars 1855.

forte, musculeuse et trapue, propre à tirer et à enlever au trot ou au galop les chars grossiers qui portaient Sésostris, Hector et Achille sur les points de la bataille où leur présence était nécessaire.

Les races propres à la guerre et à la chasse furent toujours, pour les peuples anciens et modernes, l'objet de soins plus constants, d'une étude plus suivie, d'une hygiène et d'une éducation plus recherchées : car l'homme, — c'est son défaut capital, — fait toujours passer l'agréable avant l'utile, et le frivole avant le nécessaire, témoin ces nombreuses variétés de chiens et d'oiseaux de proie qu'il a créées ou dressées avant d'avoir amélioré la race des bœufs et des moutons.

Les progrès essentiels de ces deux espèces d'animaux domestiques, qui nous fournissent leur cuir pour nous chausser, leurs cornes pour tant d'usages, leurs laines pour nous couvrir chaudement, pour nous reposer mollement, et, pour nous habiller, les étoffes et les draps les plus élégants et les plus variés, ces progrès, dis-je, ne datent guère, en Angleterre et en France, que du dernier quart du dix-huitième siècle.

J'ai prouvé ailleurs [1] que les facultés intellectuelles des animaux domestiques se transmettaient par la génération.

Je puis prouver également que l'art de la domestication [2] a décru en raison directe de la civilisation des peuples. Le cheval des Numides sans frein, *Numidæ infreni*, qui, sans selle, sans bride, sans mors ni caveçon, se dirigeait avec une simple baguette, cette cavalerie intelligente, —je dirais presque morale, — supérieure encore du temps

[1] Voyez plus loin, dans ces Mélanges, mon Mémoire sur le développement des facultés intellectuelles des animaux domestiques.

[2] Voyez ci-dessus mes Considérations générales sur la domestication des animaux ; Histoire du genre *Equus* et de ses métis.

d'Annibal, de Jugurtha, et même jusqu'au sixième siècle, aux cavaleries de Carthage, de Rome républicaine et impériale, toutes bridées, harnachées, équipées de mieux en mieux, à mesure que l'industrie faisait des progrès [1], cette cavalerie montre tout le parti qu'on peut tirer d'une éducation intelligente, des tendres soins, de la douceur, même dans les châtiments parfois nécessaires. C'est dans ce sens seulement qu'il y a *un progrès notable à rétrograder*, et l'habile Angleterre nous a devancés dans cette voie par ses lois sages et humaines, protectrices des animaux, contre le despotisme brutal de l'homme violent, impitoyable et ignorant.

Voyez chez les peuples pasteurs du *Nedj*, c'est-à-dire du haut plateau de l'Arabie, où les mœurs, les usages, les noms de lieux et de choses, les modes même pour les hommes et les femmes, restent immuables depuis quarante siècles, voyez là, dis-je, le cheval arabe dans toute la perfection de sa race. Burckhardt, et surtout Welsted [2], l'ont observé, ainsi que le *herries* ou dromadaire de course, avec un soin minutieux et l'ont décrit avec une fidélité qui permet d'ajouter, non au style (peut-on l'espérer ?), mais aux traits de mœurs, de caractère, de développement

[1] La selle, l'étrier n'existaient pas encore sous Caracalla. (*Hist. Aug.*) On la trouve dans Végèce, *De re veterin.*, liv. IV, c. VI. *Sella cum frenis.* (*Cod. Theod.*, tit. V, leg. 47.) La selle est une invention persane de la fin du quatrième siècle; l'étrier, *stapes*, *stapha*, est du sixième siècle, sous l'empereur Maurice. (Voy. Ducange, *Gloss. med. lat. Miracula S. Quirini Martini*, liv. II, n. 50.) Le ferrage des chevaux ne date que du neuvième siècle. On le trouve cité pour la première fois dans la *Tactique* de Léon VI, empereur d'Orient (lib. V, p. 51), où il appelle les fers de chevaux (*selènaïa*). Même mention des fers de chevaux est faite par l'empereur Constantin Porphyrogénète, dans son livre *De tacticis*, p. 11 : « Calceos lunatos ferreos cum ipsis carphiis, id est clavis. » Je cite la traduction latine.

[2] *Voyage dans l'Oman*, excellent livre sous tous les rapports.

moral, et de compléter enfin l'œuvre admirable de l'immortel Buffon.

Chez ces peuples, le cheval mâle et femelle n'est plus l'esclave, le valet ; c'est l'hôte, l'ami, le parent ; c'est un membre de la famille. Sa généalogie est conservée ; sa noblesse est attestée non-seulement pour établir, dans un but lucratif, la légitimité, la pureté de sa race, mais pour rappeler au cheik, à la famille, à la tribu, les services rendus par l'animal *moralisé*, dans les fatigues, les périls de la caravane et de la guerre, au milieu de l'inexorable désert.

La douceur des traitements envers ce noble compagnon d'armes a réagi sur l'esclave, soit le nègre acheté, soit le prisonnier de guerre de race sémitique ou caucasique. Tous, en peu de temps, deviennent membres de la tribu, égaux en droits aux anciens, et parviennent souvent au grade de général dans la guerre, de cheik ou chef de tribu dans la paix.

Je pourrais ajouter plusieurs observations intéressantes sur la domestication des races de chevaux ; mais je n'aime pas les redites, et je renvoie à mon grand Mémoire sur le genre *equus* [1] ; je n'y emprunterai que deux faits tendant à prouver que des besoins puissants ont toujours déterminé la formation des races de chevaux, et que l'influence de l'homme, aidée par une hygiène, une alimentation et une éducation intelligentes, a toujours réussi à les produire sans le secours des gouvernements. Les Grecs, même au temps de Xénophon, où la cavalerie thessalienne était si renommée, se servaient de la bride, mais ils ne connaissaient ni la selle, ni l'étrier, ni le ferrage des chevaux, inventions bien postérieures. Cependant, les cavaliers avaient besoin d'une base solide pour être aptes à

[1] *Histoire du genre Equus*, cheval, hémione, âne, zèbre, mulet, bardeau et ginnus.

manier la pique et l'épée, surtout pour lancer les javelots. Il fallait de plus que cette cavalerie ne devînt pas boiteuse en agissant dans les pays de montagnes ou dans les terrains parsemés de cailloux durs et tranchants : l'habileté intelligente des éleveurs thessaliens a donné au cheval de guerre ces qualités prédominantes, la corne dure et haute, l'épine du dos rendoublée : *Duplex agitur per lumbos spina, et solido graviter sonat ungula cornu*, que Virgile traduit exactement de Xénophon, et que Varron confirme [1]. De plus, les médailles et les monuments nous représentent le cheval thessalien comme un cheval court, râblu, ramassé, un peu ensellé, mais pourvu des deux qualités que j'ai indiquées ci-dessus.

La dureté de la corne, pour une cavalerie non ferrée, était une condition indispensable. Il paraît que les chevaux des Parthes, nés dans les plaines sablonneuses de la Mésopotamie, n'en étaient pas pourvus. Ce seul fait explique pourquoi, dans leurs guerres avec les Romains, les armées des Parthes, presque entièrement formées de cavalerie, et toujours victorieuses dans leurs déserts sableux, se fondaient et disparaissaient subitement lorsqu'elles s'avançaient, en poursuivant leurs adversaires, dans les contrées montagneuses et volcaniques de l'Arménie, toutes hérissées d'obsidiennes et de cailloux tranchants : c'est tout simplement *que le cheval parthe ou persan n'avait pas la corne dure et n'était pas ferré* [2]. Ce vice de conformation naturelle et l'absence d'un corps dur pour protéger la corne expliquent seuls (et je crois que ce fait n'avait pas encore été remarqué ni apprécié à sa juste valeur) comment les dix mille Grecs dans leur retraite, après la perte

[1] Voyez l'*Histoire du Cheval* citée plus haut.

[2] Pour la dureté de la corne et la sûreté du pas, *vide supra*, le poney Tibetain, décrit par Hooker Dalton. *Voyage à l'Imalaya et au Tibet*, t. I, p. 109 et note *, et p. 178. 23 janvier 1857.

de la bataille de Cunaxa, comment Marc-Antoine et Julien, en se repliant sur l'Arménie et sur ses montagnes, après leur défaite dans la plaine, ont pu échapper à l'innombrable cavalerie persane ou parthe, qui les poursuivait sans relâche.

Origine de la race anglaise. — Erreurs à ce sujet.

Les directeurs de haras, les éleveurs de chevaux, même Frédéric Cuvier [1], qui a eu le tort de s'en rapporter à eux, enfin le nouveau *Dictionnaire hippiatrique*, veulent que la race anglaise actuelle provienne du croisement des juments bretonnes avec des chevaux persans, turcomans ou arabes, importés par Henri VIII et par sa fille Élisabeth. Rien de vrai dans cette assertion.

La pesanteur des armes défensives sous les règnes de François Ier et d'Henri VIII, l'usage des joutes et des tournois exigeaient l'emploi du cheval de haute taille, robuste et membru, le frison ou le flamand, propres à ces exercices et aux combats en bataille rangée. En France, depuis Henri II jusqu'à la fin du règne de Henri IV, la pesanteur des armures de fer, à l'épreuve de la balle, eût fait, du croisement des étalons de la race fine et légère arabe et persane avec les juments sveltes du pays, un non-sens palpable.

La première importation certaine d'étalons étrangers en Angleterre date de Charles II, et ce ne fut point une race pure arabe ou turcomane, ce fut une race déjà croisée qu'il allia à ses juments britanniques.

Charles avait épousé une Portugaise qui lui apporta en dot Tanger en Mauritanie. C'est du territoire et des environs de cette ville que Charles fit venir cinquante étalons

[1] Article CHEVAL, *Dict. des Sc. nat.*, t. VIII, p. 465.

barbes, race déjà métisse et issue de l'alliance du cheval arabe avec la jument africaine.

Le roi fit répandre ces étalons barbes dans toutes les provinces de l'Angleterre, ordonna, surveilla, pressa leur mariage avec les meilleures juments du pays. Ce fut l'origine du cheval de chasse anglais, qui répondait à un des besoins de l'époque et au goût dominant de la société de ces temps.

Nous sommes donc encore bien loin du cheval pur sang et du cheval de course, véritable mythe que l'avidité des éleveurs, propagée par la crédulité du *Jockey-club*, fait naître d'étalons arabes ou persans importés par Henri VIII, par sa fille Élisabeth, et croisés avec les juments bretonnes

D'un côté est l'erreur, de l'autre la vérité. Le vrai triomphera-t-il du faux quand je lui donnerai pour garant, non mon autorité, qu'on pourrait récuser sur cette origine, mais celle d'un illustre confrère, d'un historien aussi exact, aussi fidèle, qu'observateur profond et grand écrivain, de M. Guizot enfin, qui m'a permis de le citer, et qui en a toutes les preuves réunies dans sa riche bibliothèque, que son inépuisable obligeance ouvre aux recherches de tous les savants ?

C'est donc d'un étalon barbe déjà métis et d'une mère anglaise, que, sous le règne de Charles second, est issu le cheval de chasse anglais. Voyons maintenant quand et comment on a produit le cheval de course.

C'est la cause contraire à celle qui, depuis la révolution de 1789, a fait disparaître en France les races limousines et normandes, navarrines et auvergnates, c'est-à-dire le cheval de chasse et de meute, de manége et de parade.

Cette révolution a aboli les droits féodaux, les droits de chasse, consacré l'égalité des partages, même entre les sexes, détruit enfin la noblesse comme corps privilégié, se perpétuant héréditairement de mâle en mâle.

La noblesse anglaise, au contraire, devenue un des pouvoirs de l'État par l'établissement de la grande charte, au commencement du treizième siècle, a conservé tous ses priviléges. Depuis ce temps, cette aristocratie intelligente s'est fortifiée par l'adjonction de tout ce que la magistrature et le barreau, la marine et l'armée, le commerce et la banque, la science et l'industrie ont produit de plus remarquable; elle a presque immobilisé la propriété par ses substitutions au dernier mâle de la famille du degré de parenté le plus éloigné. Aussi a-t-elle conservé les droits féodaux dans toute leur étendue, les lois les plus sévères contre la destruction du gibier, et, par une suite nécessaire, les meutes, les équipages de chasse, le goût de l'usage du cheval et de la promenade à cheval jusqu'à l'âge le plus avancé du maître.

On a donc perfectionné le cheval de chasse par tous les moyens dont peut disposer la puissante influence de l'homme sur l'animal domestique.

C'est sous le règne de Georges Ier, en 1750, que le cheval de course a été produit par un autre besoin et un autre goût dominant dans la société, celui des combats d'animaux déjà usités chez les Romains, et des paris qui en étaient la suite et la conséquence.

Il est à remarquer que ce sont les peuples les plus calmes, les plus froids, mais en même temps les plus industriels et les plus commerçants qui se sont épris d'une passion bizarre pour les chances aléatoires sur la production des fleurs ou la vie des animaux. Chez les Hollandais la création d'une tulipe nouvelle ou d'une variété remarquable par sa beauté donna lieu à un agiotage presque inconcevable. De même, les Anglais faisaient combattre des coqs et hasardaient des sommes énormes sur le succès de leurs champions.

Cette habitude des paris et surtout des chances aléatoires

amena le désir d'introduire des chevaux dans la lice, et l'habileté des éleveurs s'exerça à changer le cheval de chasse en cheval de course.

J'ai déjà dit et prouvé, dans le mémoire cité plus haut, que, chez les animaux domestiques soumis à la puissante influence de l'homme, les modifications de forme, de couleur, les qualités physiques et même les qualités morales et intellectuelles, étaient transmissibles par la génération, d'où il suit que la race est éminemment perfectible.

Les procédés les plus énergiques que l'on a toujours employés pour améliorer une race sont *l'alimentation* d'une part, et de l'autre *l'éducation* intelligente, mêlée de douceur et de fermeté. Le premier agent est, sans doute, celui qui a le plus d'effet et dont on s'est servi en Angleterre pour obtenir le cheval de course. On a donc changé entièrement son régime alimentaire. Au lieu de l'herbe, du foin et de la paille, qui formaient la principale nourriture des chevaux, dans le commencement du dix-huitième siècle, on les a nourris presque entièrement de grains, de pain, parfois de vin, c'est-à-dire de matières alcooliques et azotées ; puis on a changé leurs allures, et on les a habitués à courir seulement au galop, à conserver leur haleine, ce qui, dans la langue des *jockeys-clubs*, s'appelle *entraîner*. C'est ainsi, et avec le temps, qu'on a obtenu cette race de coureurs extraordinaires dont le fameux l'*Eclypse* est le plus célèbre représentant.

Race percheronne.

La race percheronne, au contraire, que j'ai vue naître et dont j'ai possédé l'un des meilleurs produits, répondait à un des besoins pressants de la société; car c'est véritablement, je l'ai déjà dit, le *cheval de la petite propriété*.

Or, la suppression de la noblesse héréditaire, des droits

féodaux et des substitutions par l'Assemblée constituante de 1789 à 1791 ; depuis cette époque jusqu'en 1800, la création des assignats, la vente des biens du clergé et de ceux des émigrés, payés presque tous avec cette monnaie, de plus en plus dépréciée, mais qu'on était forcé, gouvernement et particuliers, d'accepter au pair dans les ventes et les remboursements, toutes ces causes réunies avaient excessivement morcelé la propriété.

Depuis 1804 jusqu'à nos jours, l'action du Code Napoléon, qui ratifia ces ventes, qui confirma l'égalité des partages, la suppression des substitutions et de la noblesse héréditaire, a augmenté cette division de la propriété à un tel point, qu'aujourd'hui la contribution foncière présente plus de sept millions[1] de parties prenantes payant leur quote-part de l'impôt. C'est ce besoin pressant qui a fait créer et qui a propagé si rapidement la race percheronne, le cheval de carriole, de diligence, le cheval de trait vite et fort, en un mot, le *cheval de la petite propriété*.

Origine de la race percheronne. — Moyens employés pour l'obtenir.

C'est de 1810 à 1812 que cette excellente race a surgi tout à coup et en même temps dans le Perche et dans le Vendomois, cantons de Mondoubleau et de Nogent-le-Rotrou.

Chez moi, à Landres, entre Mortagne et Bellême (Orne), les jachères étaient supprimées, l'assolement mis en quatre saisons, le trèfle cultivé, mais seulement comme fourrage sec qu'on ne coupait que lorsqu'il avait mûri sa graine, et qui alors ne produisait guère que quatre milliers de trèfle sec par hectare.

[1] Dix millions en 1856. *Moniteur*, Rapport du ministre des finances sur le dernier emprunt.

De 1802 à 1810, nous avions déjà, dans les juments du pays et dans leurs enfants femelles croisées avec les meilleurs étalons percherons, le germe de la race percheronne. Cette race avait le type, la taille du cheval sauvage gravé dans les ouvrages du grand zoologiste Pallas. Le bas prix décourageait nos fermiers ; nul autre débouché que la remonte : 300 fr., à cinq ans, pour un cheval de hussard ; 400 fr. pour un cheval de dragon ; 500 fr. pour un cheval de cuirassier ; taille, 4 pieds 6 pouces à 5 pieds ; les frais de courtage, d'admission, de réception absorbaient un cinquième du prix de la vente.

Les croisements de la jument percheronne avec les étalons du haras du Pin et les races de Caen, du Merlerault, le demi-sang anglais et normand, avaient tous échoué. Il fallait l'alimentation et l'éducation intelligente de la race pure.

De 1808 à 1810, nous avons, à grand'peine, introduit l'usage du plâtre réduit en poudre fine et répandu en mars ou avril, par un temps calme, sur les feuilles du trèfle. On a, par ce simple procédé, obtenu trois coupes de fourrage vert, du poids de 120,000 kilogrammes par hectare. La plante, poussant avec exubérance, n'a presque plus fourni de graine à la dernière coupe.

Les jeunes poulains, mâles ou femelles, vivent en liberté, soit avec leurs mères, soit en petites bandes, quand on les amène en été du Vendomois ; ils couchent toujours dehors, sans gardien, dans nos pièces de trèfle, dans nos patûrages ou prés hauts et secs, tous entourés de fossés et de haies vives, et pourvus d'une mare contenant de l'eau de pluie pour les abreuver. Cette éducation sauvage continue jusqu'à l'âge de quinze mois, sauf les cas de froids humides, et, par suite, d'angine et de gourme auxquelles ils sont exposés lors de leur première dentition ; alors on les rentre dans des écuries bien aérées où ils mangent et jouent ensemble, car on ne les attache jamais. Nos habiles éleveurs ont reconnu que cette première éducation libre, en plein air ou à l'écurie, développait leurs muscles, leurs allures, donnait de la souplesse à leurs mouvements, les habituait à braver sans péril les intempéries, en un mot, que leurs possesseurs perdaient moins de poulains par ce procédé, et que le produit net, ce qui est l'essentiel, était plus considérable [1].

A partir de l'âge de quinze mois, l'éducation et l'alimentation du cheval percheron changent totalement.

Grâce au trèfle plâtré (*trifolium pratense*), coupé et mangé en vert, une ferme d'un sol médiocre de 70 hectares peut nourrir vingt chevaux de six mois à trois ans, vingt-cinq grosses bêtes à cornes, dont huit bœufs chargés des premiers et des seconds labours, les plus pénibles, deux ânesses pour amener sur une carriole à la ferme le trèfle vert destiné à la nourriture des chevaux, des bœufs et des vaches; plus deux cents volailles, soixante oies, douze dindons et douze canards; plus encore, deux cochons, qui, avec dix livres de viande de boucherie, le pain composé de deux tiers d'orge et d'un tiers de blé, les fromages et les légumes du jardin, forment la nourriture des vingt travailleurs des deux sexes employés à l'exploitation de la ferme.

Outre les 15 hectares cultivés en grain, en carottes ou en choux, le fermier, dont les baux sont de seize à vingt ans, et qui s'oblige à faire marner à ses frais toute la terre labourable, à raison de 250 à 300 mètres cubes par hec-

[1] Voyez plus loin mon petit livre intitulé *Bocage percheron, mœurs, usage, agriculture de cette contrée* (in-8 publié en 1823), qui a fait dire, dans *les Débats*, à Hoffmann, que M. Dureau de la Malle avait, le premier, fait connaître une contrée située à quarante lieues de Paris, et moins connue de nous qu'une province de la Chine.

tare, se réserve le droit de faire en retour, et en place d'orge ou d'avoine, 2 hectares en seigle, dont la paille sert à lier les gerbes, à contenir les monceaux de pommes broyées qu'on presse pour en faire le cidre, boisson habituelle du pays, et dont enfin le grain est employé pour l'usage que je vais décrire.

Alimentation du cheval percheron de quinze mois à trois ans.

Le grain du seigle, crevé à la vapeur dans des vases bien clos et mêlé avec le son des grains moulus pour faire le pain des cultivateurs, est la véritable soupe du jeune cheval et lui est servi deux fois pendant la journée; il mange en nourriture sèche du foin, du trèfle sec [1] et des *botteaux*, c'est-à-dire la partie friande de la gerbe de blé, d'avoine ou de seigle qui, après le battage, étant peignée, renferme l'épi qui n'est pas toujours complétement vide et les jeunes plantes légumineuses ou autres qui ont crû au pied des grains. On lui réserve aussi toute la balle, qu'on lui donne dans de l'eau mêlée avec des rouelles de carottes fraîches, ce qu'ils appellent *faire barboter*. Nos éleveurs tiennent tellement à ce *barbotage*, que j'ai été forcé de changer en auges de pierre mes auges de bois, qui étaient pourries après six ans d'usage.

Voyons maintenant quels ont été les effets de cette éducation libre et de cette alimentation particulière. Au mois d'avril ou de mai on commence à *étraquer*, c'est-à-dire à accoutumer au travail le cheval percheron de quinze à dix-huit mois. Pour en venir à bout plus facilement, on le place entre deux jeunes chevaux déjà éduqués, et on l'attelle à

[1] On a remarqué que le trèfle sec, s'il est bien récolté, donne aux chevaux beaucoup plus d'ardeur que le foin et la luzerne.

une charrue qui ne doit labourer que des terres légères et meubles. L'éleveur lui-même se charge de faire le métier de *toucheur*, ordinairement confié à un jeune homme de dix-sept à dix-huit ans. Cette fonction n'est pas facile à remplir dans un pays de coteaux, dans un terrain souvent en pente et planté de pommiers qui seraient écorchés par le soc ou les roues de la charrue, si l'on ne mettait une grande attention à diriger l'attelage. L'apprenti poulain est dételé et rentré à l'écurie; on en met, à leur tour, deux nouveaux, placés et conduits de même; car on fait trois attelées par jour, de trois heures chacune.

Après ce premier apprentissage, il s'agit de dresser aux charrois les jeunes chevaux. Le plus pénible de tous les travaux est, dans le mois de mai, le transport des fumiers depuis la cour de la ferme jusqu'aux champs qui doivent, au mois d'octobre, être semés en blé.

On met donc cinq ou six chevaux pour traîner une lourde charrette, de 18 à 20 pieds de long, qui contient cinq à six milliers de fumier; les jeunes chevaux, déjà instruits à tirer à la charrue, sont placés entre leurs camarades plus exercés à ce service, et qui ont traîné des carrioles. Le cheval de devant et le limonier sont choisis parmi les chevaux de trois ou de quatre ans qu'on n'a pu vendre. Au bout d'un an et demi ces jeunes chevaux sont parfaitement propres à remplir l'office de chevaux de trait pour toutes les voitures; leur éducation sauvage les a endurcis contre le froid, le chaud, les courants d'air et les intempéries des saisons.

Les voyages du fermier à la ville pour transporter et vendre ses denrées, ceux qu'il fait avec sa carriole dans les marchés voisins, ont accoutumé le cheval percheron à prendre au trot une allure leste et vive. Ses muscles et ses tendons se sont développés, sont devenus à la fois souples, forts et solides. Enfin, comme je l'ai déjà dit, attelés à une carriole à deux roues, ces chevaux parcourent sans fatigue un espace de 8,000 mètres en une heure [1].

Ils sont vendus à l'âge de trois ans aux riches fermiers de la Beauce, de la Brie, de la Picardie même, qui ne les revendent à cinq ans, pour la poste et pour l'artillerie, que le prix qu'ils leur ont coûté à l'âge de trois ans.

On voit que nos éleveurs se font bien payer des peines qu'ils ont prises pour l'éducation soignée et l'alimentation recherchée de ces excellents chevaux de trait. On voit en même temps ce que l'alimentation azotée aidée par une éducation libre, intelligente, tenant à la fois de l'état sauvage et de l'état domestique, mêlée de douceur et de fermeté, peut opérer en peu de temps pour améliorer l'état physique et intellectuel d'une race choisie.

C'est aussi par le choix de l'exposition du terrain, d'engrais animaux ou minéraux surtout, qui sont la véritable alimentation du jeune arbre, que nos savants horticulteurs ont obtenu ces innombrables variétés de roses, de

[1] COMICE AGRICOLE DE MORTAGNE.

Annuaire pour 1856.

Le 7 septembre 1856, dimanche.

COURSE ATTELÉE. — Prix : 200 fr. pour chevaux hongres et juments attelés au tilbury, âgés de trois à cinq ans; distance, 2 kil. — *Iéna*, à M. Philibert Forcinal, en 5m 10s, battant de quelques secondes *L'eusses-tu-cru*, au même, et *Atala*, à M. Delahaye.

Courses du lundi.

COURSE ATTELÉE. — Prix : 200 fr. pour chevaux percherons entiers, hongres et juments, âgés de trois à cinq ans; distance, 2 kil. — Deux chevaux engagés, deux au poteau. — *Grisette*, à M. Chasot, en 6m 47s, battant de 6s *Velox*, à M. Deschandelliers.

PRIX DU CONSEIL MUNICIPAL : 300 fr. pour poulains d'espèce percheronne, âgés de trente mois à trois ans et demi; distance, 3 kil. — Trois chevaux engagés; Le *Zain* arriva le premier en 7m 55s, etc. (Extrait du *Journal de Mortagne*, p. 90 et 91.)

pêches, de pommes et de poires excellentes, et qu'ils en créent chaque jour de nouvelles.

L'alimentation est donc le principal, le plus puissant agent de ces transformations ; les hybrides y sont pour peu de chose, et la greffe ne fait que conserver plus ou moins longtemps ces précieuses variétés.

CONCLUSIONS.

On a vu que, chez les anciens, les races de chevaux avaient été notablement perfectionnées, et que l'éducation intelligente avait été même poussée à un plus haut degré que chez nous ;

Que la race anglaise n'est pas le produit d'un cheval de pur sang importé dans les seizième et dix-septième siècles, et croisé avec la jument britannique, mais qu'il est, au contraire, le produit d'un métis amélioré par l'alimentation et l'influence de l'homme ;

Enfin que la race percheronne, qui a surgi pour la première fois en 1812, a pu, dès 1820, fournir une race choisie d'excellents chevaux de trait, propagée depuis par ses étalons en France, et même en Allemagne et en Angleterre.

MÉMOIRE

SUR

LE DÉVELOPPEMENT DES FACULTÉS INTELLECTUELLES

DES ANIMAUX SAUVAGES ET DOMESTIQUES[1].

Les plus grands naturalistes modernes ont reconnu les avantages que pourrait offrir, pour la distinction des espèces ou des variétés, l'étude du caractère moral et des dispositions instinctives des animaux ; ils s'accordent aussi à reconnaître que cette partie de l'histoire naturelle est la plus incomplète et la moins bien observée.

On ne peut nier l'influence des causes extérieures sur l'organisation des animaux. L'empire que l'homme a exercé sur ceux qu'il a soumis les premiers à ses lois, comme le chien, le cheval et le chameau, a modifié ou changé de mille manière les formes, la taille, la couleur et l'apparence extérieure de l'espèce. Quelle influence a-t-il eue sur l'entendement animal, sur le caractère moral de ces êtres, surtout lorsque, par leurs dispositions instinctives, ils étaient, comme le chien, doués de la faculté de vivre en société dans l'état sauvage ? Quel a été le résultat obtenu, quel résultat peut produire le perfectionnement de la civilisation des peuples, des classes, des individus, sur les qualités intellectuelles, la mémoire, l'intelligence, la réflexion, l'instruction et le jugement d'un animal disposé

[1] Lu à l'Académie des sciences, dans sa séance du 2 mai 1830.

par la nature à l'état social et à une sorte de civilisation?

Tel est le problème que je me suis proposé. Il est encore à résoudre, et cependant il frappe les yeux de tout observateur un peu attentif, tellement qu'on pourrait, disent MM. Cuvier, jusqu'à un certain point, juger de la civilisation d'un peuple ou d'une de ses classes par les mœurs des animaux qui lui sont associés.

Je crois pouvoir affirmer, par ma propre expérience, ce fait curieux rapporté déjà par Ælien [1], que les chiens prennent les défauts et les qualités dominantes des sociétés ou des individus avec lesquels ils vivent. Le chien de même espèce, élevé par une femme tendre ou un écorcheur, a un caractère tout différent. J'ai vu des chiens, éduqués par des femmes peureuses, devenir extrêmement timides, et cette timidité se transmettre par la génération. Cette observation a été faite aussi par M. Edwards l'aîné. Dans un chien terrier de six mois, élevé chez moi, et traité en enfant gâté par une femme d'un cœur très-tendre, qui s'en occupe et lui parle toute la journée, la sensibilité s'est développée au point que, quand sa maîtresse caresse sa chatte, et gronde ou feint de gronder le petit chien, cet animal a les yeux gros de larmes, et finit par pleurer comme un enfant.

Des observations répétées pendant vingt-cinq ans sur l'entendement animal de l'épagneul, du braque et du barbet, comparés avec le loup et le renard, les espèces sauvages les plus voisines du chien, formeront la base de ce Mémoire.

J'ai tâché d'y mettre toute l'exactitude dont je suis sus-

[1] *Nat. anim.*, III, 2. C'est ainsi, dit-il, que le chien molosse est le plus brave, tandis que celui de Carmanie est, comme l'homme de cette nation, le plus féroce et le moins susceptible de civilisation.

Les chevaux et les chiens anglais, comparés aux nôtres, confirment la justesse de la remarque d'Ælien.

ceptible. Car, dans une matière aussi délicate, il faut répéter l'expérience sans cesse et dans les mêmes circonstances, pour être sûr qu'on ne prend pas une hypothèse pour un fait, et qu'on ne tire pas une conclusion fausse des faits même le plus exactement observés.

L'animal, de même que l'homme dans l'état sauvage, paraît doué d'une sensibilité moindre, ou, du moins, d'une plus grande force physique pour résister à la douleur, et souffrir, sans se plaindre, les maladies, les blessures même mortelles, enfin les nécessités de la vie auxquelles l'assujettit son organisation primitive et sa civilisation incomplète.

La constance avec laquelle les sauvages de l'Amérique septentrionale et de la Nouvelle-Zélande souffrent les tourments [1], la faiblesse et la pusillanimité que les peuples civilisés montrent pour supporter la douleur, se retrouvent avec une analogie frappante dans les espèces sauvages ou domestiques du loup, du renard et du chien placés dans les mêmes circonstances.

Le chien pousse des cris horribles si on lui marche sur la patte, si on lui tire l'oreille, si on lui donne quelques coups de fouet ; le chien marron , le loup et le renard blessés ou pris au piége, souffrent les plus cruels supplices sans jeter un cri, et expirent, sans se plaindre, au milieu des plus affreux tourments.

Les habitudes observées du chien sauvage de la Nouvelle-Hollande, qui, de tous les individus de son espèce, est le plus près de l'état de pure nature, présentent, si on les compare avec celles du chien domestique, le même rapport dans l'échelle de la sensibilté.

Les Anglais sont, je crois, de tous les peuples de l'Eu-

1 Les Charruas, peuplade sauvage du Paraguay, ne crient pas même pour se plaindre lorsqu'on les tue. (Azara, t. II, p. 14.)

rope, ceux qui se précautionnent le plus contre les maladies, qui craignent le plus la douleur, et la supportent avec le moins de courage et de constance, quand il n'y a pas nécessité pressante. Les Grecs et les Romains enduraient plus patiemment les maux, se résignaient plus facilement que nous à mourir. Les Turcs sont de même, et la différence des dogmes du paganisme et de l'islamisme avec les nôtres n'en est pas la seule cause; car les colons d'Afrique et d'Amérique, les paysans grossiers de nos provinces souffrent plus patiemment, avec moins de plaintes que les habitants des villes. De sorte qu'on pourrait presque déterminer, encore *à priori*, les divers degrés de la civilisation des peuples ou des classes de la société, en raison inverse de leur force de résistance contre la douleur.

C'est aux physiologistes à examiner si, par suite des progrès en tous genres de la civilisation, le système nerveux de l'homme, en acquérant plus de finesse, en devenant susceptible d'impressions plus vives, de sensations plus variées, n'a pas contracté une plus grande irritabilité, et si l'accroissement de la puissance de l'imagination et des facultés de prévoir, de réfléchir et de combiner, n'ont pas développé, chez les peuples modernes, une sensibilité plus vive qui augmente pour eux l'intensité de la douleur. Moyens de guérison plus nombreux; de là, moins de résignation à la douleur, qui est, pour l'homme ou l'animal sauvage, une nécessité sous laquelle il a pris l'habitude de plier, et contre laquelle l'homme civilisé se défend ou se révolte.

Aristote dit, au commencement de son *Histoire des Animaux* [1] : « Un seul animal est capable de réfléchir et de délibérer, c'est l'homme. Plusieurs animaux partagent

[1] I, I, *in fine*.

avec lui la faculté de la mémoire et celle d'apprendre. Aucun, excepté lui, n'a la faculté de la réminiscence [1]. »

Buffon ajoute [2] : « L'empire de l'homme sur les animaux est l'empire de l'esprit sur la matière. C'est par supériorité de nature que l'homme règne et commande ; il pense, et dès lors il est maître *des êtres qui ne pensent point.* »

Ces axiomes généraux de deux grands naturalistes me semblent mériter une courte réfutation. Car, par leur forme concise et réduite en maxime, ils paraissent être l'expression d'un ordre général de faits constatés, tandis qu'ils n'expriment qu'une erreur évidente sous l'apparence d'un résultat. « Les animaux, dit Aristote, ont la faculté de la mémoire, et n'ont point celle de la réminiscence. Ils peuvent apprendre, mais non se souvenir de ce qu'ils ont appris ; l'homme seul a ces facultés en partage. »

L'homme, à coup sûr, avec des besoins naturels et sociaux plus nombreux, a une plus grande étendue d'intelligence ; mais proclamer d'un ton absolu, comme le fait Buffon, *l'homme pense, et dès lors il est maître des êtres qui ne pensent point*, c'est refuser aux animaux la mémoire, le jugement, l'intelligence, la faculté d'imitation, toutes choses dont ils sont pourvus, mais à un moindre degré que l'homme.

Si les animaux n'étaient pas susceptibles d'apprendre les moyens de se conserver, les espèces se seraient anéanties. S'ils n'avaient pas la faculté d'apprendre et de se souvenir de ce qu'ils ont appris, comment le chien de chasse resterait-il toujours en arrêt sur le gibier que ses passions instinctives le poussent à poursuivre, et comment viendrait-il toujours rapporter à son maître cette proie que ses goûts et ses désirs naturels le portent à dévorer ?

[1] Trad. de Camus, t. II, p. 194.

[2] *Hist. nat.*, t. VI, p. 1, éd. 1817, par M. de Lacépède.

Les expériences que j'ai tentées, les observations que j'ai faites tendent à confirmer le fait, établi par M. Frédéric Cuvier [1], du rapport qui existe, dans nos diverses races de chiens, entre l'étendue du cerveau et celle de l'intelligence. L'épagneul et le braque sont au premier rang. Les célèbres barbets sont un exemple du développement que l'intelligence de cette espèce peut recevoir par l'éducation. Je ne cite que le fait en lui-même, leurs maîtres ayant, par intérêt, caché soigneusement les procédés employés pour leur instruction.

Je classerai les faits que j'ai observés sur l'entendement animal des chiens dans l'ordre suivant :

Transmission par la génération des facultés acquises par l'éducation [2],

Instinct aveugle ou brut,

Faculté d'imitation,

Mémoire et réminiscence,

Volonté, délibération et jugement.

Première observation. — Je place ici un petit fait de l'instinct [3] aveugle et brut des chiens, dont je crois avoir tiré une explication plausible.

On connaît le penchant inné des chiens à se rouler sur des excréments de quelques animaux sauvages, *sur les*

[1] F. Cuvier, *Recherches sur les différences d'organisation des races des chiens domestiques*, *Ann. du Mus. d'Hist. nat.*, t. XVIII, p. 333.

[2] Lois de Manou, IX, 9; X, 59, 60. Je citerai, pour exemple de cette faculté, une chienne braque de Magendie, qui a rapporté à huit mois, ayant été toujours enfermée, et jamais instruite.

[3] On voit l'instinct stationnaire chez les animaux, comme chez les abeilles, les castors, tantôt s'élevant jusqu'à l'intelligence dans les chiens, ou chez l'homme l'intelligence pour les mouvements mécaniques redescendant à l'instinct, quand elle est au maximum de perfection, comme dans le jeu de la paume, du billard, la lecture, l'exécution de la musique. — Voyez Leroy, *De l'âme des bêtes*, in-12 Amsterdam, 1737, t. II, p. 3, 9, 4, 135, 144, 218, 219, 289, 290.

charognes des taupes, des musaraignes et de quelques autres rongeurs et oiseaux de marais. Ils n'exécutent point cette action, qui semble chez eux involontaire et irrésistible, soit sur les excréments humains, soit sur les charognes de ruminants ou de solipèdes, dont ils sont très-friands.

Quelle cause détermine chez eux cet acte toujours semblable ? Je crois que c'est le dédain et l'aversion, soit pour l'odeur, soit pour le goût de ces matières animales, et voici les faits qui m'ont amené à en tirer cette conclusion :

J'ai eu deux épagneuls, dont l'un vit encore, qui mangeaient avec plaisir les os de bécasse et de bécassine. Lorsque je leur jetais dans la gueule le gésier de ces oiseaux, qui a une odeur de marécage très-prononcée, ils le repoussaient hors de la bouche avec des grimaces, des signes de dégoût très-marqués, et à l'instant où le gésier était tombé sur le plancher, ils se roulaient dessus plusieurs fois de suite. Quand je voulais, par l'autorité et les menaces, leur faire reprendre dans la gueule et manger le gésier, ils le flairaient et se roulaient dessus de nouveau, sans être détournés par la présence et les injonctions de leur maître.

Cette expérience, répétée plus de cent fois, m'a toujours offert des résultats semblables ; ce qui me paraît rendre très-plausible l'explication que j'ai admise de cet acte de l'instinct brut de ces animaux.

L'action d'enterrer le superflu de ses aliments et de chercher à recouvrir ses excréments, l'usage de se flairer au derrière pour faire connaissance, semblent être, chez les chiens, un rudiment d'actions instinctives de leur état sauvage. Cependant ils ont besoin d'apprendre tout cela. Jusqu'à deux mois, le chien ne sait pas fixer avec sa patte l'os qu'il veut ronger. Il ne flaire les autres chiens au derrière qu'après la puberté, et ce n'est que de dix à douze mois qu'il commence à enterrer ses aliments superflus. Il y a cependant dans les chiens domestiques des races qui arrivent à l'âge adulte plus promptement que les autres.

Faculté d'imitation.

Les braques et les épagneuls en sont abondamment pourvus. L'éducation et la vie habituelle avec des hommes instruits qui s'appliqueraient à solliciter, développer et cultiver chez ces êtres cette faculté précieuse, peuvent la perfectionner notablement. Je citerai d'abord un fait simple qui s'est passé sous mes yeux.

J'ai souvent vu, chez moi, Miton, fille de ma chatte grise, qui, pour entrer chez mon portier, dont la loge ne ferme que par une porte à clanche, sautait très-haut vingt à trente fois, sans se rebuter, jusqu'à ce qu'elle eût attrapé la patte de la clanche et qu'elle se fût ouvert la loge où elle trouve de la chaleur et un lit moelleux pour dormir.

Le portier l'a fermée en rendant la clanche immobile par le milieu. Miton ne s'est pas rebutée ; elle a sauté jusqu'au point des côtés où elle a pu la faire agir, et a fait tant de bruit à la porte, que l'autre a été obligé de lui ouvrir et de lui permettre de dormir à côté de mon calorifère qui passe dans la loge.

Une chatte, qu'on a nommée la Charbonnière, gratte à la porte pour se la faire ouvrir, à l'imitation de Fox qu'elle avait déjà observé deux fois[1].

J'avais un jeune chat mâle de six mois ; on me donna un terrier écossais de deux mois ; il était de cette espèce à poils longs et rudes, à oreilles droites dirigées en avant, qui s'attache aux chevaux et sert à la chasse du renard.

[1] Note de 1836-37.

Le chien, pendant deux ans, n'est point sorti de la maison où il était libre, n'a point vu d'autres chiens, et n'a reçu son éducation que de trois filles de mon portier qui s'en étaient chargées, et du chat, son ami, qui était le compagnon de ses jeux, sa société habituelle. Ces animaux avaient pris l'un pour l'autre une affection singulière. Je me plaisais à les observer. Le chien avait contracté pour le caractère, la douceur, la timidité, l'obéissance du sexe qui lui avait donné l'éducation. Le chat, plus âgé, avait été le maître du jeune chien pour le développement de l'action musculaire, et tous les mouvements de Fox (c'était le nom qu'on lui avait donné) portaient l'empreinte de l'influence du chat. Il bondissait comme le chat, se servait comme lui de ses pattes, faisait rouler une boule ou une souris avec ses pattes de devant et s'élançait dessus ; il se léchait la patte et se la passait sur l'oreille comme il avait vu faire à son précepteur. L'imitation était évidente. J'aurais cru que, dans cet état d'isolement, le chien, plus intelligent, aurait plus influé sur le chat ; le contraire est arrivé. La faculté d'imitation, plus grande dans la famille des chiens que dans celle des chats, explique facilement cette circonstance. J'ai observé ces faits mille fois sur trois chiens différents, deux terriers et un braque ; et M. Audouin[1] a encore aujourd'hui un chien qui a pris, de même que les miens, les habitudes du chat[2]. Cependant l'influence de l'éducation sociale de ces deux animaux, la conscience des bons procédés qu'ils avaient eus l'un pour l'autre, n'avaient point détruit les aversions instinctives de l'espèce. S'il pa-

[1] Feu M. Audouin de l'Académie des sciences.

[2] Ce chien griffon, que cite l'auteur, avait surtout pris l'habitude de se mouiller la patte avec sa langue, et de la porter ensuite à son oreille, exactement comme le faisait son compagnon, un chat, avec lequel il vivait depuis plusieurs années. Cet animal intelligent, devenu aveugle, est mort depuis quelques mois.

raissait un chat étranger dans le jardin, Fox le poursuivait et lui faisait la guerre à outrance. Le chat reçut avec des jurements et des coups de griffes un petit chien que j'amenai pour faire connaître à Fox un animal de son espèce. C'était pourtant un mâle, mais Fox avait été reclus comme le fils de frère Philippe. Sa joie, sa pétulance, l'ardeur de ses désirs vénériens, ses sollicitations, ses instances, ses caresses, son désir de plaire et d'obtenir se mainfestèrent pendant plus d'une heure avec une violence surprenante, sans se rebuter des refus, des grognements et des coups de dents que ne lui épargnait pas le chien étranger, fort surpris de ses manières.

Voici un exemple de la possibilité de transformer chez les animaux une action instinctive en action élective, au moyen de la faculté d'imitation dont ils sont doués.

On connaît cette habitude des chiens de pisser à l'endroit où leurs camarades et même leurs maîtres viennent de satisfaire leurs besoins. Le motif de cette action instinctive est inconnu, à ce qu'il me semble. Quoi qu'il en soit, j'eus l'idée de profiter de cette habitude pour avancer l'éducation de mon chien sous le rapport de la propreté, et voici ce qui en est résulté.

Un épagneul très-intelligent, et qui m'a fourni plusieurs observations curieuses, se trouvait dans ma chambre, à la campagne, la nuit, pendant l'hiver de 1822. J'avais l'habitude de travailler depuis minuit jusqu'à huit heures du matin, et je recevais mon chien chez moi, toutes les nuits, afin de l'observer. Il faisait un froid très-vif. Le chien, au bout de deux ou trois heures, manifeste, en grattant à la porte, puis en hognant, en soupirant, le désir de sortir pour aller pisser. Je lui dis brusquement : « Il fait trop froid, reste ici. » Le chien semble me comprendre, et redouble ses prières et ses gémissements. L'idée me vint de prendre le pot de chambre, de pisser d'abord devant mon chien. L'animal me regarde attentivement, je lui présente le pot, il lève la cuisse, vide complétement sa vessie, me caresse pour me remercier et va se recoucher tranquillement sur le fauteuil qui était son gîte accoutumé.

On sait que des chiens ouvrent des portes à loquet, tirent des sonnettes pour appeler et se faire introduire dans la maison, ce qui prouve, chez eux, la faculté d'imiter facilement quelques-unes des actions de l'homme. Ce même chien fut amené à Paris à l'âge de huit ans. Le même jour, il sort dans la rue, s'y ennuie, veut rentrer, hogne et aboie pour se faire ouvrir. On ne l'entend pas. Survient un étranger qui frappe en levant le marteau et se fait ouvrir. Mon chien l'observe, et rentre avec lui. Ce même jour, je l'ai vu se faire ouvrir six fois en levant le marteau avec sa patte. Notez qu'il n'y a pas de portes à marteau dans mon château, où il fut élevé, et dont il n'était jamais sorti.

M. le docteur Bennati, savant physiologiste milanais, auteur d'un mémoire très-curieux sur le mécanisme de la voix dans le chant, sur lequel Georges Cuvier a fait un rapport favorable à l'Académie des sciences le 10 mai 1820, s'est servi d'une induction semblable à celle que j'avais tirée des facultés instinctives de l'animal, dans l'expérience précédente ; mais il en a obtenu un résultat plus piquant et des effets plus compliqués. Je tiens le fait de sa propre bouche, et je transcris fidèlement son récit.

M. Bennati, musicien habile, avait un barbet qui venait toujours se placer près du piano, quand il touchait cet instrument, et qui semblait aimer beaucoup la musique. Le docteur, qui étudiait alors le système de Gall, examine soigneusement le crâne de son chien, et y cherche l'organe de la musique ; il n'en trouve nulle trace. L'idée lui prit d'essayer d'apprendre la gamme à son chien. Il commence avec le piano, et n'obtient rien ; avec le violoncelle, la flûte, la clarinette, il n'a pas plus de succès. Enfin il se rappelle que les chiens hurlent ordinairement quand on sonne une cloche ; il en conclut que ce son particulier exerce une action propre sur l'organe auditif des chiens. Il se procure sept cloches diatoniques, et, en les faisant vibrer successivement avec un archet, il est parvenu en neuf jours à faire chanter la gamme très-juste à son musicien quadrupède. Il a poussé même l'éducation musicale du barbet au point de lui faire exécuter des tierces, et d'accompagner correctement le chant de son maître, qui possède une des voix les plus étendues que l'on connaisse.

Ce fait, néanmoins, montre que nous sommes loin de pouvoir déterminer encore les limites de la faculté d'imitation, et de l'influence d'une éducation raisonnée sur une espèce domestique aussi intelligente et aussi perfectible que le chien.

L'observation suivante, que je dois à M. Arago, de l'Académie des sciences, qui m'a permis de le citer, semble prouver que les chiens ont *la notion du juste et de l'injuste.*

M. Arago, il y a plusieurs années, se trouve arrêté par un orage dans une mauvaise auberge, à quatre lieues de Montpellier. Il n'y a qu'un poulet pour lui donner à dîner : il commande qu'on le mette à la broche. Cette broche était munie d'un tambour où l'on faisait entrer des chiens qui donnaient le mouvement. L'un de ces chiens était dans la cuisine. L'aubergiste veut le prendre ; le chien se cache, montre les dents, se refuse obstinément aux injonctions de son maître. M. Arago, surpris, en demande la cause. On lui répond que le chien résiste parce qu'il sait que c'est le tour de son *camarade*. M. Arago demande qu'on aille chercher le *camarade*: il arrive, et, au premier signe du cuisinier, il entre dans le tambour, et tourne la broche pendant dix minutes. Le savant physicien, habitué aux méthodes rigoureuses de la science, qu'il a illustrée, veut rendre l'expérience décisive. Il fait arrêter la broche, fait sortir le chien du tambour, et ordonne qu'on y mette à sa place le camarade qui s'était montré d'abord si rétif. L'ordre est exécuté. Cet animal, dont le refus avait été si obstiné, convaincu que c'était maintenant son tour de corvée, entra de lui-même dans le tambour, se mit à tourner la broche, et acheva de rôtir le poulet.

Le même fait m'avait été raconté par mon père. Les acteurs étaient quatre gros mâtins noirs qui tournaient la broche au collége de la Flèche, dirigé alors par les jésuites. Ces chiens, m'a dit mon père, qui les avait observés plusieurs fois, connaissaient parfaitement leur tour de service, et se révoltaient constamment, comme contre une injustice évidente, lorsqu'on voulait les contraindre à une corvée qui devait être acquittée par un de leurs camarades.

Je n'avais pas osé citer ce merveilleux exemple du jugement admirable des chiens; je craignais que mon père n'eût été séduit par son imagination, et n'eût embelli sa narration.

Le témoignage positif d'un savant aussi exact et aussi bon observateur que M. Arago le met hors de doute. De plus, notre confrère, et mon parent, M. du Petit-Thouars, qui passa à la Flèche en 1767, après l'expulsion des jésuites, m'a assuré avoir entendu raconter cette histoire des chiens du collége par plusieurs habitants, témoins oculaires.

C'est donc à l'esprit d'observation de l'animal, guidé par une seule expérience, qu'il faut attribuer la répétition d'un acte nouveau pour lui, et qui prouve une aptitude, une réflexion, un jugement, enfin une faculté d'imitation et de réminiscence qu'on s'était jusqu'ici cru en droit de lui refuser.

Facultés intellectuelles.

Le chien, qui, avec le mouton et la chèvre, est peut-être le plus ancien et le plus fidèle compagnon de l'homme, semble lui avoir emprunté l'art du diagnostic, la croyance aux vertus des simples et l'espoir de guérir par les remèdes. Je l'ai observé depuis cinquante ans plus de cinquante mille fois.

Chaque fois qu'il va à la selle, il interroge de l'œil et du nez, qu'il a si vifs et si fins, si la matière est louable, et, en cas de relâchement ou de constipation, il ne manque jamais de s'ordonner la diète ou de s'administrer un vomitif avec la feuille sèche et dentée en scie des graminées ou des *carex*.

Ces infâmes gourmands romains, ces Trimalcions, qui, lorsqu'ils étaient pleins jusqu'aux bords de vins d'élite et de mets recherchés, se faisaient frotter le gosier avec une plume pour vomir et pouvoir avaler de suite trois ou quatre autres repas semblables, auraient dû prendre de leurs chiens des leçons d'hygiène, de tempérance et de sobriété.

Il y a beaucoup de chats qui savent s'élancer sur un cordon de sonnette pour se faire ouvrir. Mais on m'a cité une petite autruche d'Amérique (*Struthio rhea*, Linn.), appartenant à M. Bourienne, qui sonnait la cloche pour le dîner quand on dépassait l'heure accoutumée. Les convives avaient l'habitude de lui jeter des mets de son goût, et l'autruche avait su lier l'idée d'un repas avec le son de la cloche qui l'annonçait. J'ai tout lieu de croire à la véracité des témoignages.

Le crapaud même, objet d'horreur et de dégoût, qu'on croit dépourvu d'intelligence, paraît susceptible d'un certain discernement et de reconnaissance pour les bienfaits.

Le fait suivant m'a été attesté par M. de Louvigny, ex-député de la Sarthe, homme grave et sévère, sur la véracité duquel on peut compter, et, de plus, m'a été confirmé par plusieurs autres témoins oculaires.

Un soir d'été que Mme la comtesse de Semallé était avec son mari sur le perron de son château, un gros crapaud se présente. Celui-ci veut le tuer. Sa femme, qui aime beaucoup les animaux, intercède pour la pauvre bête, la prend sur elle, lui donne des aliments de son goût, et la fait souper avec elle : le crapaud regagne son trou. La nuit l'avait fait oublier. Le lendemain, à l'heure du souper, le crapaud revient dans la salle à manger ; nouveaux soins, nouvelles caresses de la part de sa bienfaitrice, qui donne ordre à toute sa maison de respecter son singulier hôte et de le laisser entrer partout où il voudrait aller. Pendant plus de six mois le crapaud est venu assister à tous les repas des maîtres du château, et il ne se plaçait jamais que sur le bas de la robe ou aux pieds de sa bienfaitrice. M. de Louvigny a dîné plusieurs fois avec ce singulier convive, qui est devenu célèbre et dont l'histoire s'est conservée dans la mémoire des habitants du pays.

Après le souper, le crapaud allait régulièrement se chauffer au feu de la cuisine, avant de regagner sa retraite, où il avait coutume de passer la nuit.

Il n'y a que peu d'années que ce batracien sociable a disparu, et malheureusement son biographe ne peut donner ni la date de sa naissance, ni l'époque et la cause de sa mort.

Les besoins, la nécessité éveillent l'industrie. J'ai eu un braque du Bengale, à poil ras, qui couchait toujours sur la paille. Dans l'hiver, il était curieux de le voir faire son lit, soulever avec ses pattes et son museau la moitié de la paille, et se tourner, se retourner jusqu'à ce qu'il eût sur le corps une épaisse couverture de paille sous laquelle il était entièrement caché et à l'abri du froid. Dans les temps doux et chauds, il faisait le contraire.

Mémoire et réminiscence.

On ne peut contester, ce me semble, que les chiens ne possèdent à un assez haut degré ces deux facultés. L'éducation des chiens d'arrêt, des chiens courants, des chiens de berger et des barbets, le développement de leur intelligence, qui s'accroît en raison du temps et des soins que l'homme apporte à le perfectionner, en sont une preuve évidente.

Je ne citerai sur ce sujet qu'une expérience positive, J'ai fait moi-même l'observation ; elle suppose, de plus, que l'animal, averti par un de ses sens, combine des rapports et tire une conclusion juste des apparences qui l'ont frappé ou des faits qu'il a observés.

J'habite à la campagne un assez grand château où il y a un grand nombre de croisées, tant dans le corps de logis que dans les dépendances. L'épagneul dont j'ai parlé et dont j'avais l'usage de faire ma société pendant la nuit couchait dans une niche ouverte, au bout d'une très-grande cour. Cet animal trouvait dans ma chambre du feu l'hiver et quelques aliments ; il chérissait son maître ; et les animaux, de même que les hommes, aiment la société. Je me levais toujours à minuit, en hiver, car à cinq heures du soir j'étais couché.

Sitôt que j'étais levé et que j'avais allumé ma lampe, j'entendais sous ma fenêtre Pyrame (c'est l'épagneul que j'ai cité) hogner et gémir doucement. Si je tardais à ouvrir la fenêtre, il suppliait plus fortement et aboyait par intervalles pour m'avertir de sa présence ; j'ouvrais la fenêtre, je lui disais que j'allais lui ouvrir. L'animal se taisait. Si je l'oubliais, ou si je tardais à exécuter ma promesse, au bout d'une demi-heure il recommençait ses supplications plaintives et ses aboiements. Je l'ai observé souvent par un clair de lune : si je restais sans lumière dans la chambre, je voyais mon chien assis, les yeux fixés sur la fenêtre, mais toujours restant muet et n'exprimant ses désirs par aucun son, aucun gémissement.

J'en ai tiré ces deux conclusions :

Le chien, averti par le sens de la vue, combinait l'apparence de la lumière avec l'idée de son maître et des agréments qu'il trouvait auprès de lui.

L'absence de la lumière lui indiquait que son maître dormait ou était absent, et qu'alors ses supplications et ses appels étaient superflus.

J'ajouterai que ma chambre était au premier étage, que le chien n'y arrivait que par un escalier et un corridor formant de longs détours, et néanmoins jamais cet animal ne se trompait sur la position de ma fenêtre, toute semblable à douze autres de la façade ; et, soit qu'il y eût chez moi de la lumière ou non, il venait toutes les nuits, à la même heure, se placer exactement sous ma fenêtre, toujours muet quand la chambre restait dans l'obscurité, toujours m'appelant et me priant de l'introduire sitôt qu'il apercevait de la lumière.

Je n'irai pas jusqu'à affirmer qu'il y ait dans la conduite de ce chien bien élevé un tact délicat et un sentiment des convenances ; mais il y a certainement mémoire, réminiscence, réflexion, jugement, combinaison de rapports et induction juste des notions reçues immédiatement par le sens de la vue. J'ajouterai que ce sens, chez les chiens, a besoin d'éducation comme les autres. Le jeune chien de deux ou trois mois qui est couché dans la cour, appelé d'un premier étage, ne sait pas diriger sa vue vers le son qui frappe son oreille; il lui faut apprendre à combiner le rapport de ces deux sens, qui, dans ce cas, ont une relation si intime. Mais quand un mouvement fortuit lui a fait une fois porter les yeux vers le côté d'où part le son, l'expérience est acquise pour lui, il en grave le résultat dans sa mémoire, et à l'avenir ne commet plus d'erreur en pareille circonstance.

Les oiseaux de proie reçoivent de leurs parents ce genre d'instruction qui consiste à savoir juger des distances, à mesurer la rapidité de leur vol et celle du corps qu'ils veulent saisir, de manière à l'attraper au milieu des airs. Le hasard m'a mis à même de suivre, pendant tout un été, ces leçons d'enseignement pratique données à leurs enfants par des faucons et des éperviers à l'état sauvage. J'ai logé, depuis 1794 jusqu'en 1798, dans un des combles du Louvre. L'édifice alors n'était pas achevé et contenait beaucoup d'oiseaux de proie, qui, n'étant pas chassés dans une ville où il est défendu de tirer, n'étaient point farouches et ne fuyaient pas la présence de l'homme. Ma fenêtre donnait sur la cour carrée du Louvre. A l'époque où les petits commençaient à voler, j'ai vu, plusieurs fois par jour, les pères et les mères revenir de la chasse, avec une souris ou un moineau morts dans leurs serres, planer sur la cour et appeler, par un cri toujours semblable, leurs enfants restés dans le nid. Ceux-ci sortaient à la voix de leurs parents et voletaient au-dessous d'eux dans la cour carrée. Les pères alors s'élevaient perpendiculairement, avertissaient leurs écoliers par un nouveau cri, et laissaient tomber de leurs serres la proie sur laquelle les jeunes oiseaux se précipitaient. Aux premières leçons, quelle que fût l'attention des pères à laisser tomber l'objet presque sur leurs petits volant à cinquante pieds au-dessous d'eux, ces apprentis maladroits manquaient presque toujours de l'attraper. Alors les pères fondaient comme une balle sur la proie échappée à la maladresse de leurs enfants, et la ressaisissaient toujours avant qu'elle eût touché terre. Puis ils s'élevaient de nouveau pour faire répéter la leçon, et ne la laissaient manger à leurs petits que lorsque ceux-ci l'avaient saisie au vol. Ces oiseaux de proie ne rappellent-ils pas les Baléares, qui ne donnaient à manger à leurs enfants que lorsqu'ils avaient atteint le but avec leur fronde?

Je puis même assurer, tant le lieu et les circonstances étaient propres à ce genre d'observation, que l'enseignement était gradué et que les maîtres faisaient passer leurs élèves du simple au composé, à mesure que leurs facultés se développaient; car, une fois que les jeunes oiseaux de proie avaient appris à rattraper dans l'air la souris morte, les parents leur apportaient presque toujours des oiseaux vivants, et répétaient la même manœuvre que j'ai décrite jusqu'à ce que leurs enfants fussent capables de saisir un oiseau au vol d'une manière sûre, et par conséquent de pourvoir eux-mêmes à leur nourriture et à leur conservation.

Volonté, Intelligence, Jugement.

Il me reste à citer trois ou quatre faits dont j'ai été témoin pour terminer cet essai de psychologie animale. Ils impliquent, comme on le verra par le récit exact des circonstances observées, que les chiens domestiques, vivant en société, ont la faculté de réfléchir, de combiner un projet, de prévoir les difficultés et les moyens d'exécution, de se communiquer par une langue de signes, et d'assigner à chacun le rôle qu'il doit jouer dans l'action, opérations de l'intelligence dans lesquelles ces animaux atteignent parfois les limites des facultés humaines. On verra enfin que la combinaison de leurs plans de chasse entre eux égale quelques-unes des dispositions ingénieuses inventées par l'homme dans l'art de la guerre.

Un de mes voisins de campagne, M. le comte de Fontenay, faisait des entreprises d'agriculture, d'éducation de mérinos en commun avec M. le marquis des Feugerets dont la terre était située à deux lieues de la sienne. M. de Fontenay avait un braque superbe, très-intelligent, qu'il avait élevé lui-même, et qui semblait deviner ses pensées. Un jour qu'il avait une lettre pressée à envoyer à son voisin, et qu'il ne trouvait personne dont il pût disposer, il imagina de se servir de son chien pour commissionnaire. Il attacha une lettre au collier de *Soliman*, et lui dit par hasard et sans croire être obéi : « Porte cela aux Feugerets. » Le chien y alla, ne voulut se laisser prendre la lettre que par le marquis; et, pendant quatre ou cinq ans, j'ai vu le chien servir de commissionnaire entre les deux châteaux, avec une promptitude et une fidélité remarquables. Quand le chien avait remis sa lettre, il allait manger à la cuisine. Sitôt qu'il avait pris son repas, il allait s'asseoir devant la fenêtre du cabinet de M. des Feugerets, et aboyait à diverses reprises pour avertir qu'il était prêt à reporter la réponse. La lettre une fois attachée à son collier, il prenait sa course et venait la rendre à M. de Fontenay, son maître.

Un des éléphants vivant actuellement au Jardin du Roi offre la répétition du même genre de faits. Quand son cornac, sans geste, sans élever la voix, lui dit : « En arrière ! » il recule sur-le-champ[1].

Un chien, dont M. Edwards l'aîné a entendu parler, a

[1] Un fait de ce genre, observé sur les éléphants de combat, en Cochinchine, par un voyageur, témoin oculaire, peut donner une idée du jugement prompt et sûr de cette espèce.

Soixante-dix éléphants furent rangés contre un tigre; l'un d'eux

été habitué à chercher et à rapporter des gants. Si, dans une conversation à laquelle il assiste, sans paraître y prendre part, on parle de ses talents, si on prononce, sans changer de ton, sans élever la voix, le mot *gants*, le chien part comme un trait, va les chercher, les porte à son maître et reprend son rôle d'auditeur insouciant. Un autre chien, qui a appartenu à une tante de M. Audouin, l'entomologiste, agissait de même pour les gimblettes, dont il était très-friand. Si l'on prononçait ce mot dans la conversation, et sans appuyer dessus, il s'agitait et courait à l'armoire qui les renfermait. Cette expérience a été répétée bien souvent devant des personnes qui n'y ajoutaient d'abord aucune foi.

Le cochon, que nous n'élevons que pour la boucherie, enfermé dans une étable, nous paraît extrêmement stupide et borné. Néanmoins l'éducation et l'habitude de vivre avec les hommes développent en lui de l'attachement, de la reconnaissance et quelques qualités morales.

A Brives-la-Gaillarde, dans le Limousin, les cochons vivent, comme les chiens, dans la société des hommes, montent jusqu'au troisième étage et se couchent dans la chambre de leurs maîtres. Ils ont pris des habitudes de propreté; il suivent comme un chien leur maîtresse, à travers la ville, lorsqu'elle les mène deux fois par jour à la rivière pour les frotter et les laver. On les voit se mettre à l'eau tout seuls, se tourner sur un côté, sur l'autre, se mettre

s'élança pour l'attaquer, poussé par son conducteur. Le tigre, à l'instant où cet éléphant allait le soulever avec ses défenses, sauta sur le devant de sa tête, fixant sa patte de derrière sur la trompe. L'éléphant fut blessé, et s'enfuit. Tous les autres éléphants qui avaient vu ce combat, menés à l'attaque du tigre, eurent grand soin de rouler leur trompe dans leur gueule. Il y a observation, prévoyance et jugement dans cet acte d'un animal d'une telle grosseur, et aussi lourd dans ses formes.

sur le dos, sur le ventre, pour qu'on en brosse aisément toutes ces parties ; et je les ai vus enfin remercier, en quelque sorte, leur maîtresse de ces soins, qui sont pour eux une jouissance, en lui léchant plusieurs fois la main.

J'ai observé ces faits dans une petite maladie qui m'a retenu pendant huit jours à Brives-la-Gaillarde, où j'ai toujours eu un cochon dans ma chambre, au second, pour bien singulier garde-malade.

Je consignerai ici l'histoire de l'intelligence et du raisonnement d'un individu de la famille des cynocéphales, un papion noir (*Cynocephalus porcaria*) qui a vécu dix ans chez M. Charles, à Cassan, près l'Ile-Adam. M. Charles l'a acheté à six mois. Il a acquis une grande taille et une force remarquable. Il n'a atteint la puberté qu'à dix-huit mois. La masturbation a été tardive, d'une manière différente de celle des autres singes et particulière à cette espèce. Ce n'étaient pas non plus les femmes qui le portaient à cet acte ; mais il s'y livrait ordinairement après avoir mangé.

Cet animal devait être d'une intelligence et d'un jugement remarquables pour son espèce, puisqu'ils n'ont pu être détruits par les mauvais traitements, les outrages et les tourments dont il a été accablé dans le cours de son existence.

En voici quelques traits. Un jour le captif maltraité brise sa chaîne et se sauve dans le parc. Il s'agit de le reprendre. Ses gardiens seuls peuvent l'approcher : ils viennent en lui jetant des pommes qu'il aimait beaucoup, et en s'approchant lentement pour saisir sa chaîne. Le singe prend les pommes, et repousse sa chaîne derrière lui. Un autre vient par derrière : il roule sa chaîne, s'assied dessus et s'allonge pour prendre le fruit. Enfin, lorsqu'il les voit près de le saisir, il prend sa chaîne roulée d'une main, et s'échappe comme un trait. On profita de son sommeil pour le reprendre.

Une autre fois son maître s'amusa à le faire chasser par dix chiens courants. D'abord le jeu lui plaisait beaucoup, il s'égayait de leurs aboiements, sautait et gambadait à cinquante pas devant eux. Mais lorsqu'il vit la distance diminuer, et le danger pour lui devenir réel, il se sauve sur un pont de bois placé sur une petite rivière de ce parc. Là, menacé d'être mis en pièces par les chiens dont une partie arrivait sur le pont, et dont l'autre moitié s'était mise à la nage pour lui couper la retraite, il accroche sa chaîne à un pilier et reste ainsi suspendu au milieu des chiens placés les uns sur le pont, les autres dans l'eau. Alors, sûr d'être à l'abri de leurs dents, il s'amuse à se balancer et à leur faire des grimaces.

Un jour, il s'échappe et se sauve dans le village. Il est harcelé à coups de pierres par tous les enfants rassemblés. Que fait-il? Il se place devant une vieille femme assise, qui filait sa quenouille, et ne bouge plus de cette position qu'il avait choisie avec tant de jugement et de sagacité.

On s'amusait souvent à jeter autour de lui des pétards, des pièces d'artifice, à lui tirer des coups de fusil chargés à poudre. Il était devenu très-méchant, et ne voulait plus lâcher ce qu'il avait attrapé. A la promenade, on lui jette le chapeau de l'une des personnes de la société. Son gardien veut le reprendre; impossible. M. Charles, son maître, commande qu'on lui apporte son fusil. Sitôt qu'il voit l'arme paraître, il jette de lui-même le chapeau à M. Charles.

Il y a, certes, dans tous ces actes, intelligence, mémoire, réminiscence et jugement. Ce cynocéphale faisait aussi son lit, mais pendant l'hiver seulement, et se couchait entre deux couvertures épaisses de foin, comme le braque que j'ai cité.

Voici une observation que je dois à M. Auguste de Puymaurin, fils du député, et actuellement directeur de la Monnaie des médailles. Je cite ses propres expressions.

« Mon père avait une chienne de la race des barbets, dont l'éducation avait été très-soignée, et qui montrait une rare intelligence. Pendant l'occupation de 1814, le général anglais sir Stuart, qui logeait chez mon père (à Toulouse), ayant remarqué que cette chienne ne prenait rien de la main gauche, chercha à la mettre en défaut, soit en croisant les bras, soit en excitant son appétit ou sa gourmandise par une différence bien marquée dans la nature des mets que renfermaient l'une et l'autre main. N'ayant pu réussir, il la soumit à une épreuve d'un genre tout particulier. Il engagea un de ses aides de camp, le colonel Cammeron, amputé du bras droit, à lui offrir à manger. La chienne s'avance, et, sans regarder la main qui lui offre la nourriture, elle se lève sur les pattes de derrière, va, en touchant avec son museau, s'assurer si le bras droit n'existe réellement pas, et quand elle en a acquis la certitude, elle repasse au côté gauche du colonel, et prend ce qu'il lui offrait de la main gauche. »

Le fait que je vais raconter prouve que les chiens combinent entre eux un plan, et se distribuent dans l'action des rôles propres aux facultés de chacun.

J'ai eu à la fois deux chiens de chasse, l'un braque, à poil très-ras, excellent chien d'arrêt, d'une beauté et d'une intelligence remarquables. L'autre était un épagneul à poil long et fourré, qui n'avait pas été dressé à arrêter, et qui chassait au bois comme un chien courant.

Mon château est situé sur un plateau vis-à-vis un taillis rempli de lièvres et de lapins. Plus d'une fois, étant à ma fenêtre, j'ai vu ces deux chiens, qui restaient libres dans la cour, s'approcher l'un de l'autre, se faire des signes, jeter les yeux sur moi pour s'assurer que je ne mettrais pas obstacle à leurs désirs, se glisser d'abord doucement, puis plus vite, à mesure qu'ils s'éloignaient de ma vue, et enfin s'élancer à toute course vers le bois dès qu'ils croyaient que je ne pouvais plus les apercevoir ni les rappeler.

Surpris de cette manœuvre mystérieuse, je les suivis, et voici ce que j'ai vu. Le braque, qui semblait le chef de l'entreprise, avait expédié l'épagneul, qui battait bien au bois et chassait à voix, par l'extrémité opposée du taillis. Pour lui, il faisait à pas lents le tour du bois en suivant la bordure, et je le vis enfin s'arrêter devant un passage ou une coulée très-hantée par les lièvres, et là se mettre en arrêt. Je continuai à observer de loin où aboutirait ce manége. Enfin j'entendis l'épagneul, qui avait levé un lièvre, le chasser à voix dans le taillis, et le pousser vers le lieu où s'était mis en embuscade son camarade, qui, au moment où le lièvre sortit de la coulée pour gagner les champs, sauta dessus, le saisit et vint me l'apporter d'un air de triomphe.

J'ai vu répéter plus de cent fois par ces deux chiens la même manœuvre, avec les mêmes circonstances, et c'est cette conformité qui m'a convaincu qu'elle n'était point l'effet du hasard, mais d'une délibération concertée et d'un plan combiné et arrêté d'avance.

J'ai entendu dire à des chasseurs que des renards, des loups [1] se réunissent et s'entendent pour des opérations semblables. Mais je ne l'ai pas vu de mes propres yeux ; et comme les animaux sauvages, qui chassent surtout la nuit et sont très-défiants, sont fort difficiles à observer, je ne cite leurs assertions que comme méritant un nouvel examen et des expériences répétées avant d'être admises au rang des faits constatés.

[1] Leroy, p. 24-25, le dit des loups ; mais il juge seulement d'après les traces empreintes sur la terre molle ou la neige.

Quant aux animaux domestiques, M. Louis de Chateaubriand, neveu du célèbre écrivain, m'a assuré avoir vu très-souvent chez lui la même manœuvre que j'ai décrite, exécutée par deux chiens courants et un chien d'arrêt, qui se concertaient pour cet objet.

Maintenant quelle différence y a-t-il entre une embuscade habilement disposée par un général intelligent qui cache ses troupes dans les bois et les coteaux qui bordent la rive, qui envoie un faible corps de troupes au-devant de l'ennemi, avec ordre de reculer pour l'attirer dans le défilé, et qui, lorsqu'il y est entré, l'accable avec toutes ses forces? C'est toujours une embuscade, un piége tendu à la crédulité de l'ennemi ; ce sont les mêmes facultés de l'intelligence qui ont dirigé l'un et l'autre.

Je terminerai ce mémoire par l'énonciation d'un fait simple que je crois avoir bien constaté, ayant répété mille fois l'expérience ; j'exposerai le procédé qui m'a mené à cette petite découverte, et qui, étant suivi par des savants plus habiles et plus constants dans leurs recherches que moi, peut nous conduire à éclaircir quelques mystères de l'entendement des animaux domestiques.

Je crois pouvoir assurer que le bâillement est sympathique chez les chiens comme chez les hommes, pourvu que ces animaux soient placés comme nous dans les circonstances qui le produisent.

Le hasard m'a donné connaissance de ce petit fait ; mais je solliciterai ici l'indulgence et l'attention de l'Académie, parce que le sujet que j'aborde en tremblant prête le flanc au ridicule, et pourrait, je le sens, me faire confondre, si on me prêtait une oreille inattentive, avec les hommes à idées creuses, qui se sont vantés d'entendre et de traduire plusieurs mots de la langue des oiseaux, des mammifères et même des insectes.

Élevé à la campagne, et y ayant passé une partie de ma

vie, je suis parvenu, en m'amusant, à imiter assez exactement les cris et les sons de plusieurs oiseaux ou animaux domestiques et sauvages. Cette imitation, perfectionnée par l'usage, est devenue assez vraie pour tromper les animaux soumis à l'expérience, et, en exprimant à leur manière le désir, la douleur, la colère, pour éveiller chez eux ces impressions diverses, et leur faire produire, si je puis m'exprimer ainsi, le langage de ces passions.

Dans ces nombreuses tentatives, répétées tant de fois qu'elles ne peuvent laisser de doute, l'imitation par le son a toujours produit un effet sympathique, et j'ai enfin obtenu sur les animaux et les oiseaux, tels que chiens, chats, ânes, coqs, poules, dindons, etc., le même résultat qu'obtient sur un auditoire réuni un bon acteur tragique ou comique, qui fait pleurer ou rire la salle, selon que sa voix et ses gestes imitent plus fidèlement la douleur ou la gaieté, selon que la feinte, en un mot, est plus rapprochée de la vérité.

C'est ainsi qu'en bâillant à la manière des chiens et en imitant exactement le son qui, chez ces animaux, accompagne le bâillement, je suis parvenu à faire bâiller mon chien à volonté. Mais il faut, je le répète, que l'animal soit dans un état calme et tranquille. Je n'ai pu y parvenir, quand le chien est en marche et à la promenade, où il met à coup sûr beaucoup plus d'intérêt que nous.

J'ai remarqué que, quand plusieurs chiens étaient couchés ensemble, le premier qui bâillait faisait bâiller les autres, excepté celui qui était distrait par l'occupation de s'épucer, de se gratter ou autre chose semblable ; celui-là m'a semblé presque toujours échapper à l'effet sympathique du bâillement.

Ce petit succès de l'imitation, dans un cas particulier, m'a engagé à me servir de ce nouveau mode d'exploration ; il m'a semblé qu'on pouvait considérer, sous ce point de vue, les animaux comme des sauvages qu'on visite pour la première fois, dont on ignore la langue, et avec lesquels il faut, pour communiquer ses idées, se créer d'abord une langue de signes, et former ensuite un vocabulaire des mots essentiels. Je crois que ce mode d'investigation peut être suivi avec succès ; car, dans un grand nombre d'expériences, les animaux ont été complétement abusés ; dans quelques autres, où l'imitation avait probablement été moins fidèle, ils se sont aperçus de la feinte, et alors ont exprimé leur perception, soit par le mépris, soit par une expression de gaieté ironique, annonçant positivement qu'ils se prêtaient à la plaisanterie, mais qu'ils n'en étaient pas dupes. Ces expériences ont été répétées tant de fois, et se sont reproduites avec tant d'identité dans les circonstances, que je crois pouvoir affirmer qu'avec le mode d'imitation dont j'ai parlé, et dans plusieurs cas, la langue des signes et des passions chez les chiens peut être traduite et interprétée aussi fidèlement que la langue des gestes ou des cris de l'espèce humaine.

Je citerai à l'appui de cette assertion deux ou trois exemples.

Une fois, en rentrant à la maison, j'imitai les cris des chiens qui se battent, avec une telle vérité, que mon chien, qui pourtant m'aimait beaucoup, sortit comme un trait et me mordit à la jambe. Dès qu'une parole lui eut fait reconnaître son erreur, il se coucha par terre, gémit et implora son pardon de la manière la plus touchante.

Enfin, je vais rapporter ici un dernier fait, qu'il est utile de présenter sans restriction à l'attention des hommes qui cultivent les sciences. Souvent, lorsque, derrière un paravent, j'ai contrefait les soupirs, les tendres gémissements de la chienne en chaleur, les chiens se sont agités, ont dressé l'oreille, ont soupiré, hogné, et ont manifesté constamment des signes d'érection. Preuve indubitable que l'imitation du langage de leurs passions avait été assez exacte pour séduire et tromper leur jugement.

Les chevaux et les chiens de Médine sont remarquables par leur *pugnacité*.

Les chiens (j'ai eu bien des facilités de les observer, et je l'atteste, dit Burton[1], *positively assert*) étaient divisés en deux partis, lesquels se battaient avec une habileté et un acharnement qui m'étonnaient.

Quelquefois, lorsqu'un des côtés pliait et que la retraite allait dégénérer en sauve-qui-peut, un chien héros prenait le parti de se sacrifier lui-même pour le bien public, et, grinçant des dents, hurlant de rage, soutenait les attaques de ses insolents vainqueurs pour que ses amis, qui avaient fui, eussent le temps de recouvrer leur courage. Tel a été un de mes compagnons arabes, un chien appelé *Mubaris*. (Le Mubaris est celui qui se bat seul, le champion des temps classiques et chevaleresques de l'Arabie.)

D'autres fois, quelque gros chien lourd, l'Ajax de sa race, se plongeait dans la mêlée avec des hurlements forcenés, se jetait sur un chien, en déchirait un second, attaquait un troisième, dans une minute ou deux et de là s'élançait sur un autre point où la mêlée, plus épaisse, réclamait sa présence. Cette sagacité peu commune a été remarquée par les Arabes, qui les regardent avec attention et qui s'amusent de leurs batailles.

CONCLUSIONS.

Il résulte des faits nombreux que j'ai présentés :

1° Que les animaux domestiques sont susceptibles d'un développement de facultés intellectuelles plus étendu qu'on ne le pense communément.

[1] *Pilgrimage to el Medinah and Meccah*, T. II, p. 51, 52, 53, 54.

2° Qu'il y a chez eux, mais dans des limites que nous ne pouvons pas encore déterminer, qualités instinctives, facultés d'imitation, mémoire et réminiscence, volonté, délibération et jugement;

3° Que l'individu et même la race sont perfectibles en raison de l'instruction des classes ou des personnes avec lesquelles ils vivent, de l'éducation qu'on leur donne, des besoins, des dangers, et, pour généraliser la proposition, des circonstances dans lesquelles on les place.

4° Que plusieurs des qualités qu'on regardait comme instinctives sont en effet des qualités acquises par leur faculté d'imitation, et que certains actes qu'on attribuait à l'instinct sont réellement des actions électives du domaine de l'intelligence, de la mémoire et du jugement.

Si je pouvais me flatter que ces recherches, qui n'ont été pour moi qu'un sujet de délassement, fussent jugées de quelque intérêt pour la science, je communiquerais à l'Académie deux autres Mémoires : l'un, sur l'histoire et les progrès de la domestication des animaux depuis les temps historiques jusqu'à nos jours; l'autre, sur les facultés intellectuelles des animaux sauvages comparés avec leurs congénères dans l'état de domesticité.

CHAPITRE PREMIER.

Le chat. — *Felis catus.*

De quel pays est-il originaire ? De quel temps date son emploi comme animal domestique ?

MM. Georges Cuvier, dans la dernière édition de son *Règne animal, distribué d'après son organisation*[1], et Frédéric Cuvier, au mot *Chat*[2], dans le *Dictionnaire des sciences naturelles*, affirment, le premier, *que le chat* (que l'on trouve, il est vrai, quelquefois sauvage en France) *est originaire de nos forêts;* le second[3], *que la domesticité du chat ne semble pas remonter à des temps très-éloignés, et que les Grecs le connaissaient peu*, etc.

Ces assertions de deux hommes très-habiles en zoologie m'ont semblé devoir être soumises à un nouvel examen, car elles sont infirmées par des témoignages positifs.

Le chat est cité dans la *Batrachomyomachie*, vers neuf[4], sous le nom de γαλεη, que Clarke traduit, à tort, par le mot latin *mustela*. Or, ce poëme, attribué à Homère, est au moins, s'il n'est pas de l'auteur de l'*Iliade*, antérieur à Hérodote et aux premiers tragiques.

Il est évident d'abord que les Egyptiens ont connu le chat dès la plus haute antiquité : les momies de cet ani-

[1] T. I, p. 165.

[2] T. VIII, p. 206. Ed. Levrault.

[3] *Ibid.*, p. 210.

[4] Μῦς ποτε διψαλέος γαλέης κίνδυνον ἀλύξας.

mal, trouvées dans les tombeaux de Thèbes, les figures de chat sculptées sur des monuments où on lit le nom des Pharaons, concourent, avec les textes de la Bible, pour prouver que cet animal existait en Égypte et en Palestine à l'état domestique dès la plus haute antiquité.

Hérodote[1] le décrit sous le nom d'αἴλουρος, *mouve-queue*. Les mœurs de cet animal, observées avec soin, l'habitude qu'ont les chats mâles de manger leurs petits, consignée dans ce chapitre par le père de l'histoire, et confirmée par les naturalistes modernes, l'effroi que cause à cet animal le feu dont il est menacé, les honneurs qu'on rendait aux chats, leur embaumement, leur sépulture, faits curieux confirmés par les nombreuses momies de chats qu'on a rapportées de l'Égypte, et qui de plus déterminent positivement le genre et l'espèce, toutes ces circonstances réunies lèvent tous les doutes : 1° sur l'identité de l'espèce connue chez les Grecs sous le nom d'αἴλουρος, et adorée, embaumée en Égypte; 2° sur la patrie de cet animal, qui doit être au moins étendue à l'Afrique et à l'Asie; car pour la borner, comme le veulent MM. Cuvier, aux forêts de la France, il faudrait supposer que, du temps des Pharaons, des communications fréquentes étaient établies entre la Gaule et l'Égypte, et que c'est par suite de ces relations que le chat a été importé dans cette dernière contrée.

Il y avait des chats sauvages et domestiques en Palestine et en Babylonie. Le nom hébreu du chat est *tsijem*, et le nom chaldéen est *sinnaur*, qui, de même que le mot chinois *mao*, étant onomatopée et dérivé du miaulement, désigne à lui seul l'animal, en peignant assez exactement par le son ce cri remarquable. Ce nom a passé en arabe, et Castelli le regarde comme onomatopée.

[1] II, 66.

Le mont Hermon était appelé par les Amorrhéens *Sener*, ou *le mont des chats*, nom évidemment dérivé, selon Bochart, du mot *sinnaur*, qui signifie chat en arabe, ou du chaldéen *sunar*.

Le chat est aussi nommé par les auteurs hébraïques [1] *felis aurea*, épithète qui désigne, je crois, la variété tricolore, connue vulgairement sous le nom de *chat d'Espagne*, où le roux est fort brillant et tire sur la couleur de l'or. Angora [2] a fourni aussi une variété de chat remarquable par la longueur, la finesse et le soyeux de son poil. Voilà donc déjà l'Égypte, la Syrie, la Palestine, l'Asie Mineure, la Babylonie, où nous trouvons cet animal à l'état sauvage et domestique. Mais la patrie de cet animal n'a pas de limites aussi étroites ; il était commun dans l'Inde, et y était soumis à l'état domestique dès la plus haute antiquité. On le trouve sans cesse mentionné dans le sanscrit, entre autres dans l'*Itobadès*, original des fables de *Bidpay* : il est nommé *acoubouk*, mangeur de souris, ou *margara*, le gai, dans la langue sanscrite. Je dois ce renseignement précieux à l'obligeance de M. Chézy.

Un passage formel de Diodore de Sicile [1] prouve l'exi-

[1] Targum, Esther., I, 2.

[2] Angora, dont le district produit des chèvres à un poil si fin et si lustré (on en voit deux vivantes au Muséum d'Hist. nat. de Paris), n'a aujourd'hui que de vrais chats de gouttières. J'avais prié Ch. Texier, mon ami, maintenant mon confrère, d'en envoyer deux de chaque sexe au Muséum. On lui en apporta un plein sac ; aucun n'avait le poil long et soyeux du chat tricolore d'Espagne. Cette variété a donc été bien improprement nommée chat d'Angora. Puisse la chèvre d'Angora, conserver chez nous, au moins comme les *mérinos* espagnols, la finesse et le lustre de son poil (*a*) !

(*a*) Voir sur ce *capra œgagrus* MM. Tchiatcheff et Brandt, t. II, ch. III, p. 669-723. *Asie-Mineure*. — ZOOLOGIE ; Voir aussi J. Dalton Hooker, *Himalayan journals*, t. II, p. 108, le bouc et chèvre tibétains, à duvet pour châles, vivant à 15,867 pieds d'alt.

stence du chat à l'état sauvage dans l'Afrique septentrionale. Il dit : « qu'Agathocle, après avoir pris Phellina, Meschela, Hippacra, villes de Numidie, et enfin Miltine, fit passer son armée à travers des montagnes élevées qui avaient 200 stades de largeur et qui étaient remplies de chats sauvages, αἰλούρων. Là, dit-il, aucune espèce d'oiseaux ne fait son nid, soit dans les arbres, soit dans les ravins, à cause de leur haine pour les chats. » C'est plutôt à cause des attaques auxquelles ils sont exposés de la part de ces animaux. Le fait est bien observé; il exprime une des habitudes du chat qui, sauvage ou domestique, est chasseur et vit de proie. L'explication de l'absence des nids par la haine des oiseaux pour les chats est fautive. Après avoir passé cette chaîne, Agathocle se trouva dans une contrée remplie de singes, πιθήκων, dont trois villes tiraient leur nom et pouvaient, dit Diodore, se traduire en grec littéralement par le mot de πιθηκούσσαι.

Le poëte Némésien [2], qui habitait Carthage, nomme le chat sauvage comme un objet de ses chasses, avec le renard, le loup, l'ichneumon et le hérisson :

Nos timidos lepores, imbelles figere damas
Audacesque lupos, vulpem captare dolosam
Gaudemus; nos flumineas errare per umbras
Malumus, et placidis *ichneumona* [3] quærere ripis,
Inter arundineas segetes, felemque minacem
Arboris in trunco longis præfigere telis,
Implicitumque sinu spinosi corporis erem
Ferre domum.....

M. Abel Rémusat m'a fourni le document précieux qui va suivre. Le chat est connu dans la Chine depuis un très-

[1] XX, 57.

[2] *Cynegetic.*, v. 51.

On voit que l'ichneumon existait alors près de Carthage.

grand nombre de siècles, sous le nom de *mao*, tiré du miaulement de cet animal.

« Le chat, en chinois *Mao* ou *Miao*, en japonais *Negoma* ; son nom (chinois) vient de son cri. C'est un petit quadrupède qui prend les rats ; il y en a de jaunes, de noirs, de blancs, de tachetés : il a le corps du renard et la face du tigre, le poil doux et les dents aiguës. Les meilleurs sont ceux qui ont la queue longue, les reins courts, les yeux comme de l'or ou de l'argent, et beaucoup d'épis (poils) au-dessus des yeux. Sa pupille peut servir à marquer le temps : elle est comme un fil à onze heures du soir, onze heures et à cinq heures du matin ; comme un noyau de jujubier à une heure du matin, une heure après midi, à sept heures du matin et à sept heures du soir ; et comme la pleine lune à trois heures du matin, à une heure, à neuf heures et à huit heures du soir. »

Ce caractère de la pupille rétractile et du nom de *Miao*[1] prouve que le chat domestique de la Chine est le même que le nôtre.

Tous les autres *felis* sont dépourvus de cette membrane, qui s'ouvre et se ferme comme un rideau. Hérodote ne la signale pas dans la description si exacte de son *ailouros*.

Le chat d'Égypte en est-il privé ? Je ne le crois pas ; mais on n'a jamais reçu au Muséum d'histoire naturelle de Paris cet animal vivant, et ce caractère disparaît tout à fait dans l'animal mort[2].

Un seul mammifère, le nycticèle de Java, *nycticelus javanicus*, de la famille des lémuriens, a vécu au Jardin des Plantes et a été empaillé par M. Portmann avec la pupille rétractile qu'il avait dessinée sur l'animal vivant. Ces des-

[1] En patois percheron, on nomme les chats mâles *rouao*, à cause de leur cri, surtout quand ils sont en rut.

[2] Voy. Buffon, t. VI, p. 378, in-12, 1769.

sins sur vélin n'ont pas été encore publiés et se trouvent déposés à la bibliothèque du Muséum d'histoire naturelle. Ils m'ont été communiqués par l'obligeance du savant bibliothécaire, M. Desnoyers, un de mes plus anciens amis. Cependant ce lémurien est frugivore, et, s'il joint aux végétaux quelques insectes nocturnes, ce n'est pas comme notre chat un animal carnassier et vivant de proie [1].

Dans le Paraguay, Azara [2] a trouvé un petit renard noir, *el negro*. Sa couleur indique son nom ; sa longueur est de 25 pouces de Vara ($0^m,76$), sans compter la queue, qui a 13 pouces ($0^m,38$).

La couleur de ce félis change-t-elle comme celle de la panthère noire de Java et d'Abyssinie ? J'ai vu la première vivante au Muséum d'histoire naturelle de Paris. Ses yeux n'avaient pas la paupière rétractile. M. Harris a tué souvent cette panthère en Abyssinie et l'a décrite avec soin. M. d'Abadie m'a fait voir plusieurs peaux de cette panthère brune, qui est plus prisée en Afrique que la panthère tachetée.

L'aguarachay d'Azara, *canis azere*, a la prunelle de l'œil conformée comme celle du chat. Aussi est-il nocturne [3]. Si ce n'est pas le même que notre renard, au moins en est-il très-voisin, sauf ce caractère spécial de la paupière rétractile qu'on n'a retrouvé chez nul autre des nombreux *canis* décrits. Il est singulier que ce soit le nouveau monde qui nous le présente.

Le bout du nez du chat est toujours froid, à l'exception

[1] Voy. le dessin que M. Isid. Geoffroy a fait exécuter par l'artiste naturaliste des yeux du nycticèle, de plusieurs oiseaux nocturnes et de beaucoup d'animaux du genre *felis* : lion, léopard, jaguar, etc., etc., qui ont été dessinés sur l'animal vivant.

[2] T. 1, p. 317.

[3] *Auct. cit.*, p. 298.

du jour du solstice d'été, où il devient tiède. Cet animal craint le froid et recherche la chaleur ; il se nourrit suivant les mois, et mange des rats dans la première et dans la dernière décade de chaque lunaison. Sa tête et sa queue ressemblent à celles du tigre. La durée de sa gestation est de deux mois, et d'une portée il engendre plusieurs petits ; mais il y en a qui les mangent. Il y a des gens qui croient que la femelle peut concevoir seule, par le frottement d'une brosse de bambou sur le dos, etc. [1]

Il est parlé du chat dans le *Choue-wen*, dictionnaire de l'époque de notre ère ;

Dans le *Li-ki*, l'un des cinq *King*, dont Confucius fit la révision au sixième siècle avant notre ère ;

Dans le *Eul-ya*, dictionnaire dont quelques auteurs font remonter l'antiquité au douzième siècle avant Jésus-Christ, mais dont l'authenticité est contestée ;

Dans le *Chi-king*, collection d'odes faite par Confucius, mais dont les différentes parties sont beaucoup plus anciennes que ce philosophe.

Après avoir fixé la patrie ou du moins l'*habitation* du chat, je poursuis l'histoire de ses mœurs, de ses habitudes, et je réunirai les traits divers qui formeront le portrait exact de l'espèce. Les circonstances de l'accouplement des chats, du nombre de leurs petits, de la durée de leur vie, de leurs chasses aux oiseaux, rapportées par Aristote [2] avec le nom αἴλουροι, désignent positivement le même animal dont Hérodote a peint les mœurs et auquel il a appliqué le même nom.

Je donnerai, en passant, l'étymologie des divers noms du chat. Celui d'αἴλουρος est fondé sur l'une des habitudes les plus frappantes de cet animal, qui remue et replie sans

[1] *Encyclop. japon.*, XXXVIII, 19.
[2] *Hist. anim.*, V, 2.

:esse sa queue. Je le ferai dériver d'αἰόλλω et d'οὐρὰ. Le :hat était donc pour les Grecs le *mouve-queue*.

Le nom d'αἴλουρος vient, selon Saumaise [1], du vieux mot grec αἰλός, le flatteur, avec le digamma éolique Ϝαιλὸς, l'où les Latins ont formé le mot *felis;* d'αἰλὸς vint αἴλουρος, *caudâ adulans*. Cette étymologie me semble fausse ; elle n'est point fondée sur les mœurs de l'animal, qui n'est guère caressant ni flatteur. Elle s'appliquerait mieux au chien, qui est l'un et l'autre, et auquel sa queue sert à exprimer ce double sentiment.

Suidas [2] ajoute aux noms vulgaires du chat, αἴλουρος et γαλῆ, ceux de κερδῶ et ἱλάρια, qui semblent deux épithètes, *le rusé* et *le gai*, et sont tirés des mœurs de l'animal. Kuster corrige à tort, je crois, ἱλάρια en αἴλουρος, car ce premier nom est donné au chat par Artémidore, et la gaieté des jeunes chats est passée en proverbe.

Le mot *catus*, avec la signification de chat, ne se trouve d'abord que dans Palladius [3]; mais l'adjectif *catus*, qui signifie aigu, perçant, est employé par Ennius : *Cata signa sonitum vocere dare parabant*. Varron, qui le cite, le croit un mot de la langue sabine. Plus tard, le mot a pris l'acception de *solers*, *callidus*, *acutus*, comme nous l'apprend Cicéron [4]. Je crois qu'on peut inférer des épithètes *solers*, *callidus*, *acutus*, qui s'adaptent si bien aux mœurs du chat, que cet animal, signalé déjà dans la *Batrachomyomachie*, huit cents ans avant l'ère chrétienne, s'était étendu dans la Grande Grèce, dans le reste de l'Italie, et était certainement domestiqué chez les Romains. Le mot *catus* ou chat, d'où les Grecs du Bas-Empire ont pris leur

[1] Plin., *Exercit.*, 710, B.
[2] *Voce* αἴλουρος.
[3] III, 9 (37 Varro, L. L., 6, 3).
[4] *De Leg.*, I, 16.

mot κάττος [1], et les Arabes leur nom de *cat*, si ce mot ne dérive pas d'une souche plus ancienne, est donc tiré soit du cri aigu, soit du caractère rusé, prudent et fin de cet animal, comme l'αἰλὸς des Grecs, le *felis* des Latins.

J'ignore la racine ou l'étymologie des noms de *hir*, *dsaiwan*, *ginda*, *chaittal* et *dim*, que les Arabes ont donnés au chat. Mais la variété elle-même de ces noms semble indiquer que l'animal était ou commun dans leur pays, ou anciennement apprivoisé.

Je poursuivrai maintenant la description des mœurs et de l'organisation du chat, connu chez les Grecs depuis Hérodote sous le nom d'αἴλουρος.

Ælien [2] décrit exactement plusieurs des habitudes et des mœurs du chat, qu'il appelle aussi αἴλουρος : « Le mâle, dit-il, est très-lascif; la femelle, mère très-tendre. Elle fuit le coït du mâle, car la semence de celui-ci est, dit-on, très-chaude et brûle comme du feu les parties génitales de la femelle. C'est pour cela que le mâle tue les nouveau-nés, car le désir d'avoir d'autres petits force la femelle à se soumettre aux ardeurs du mâle. On dit que les chats abhorrent toute mauvaise odeur, et que c'est pour cela qu'ils creusent la terre pour y enterrer leurs excréments. »

Cette description d'Ælien contient, de même que beaucoup de celles des anciens, des faits observés exactement, et une explication fausse de ces mêmes faits.

La chatte ne fuit pas le coït du mâle parceque la semence de celui-ci lui brûle les parties génitales; mais elle l'évite,

[1] κάττος ὁ κατοικίδιος αἴλουρος. Ce nom est employé dans le Schol. de Callimaque, *H. ad. Cer.*, v. 112; dans un poëte latin (*in Catalog Pith.*, l. IV.) « *Catus* in obscuro capit pro sorice picam. » Sextus Platonicus (*De Medicina animal.*, part. 1, c. XVIII) emploie quatre fois le mot *catam* pour *felem*, Vid. Werheik ad Antonin. Liber XXVIII, p. 186.

[2] *De Natur. anim.*, VI, 27.

le craint, et en souffre parce que, dans l'érection, le gland du mâle est couvert de papilles cornées très-aiguës. C'est la cause des cris perçants de la femelle pendant l'accouplement et ses efforts pour échapper au mâle, que celui-ci rend impuissants en la retenant par les griffes de ses deux pattes de devant et ses dents qu'il lui enfonce dans le cou.

Ce n'est ni par propreté ni par haine pour la mauvaise odeur qu'ils enterrent leurs excréments, mais par un instinct de défiance résultant de leur état sauvage et encore rebelle à l'influence d'une longue domestication, parce que la forte odeur de leurs déjections pourrait déceler leur retraite, la demeure et l'asile de leurs petits, qui doivent rester cachés.

Il subsiste encore un rudiment de cette habitude et de cette défiance, commune au loup et à d'autres animaux sauvages, dans l'action du chien, qui, civilisé par l'homme bien plus complétement que le chat, jette encore, avec ses pieds de derrière, après s'être vidé, quelques parcelles de terre sur ses excréments. C'est évidemment chez le chien domestique un reste des mœurs de son état sauvage qui a résisté à une très-ancienne domestication.

Si la date des fables conservées sous le nom d'Ésope pouvait se rapporter à l'époque de la vie du fabuliste, il serait constant que le chat était connu à une époque très-ancienne dans la Grèce et l'Asie Mineure. Sa domesticité, ses mœurs, son caractère, son emploi dans les habitations pour détruire les souris et autres rongeurs sont décrits dans quatre fables d'Ésope, qui lui donne le nom d'αἴλουρος.

La fable[1] du chat rusé, qui, pour attraper les rats, fait le mort et se poudre de farine, me semble devoir être appliquée au chat et non à une espèce de *mustela*, quoique

[1] XXVIII, éd. Coray.

Phèdre [1] ait dans cette occasion traduit le mot αἴλουρος par celui de *mustela*.

A la vérité, La Fontaine, qui a traduit Ésope, fait d'un véritable chat le héros de son apologue, et c'est une chose assez remarquable que le poëte français ait mieux déterminé le sens du mot grec et le genre de l'animal que le traducteur latin.

L'autre fable ésopique [2] de cet officieux αἴλουρος qui, dans une épidémie dont la basse-cour est affligée, se déguise en médecin et va leur offrir ses services dans le dessein de les croquer, peint avec beaucoup de naturel les mœurs perfides et traîtresses du chat, et prouve en même temps, contre l'assertion des naturalistes cités plus haut, que cet animal devait avoir été soumis depuis un certain temps à la domesticité, qui offrait des moyens continuels d'observer ses ruses, ses habitudes et son caractère.

Maintenant, si j'ai établi que le chat était connu en Égypte, en Chine, dans l'Inde, en Judée et en Chaldée dès la plus haute antiquité, il devient probable que la Grèce et l'Asie possédaient aussi cet animal ; mais elles lui imposèrent alors un autre nom, γαλῆ, nom générique qu'elles ont donné de même à plusieurs espèces de *mustela* et à une *viverra*. C'est à débrouiller la confusion causée par cette homonymie, à distinguer dans les descriptions des anciens les diverses espèces de γαλῆ ou de mustèles, à reconnaître le chat sous ces mêmes noms par les traits caractéristiques qui lui sont propres que je vais m'appliquer, et j'espère, si l'on me prête quelque attention, réussir à expliquer cette énigme.

Dès que l'agriculture et la civilisation ont pris naissance, et que les hommes ont senti l'inconvénient de la trop

[1] IV, I, 1.

[2] CLVIII, éd. Coray.

grande multiplication d'une espèce, ils ont dû s'occuper des moyens de la détruire ou de se garantir de ses atteintes.

Les souris, les mulots et autres rongeurs semblables paraissent dès les premiers temps de l'histoire et même de la fable. Les poisons, les piéges, les machines propres à détruire ces êtres incommodes n'étaient point encore inventés; il y avait plus de forêts, de broussailles, de retraites pour eux que de nos jours. L'homme a dû être porté naturellement à employer le service actif des animaux pour combattre ce fléau. Comment n'aurait-il pas cherché à apprivoiser le chat, qui est leur plus cruel ennemi et qui devait être le plus puissant auxiliaire de l'homme dans cette guerre perpétuelle et journalière?

La Grèce et l'Italie ancienne n'ont connu ni le rat à poil gris foncé, à queue nue, ni les surmulots venus du Pérou, ni les *hamster*, communs aujourd'hui en Russie et même dans la Crimée, qui pourtant a reçu, dès le dix-septième siècle avant Jésus-Christ, tant de colonies grecques, sorties de Milet et de plusieurs autres villes maritimes de l'Asie Mineure. Ces gros rongeurs, si voraces et si incommodes, n'ont point été le fléau domestique des Grecs et des Latins. Ce sont, à ce qu'il paraît, les incursions des Goths et des Huns qui ont amené le rat en Italie, dans la Gaule et dans l'Espagne.

Le surmulot, si commun à présent aux environs de Versailles, nous a été apporté du nouveau monde par nos vaisseaux de commerce avec les produits de l'Amérique qui composaient leur chargement. Le surmulot gris de Norwége, qui infeste à présent nos caves et nos garde-manger, ne s'est introduit dans Paris que depuis une vingtaine d'années.

Les traditions mythologiques [1], qui rapportent que,

[1] Apollodor., I, VI, 3. — Hygin., cap. 196. — Ovid., *Met.*, V, 330. — Anton., *Liberal.*, cap. 28.

lors de la guerre de Typhon, les dieux s'enfuirent en Égypte et se métamorphosèrent en divers animaux : Apollon en épervier, *Diane en chatte (fele soror Phœbi)*, Latone en souris, confirment l'ancienneté de l'existence du chat et des rongeurs dans l'Égypte et dans la Grèce.

Mais, comme je l'ai avancé, le chat portait à cette époque le nom de γαλῆ. C'est le sentiment d'Henri Estienne [1], de Coray [2], qui se trompent pourtant en l'appliquant seulement à la belette et au chat, tandis que ce nom *générique* désigne et le chat et plusieurs espèces d'animaux carnassiers du genre *mustela*, apprivoisées par les anciens et associées par eux au chat dans l'emploi de la chasse et de la destruction des rongeurs.

Venons aux preuves.

Nous avons vu qu'Hérodote, Aristote, Ælien, Diodore et les fables ésopiques donnent le nom d'αἴλουρος au chat sauvage ou privé. Plus tard, quand le nom latin de *catus*, κάττος, eut prévalu chez les Grecs pour désigner le chat domestique, le nom d'αἴλουρος fut affecté au chat sauvage ; plus tard encore, le chat domestique reprit le nom de γαλῆ, qui avait été son nom primitif dans l'origine de la littérature.

Le mot γαλέη, qui se trouve trois fois dans la Batrachomyomachie [3], me semble devoir être appliqué au chat et même au chat domestique. C'est l'avis d'Henri Estienne, de Barnès [4], qui ont été combattus par Perizonius [5], Perrotto, Philonenus Conradus et Lycius.

L'autre passage [6], où le mot γαλέη indique évidemment la belette, est celui qui dit que la souris, lorsqu'elle se ré-

[1] Voc. γαλῆ.
[2] Théophr., *Caract.*, p. 251.
[3] 9, 51, 113.
[4] Batrac., *l. c.*
[5] Apud Ælian., XIV, 4.
[6] Batrachomyomachie, v. 51.

fugie dans son trou, est poursuivie dans ce trou même par son ennemi, tandis que le vers 113 indique γαλέη, qui guette et qui prend la souris lorsqu'elle est en dehors de son trou.

Les mots ἔκτοσδεν et κατὰ τρώγλην, *dans le trou*, et *hors du trou*, indiquent positivement que le premier s'applique au chat, et le second à la belette.

La synonymie des mots γαλέη et αἴλουρος, la désignation du chat par Homère sous le nom de γαλέη, seront fixées par le rapprochement d'un vers de Callimaque [1] avec un autre de la Batrachomyomachie, dont le premier est une imitation ou auquel il offre une allusion évidente.

Homère fait dire à une de ses souris : Πλεῖστον δὲ γαλέην περιδείδια (c'est le *galè* que je crains le plus); et Callimaque dit « qu'Erysichton, dans son horrible faim, dévora ses mulets, ses bœufs, ses chevaux, κὰι τᾶυ αἴλουρον, τᾶν ἔτριμε θηρία μικρά, *le chat redouté des petits animaux*, enfin tout ce qui était dans la maison de Triopas. »

On retrouve encore sous le nom de γαλέη, dans un proverbe cité par Théocrite [2], le chat, que son contemporain Callimaque appelle αἴλουρος. Ce dicton vulgaire : ἅι γαλέαι μαλακῶς χρῄζουσι καθεύδην, *les chats aiment à dormir sur des couchers moelleux*, retrace une des habitudes du chat le plus fréquemment observées. Il recherche les lits, les oreillers, les couchers doux et moelleux [3].

Quelques érudits ont voulu appliquer ce proverbe à la belette; mais il ne peint pas les habitudes de cette espèce qui, à l'état sauvage, vit dans les buissons, les épines, les tas de fagots, et dont les nids, que j'ai trouvés plusieurs fois, sont blottis dans des troncs d'arbres creux, et formés

[1] *H. ad Cer.*, III.
[2] XV, 28.
[3] *Dict. d'Hist. nat.*, VIII, 208.

de paille, de foin ou d'herbes dures et sèches. L'expérience de Buffon, sur une belette[1] enfermée dans une cage avec du coton, et qui s'y blottissait quand on approchait d'elle, ne prouve pas que cette espèce recherche naturellement, comme le chat, le coucher doux et moelleux, mais s'explique par la défiance innée chez ces animaux carnassiers et faibles, qui les porte à se cacher et à chercher un abri, dès qu'ils voient l'approche d'un ennemi plus fort qu'eux.

[1] *Hist. nat.*, ch. BELETTE.

CHAPITRE II.

Détermination des espèces connues des Grecs sous le nom générique de γαλῆ et des Latins sous celui de *mustela*.

Quelles sont celles d'entre ces espèces qui ont été soumises par les anciens à l'état domestique?

Il s'agit maintenant de fixer, avec le plus de précision possible, les espèces désignées par les anciens sous le nom générique de γαλῆ ou de *mustela*, qui correspondent au genre *mustela* des naturalistes modernes, excepté dans les passages cités, où ce nom désigne le chat domestique.

Je prendrai d'abord les auteurs systématiques. Aristote [1], en traitant des organes de la génération, dit que la verge est osseuse dans le loup, le renard, l'*ictis* et le galè. Ce serait un caractère, mais la verge est osseuse dans les mustèles. Rien ne fixe donc ici le sens du mot γαλῆ.

Aristote va bientôt nous fournir des caractères plus précis. « L'*ictis*, dit-il, est de la taille des petits chiens de Malte. Pour l'épaisseur du poil, la blancheur de la partie inférieure du corps et la férocité des mœurs, il est semblable à la belette (γαλῆ). Il devient très-privé, mais il ravage les ruches, car il aime le miel, comme les chats (αἴλουροι), il mange aussi les oiseaux. »

Voici un texte qui détermine exactement les espèces *ictis* et γαλῆ : le caractère de couleur frappant, la blancheur du cou et de la partie inférieure du corps, n'appartient

[1] *Hist. anim.*, II. 9.

qu'à la fouine, à la marte et à la belette, parmi les espèces du genre *mustela* vivant en Europe.

Le putois *(mustela putorius)*[1] est très-voisin de la fouine pour la taille, la forme, les mœurs ; il en diffère par la couleur de la partie postérieure de la poitrine et du ventre qui est d'un fauve clair, tandis que les deux espèces, l'*ictis* et le *galè*, qui est la belette dans ce passage, l'ont blanche ; Λευκον τῷ ὑποκάτω, ce qui, non moins que la taille, distingue l'ictis du furet, nommé aussi γαλῆ, mais avec l'épithète d'ἀγρία, sauvage.

Camus n'avait jamais vu de putois, puisque, dans sa traduction, il donne ce nom à l'*ictis* d'Aristote. Gaza traduit le mot *ictis* par celui de *viverra*, qui signifie *furet*. Buffon [2] trouve que le furet, outre qu'il hait le miel, est trop petit pour être comparé au chien de Malte. Il pense que l'*ictis* est le putois. « La difficulté qui reste, ajoute Camus, en traduisant *ictis* par *putois*, est que, au moins dans nos pays, on n'apprivoise pas le putois. »

L'ictis d'Aristote est donc, comme on le voit positivement, la fouine [3], l'une des *mustèles* de Linné ; l'autre est la martre [4] ; leur synonymie est fixée par ce passage [5] : *Mustelarum duo genera : alterum sylvestre. Distant magnitudine. Græci vocant ictidas.* En effet, la martre [6] de Pline est un peu plus grande que la fouine et plus sauvage.

Pline ajoute que les petits lionceaux sont, en sortant du ventre de leur mère, de la taille d'une *mustela;* et

[1] Voyez, pour ces quatre *mustela*, les planches coloriées de la ménagerie du Muséum d'Hist. nat. de Paris : *M. putorius, M. vulgaris, M. furo.*

[2] *Hist. nat.*, VIII, 256, sqq.

[3] *Mustela foina.*

[4] *Mustela martes.*

[5] XXIX, 16, éd. Hard.

[6] VIII, 17.

M. F. Cuvier, que la fouine est de la grandeur d'un jeune chat domestique. Tous ces textes s'accordent très-bien avec la nature de l'animal, sa figure, sa couleur, sa taille. Les *ictis* grecs sont les *mustela* de Pline, notre fouine et notre martre. Le mot *martres* ne se trouve qu'une fois chez les Latins, dans Martial[1], sans description. Voyons si l'expérience confirme les traits de mœurs, d'habitudes, de domestication rapportés par les anciens. On pouvait induire du passage cité de Pline, que des deux espèces de *mustèles*, nommées *ictis* par les Grecs, l'une était sauvage, l'autre domestique. Mais Palladius [2], auteur d'un traité sur l'agriculture, est positif et met hors de doute l'emploi par les Romains d'une mustèle comme animal domestique.

« Contra talpas prodest catos frequenter habere in mediis carduetis. *Mustelas habent plerique mansuetas.* — Il est utile pour détruire les taupes de tenir souvent des chats au milieu des cultures d'artichauts. Le plus grand nombre se sert de *mustèles privées.* »

Le rapprochement de ce passage avec celui de Pline doit indiquer ici la fouine domestique, l'une de ces espèces de *mustela* nommées par les Grecs et décrites par Aristote sous le nom d'*ictis*. Elle se nourrit de rats, de souris, de taupes et de volailles.

L'expérience m'a confirmé ce fait, curieux et ignoré jusqu'ici, de la domesticité de la fouine. Je puis en donner des témoignages positifs et la preuve directe. La partie du département de l'Orne que j'habite est très-boisée ; les bâtiments des fermes abritent, outre les hommes et les animaux, toutes les espèces de récoltes, de fourrages naturels

[1] « Venator capta *marte* superbus adest. » — Encore quelques érudits ont voulu changer ce nom en celui de *mele*. Vid. Salmas., *Plin.*, *Exerc.*, 10, 6.

[2] III, IX, 4, Mart.

ou artificiels. On ne connaît l'usage ni des meules pour les grains et les foins [1], ni l'habitude de battre sur l'aire après la récolte. Aussi les granges, les fenils fourmillent de rats, de souris, de mulots, et offrent une retraite sûre et une nourriture abondante aux fouines et aux putois. L'état de chasseur de ces animaux est une profession assez lucrative, désignée par le nom propre de *fouinetier*. La chasse se fait dans l'automne et l'hiver avec de petits bassets, instruits à monter à l'échelle et à se glisser dans les sentiers et interstices pratiqués par les fouines au milieu des fourrages.

Il est très-commun que ces fouinetiers élèvent et apprivoisent de jeunes fouines pour prendre les souris et remplacer les chats. J'en ai fait élever deux, qui sont devenues très-privées, pour les envoyer au Jardin des plantes.

L'observation d'Aristote, « τιθάσσον γίνεται σφόδρα, l'*ictis* (ou la fouine) devient très-privée, » est confirmée par ce fait. Celle de *son goût pour le miel* et les substances sucrées est attestée par M. F. Cuvier.

Je puis ajouter quelques faits constants à l'histoire de cet animal, que j'ai été à portée d'observer fréquemment. Malgré la structure des organes de la mastication et de la digestion des *mustèles* de Linné (les martres de M. G. Cuvier), malgré les dispositions sanguinaires de la fouine qui la rendent le fléau de nos basses-cours, je puis assurer que cet animal, de l'ordre des carnassiers, est à la fois, même dans l'état sauvage, carnivore, frugivore et icthyophage. Je l'ai vu manger les abricots et les poires de mon jardin. Plusieurs ont été pris au piége à côté de ces mêmes fruits. Il ravageait souvent un vivier où j'élève d'assez belles carpes, et j'attribuais tous ces méfaits à la loutre.

[1] Ceci a bien changé depuis trente ans. Les récoltes plus que doublées ont introduit l'usage des *meules* que l'on couvre de paille pour garantir de la pluie les grains et les fourrages.

Mon garde soutenait que le brigand était un putois d'eau, et les traces des pieds sur la terre humide des rives annonçaient, en effet, un animal moins gros que la loutre. Un jour, il a été pris en flagrant délit dans un piége tendu près d'une carpe qu'il avait saisie la veille et dont il avait mangé la moitié. Ce putois d'eau était une véritable fouine, qui paraît douée de la faculté de nager et de l'instinct de saisir le poisson dans une eau assez profonde. Leur nid a été découvert dans un trou presqu'à fleur d'eau sur le bord d'un canal. On y a pris la mère et six petits déjà forts. Ce nid était formé de foin et de plantes rudes et sèches.

Ce trait de mœurs et de diététique rapprocherait les martres des loutres; du reste, Linné les avait réunies toutes deux dans le genre *mustela*.

Aristote[1] ajoute quelques traits à l'histoire de *l'ictis* ou de la fouine : « La verge est osseuse, dit-il; cette partie du mâle semble être un remède contre les stranguries. On la donne en raclure. » C'est aux médecins de vérifier le fait.

Les divers passages dans lesquels Ælien[2] rapporte des exemples de mœurs, d'habitudes ou de prodiges attribués à des animaux qu'il nomme γαλαὶ, et que Schneider traduit *mustelæ*, fournissent peu de caractères spécifiques.

Mais l'*ictis* était connu chez les Grecs très-anciennement. Sa peau, qui servait à couvrir des casques, et se nommait κτιδέη ou ἰκτιδέη, est citée deux fois dans Homère[3]. Hesychius le nomme *ktis* et dit : « Que c'est un animal semblable au *galé*, et dont la peau est propre à couvrir les casques. » Le lexique manuscrit inédit d'Apollonius, cité par Alberti, ajoute que le *ktis* est un animal semblable au galè et en diffère peu pour la taille[4].

[1] IX, 6.
[2] IV, 14; VII, 8; IX, 55; XII, 5; XV, 11.
[3] *Iliade*, K. 335, 458.
[4] 693.

Je crois que, dans ces deux passages, *galè* désigne le putois, qui est, après la martre, celle de nos espèces d'Europe la plus rapprochée de la fouine pour la grandeur, car le putois est indiqué, sous le nom de γαλῆ, par une de ses propriétés les plus remarquables dans un vers d'Aristophane[1], où il peint une veille femme ὑπὸ τοῦ δέους βδέουσα δριμύτερον γαλῆς, mot à mot : « Vessant de frayeur plus puamment qu'un putois. » Ce dicton, *il vesse comme un putois*, s'est conservé en Normandie et dans plusieurs provinces de France. L'anus de cet animal est pourvu de glandes qui sécrètent une matière visqueuse très-odorante. La décharge d'une odeur extrêmement fétide est une des dernières ressources qu'emploie cet animal pour se dérober aux chiens et aux chasseurs, quand il est près d'en être atteint. Je n'ai eu que trop d'occasions d'observer cette vilaine circonstance en faisant la chasse à ces animaux. Il semble que cette odeur déplaît fort aux chiens d'arrêt, car le braque ou l'épagneul dressé se refuse à rapporter et prendre dans sa gueule un putois, ce qu'il ne fait pas pour la fouine.

C'est la fouine domestique qu'Aristote désigne, je crois, sous le nom de γαλῆ, et à qui il attribue l'usage de manger de la rue ou de l'origan et de chasser les serpents. Ælien[2] répète le même fait sur le *galè*. Pline et Cicéron, en traduisant les auteurs grecs, donnent à leur *galè* le nom de *mustela*, et ajoutent quelques circonstances qui indiquent son état de domesticité.

Le premier[3] dit des *mustela* et des *viverra*, qu'il distingue : « Genitalia ossea sunt lupis, vulpibus, *mustelis*, *viverris*, unde etiam calculo humano remedia præcipua. » Nous avons vu qu'Aristote attribue la même vertu à l'os

[1] *Plutus*, v. 693.
[2] XV, 11.
[3] XI, 109.

de la verge de l'ictis. Pline s'exprime ainsi[1] : « Mustelarum duo genera : alterum sylvestre, distans magnitudine : Græci vocant ictidas. » Il ajoute : « Hæc autem quæ in domibus nostris oberrat, et catulos suos (ut auctor est Cicero) quotidie transfert mutatque sedem, serpentes persequitur. » Ce dernier membre de phrase, traduit d'Aristote, γαλῆ ὄφει μάχηται, fixe la synonymie et le sens générique des mots γαλῆ et *mustela*, qui signifient tantôt le chat privé ou la fouine privée ; tantôt, avec l'épithète d'*ictis sylvestris* ou *martes*, la fouine et la martre sauvages ; tantôt, sous le nom seul de γαλῆ, le putois et la belette ; tantôt, avec l'épithète d'ἀγρία, le furet ; enfin, avec celle de *tartessia* ou de μεγάλη, la civette, *viverra civetta*, comme je le prouverai bientôt.

Quant à la fouine, il n'est pas étonnant que les anciens aient mieux observé ses mœurs, ses habitudes, ses goûts, ses antipathies, ses propriétés, puisqu'ils l'avaient domestiquée, et que nous ne la connaissons qu'à l'état sauvage.

Deux passages de Plaute[2] confirment la domesticité et peignent les habitudes de cette mustèle (la fouine), à laquelle, de même qu'au chat, on attribuait de bons et de mauvais augures. Le parasite dit :

Auspicio hodie optimo exivi foras ;
Mustela murem abstulit præter pedes ;
Eum strenue obcœnavit : spectatum hoc mihi est.

Plus bas il ajoute :

Certum est mustelæ posthac nunquam credere,
Nam incertiorem nullam novi *bestiam*.
Quin ipsa decies in die mutat locum,
Eam auspicavi ego in re capitali mea.

[1] XXIX, 16.
[2] *Sticho*, act. III, sc. II, v. 43.

Ce n'est pas un animal aussi sauvage et aussi défiant que la belette, qui vient prendre un rat aux pieds du parasite Gélasinus et l'y mange tranquillement. La belette ne se battrait pas avec avantage contre le rat, comme la fouine. Plaute, de plus, la nomme *bestia* et non *fera*, mot qui détermine la nuance entre l'espèce privée et l'espèce sauvage, comme ἀγρία et τιθασσὸν en grec. Il faut encore que l'animal ait été domestique pourqu'on ait observé, parmi ses habitudes, celles de changer sans cesse de place, *decies in die*, de chasser les serpents, de manger la rue ou l'origan. A coup sûr, si le chat n'était pas domestique, on ne se serait pas aperçu de son goût pour le *nepeta cataria*, vulgairement nommée *l'herbe aux chats*, et je ne sache pas qu'on ait fait cette observation sur le chat sauvage habitant de nos forêts.

La fable de la mustèle et des souris, traduite d'Esope par Phèdre[1], qui nomme cet animal αἴλουρος, indique, sinon que le mot latin *mustela* s'appliquait au chat, pour lequel les Romains avaient les noms de *felis*, de *catus*, du moins que la *mustèle* était privée, et faisait les fonctions du chat.

« Mustela ab homine prensa, cum instantem necem effugere vellet : quæso, inquit, parcas mihi quæ tibi molestis muribus purgo domum. »

Térence, dans son *Eunuque*[2], indique un caractère de couleur qui se rapporte, je crois, à la fouine. Il oppose le teint frais d'un beau jeune homme à celui d'un vieux castrat de l'Orient, de couleur de *mustela* :

« Ad nos deductus hodie est adolescentulus quem tu vero videre velles..... »

« Hic (l'eunuque Dorus) est vetus, vietus, veternosus, senex *colore mustellino*. »

[1] IX, 1.

[2] Act. IV, sc. IV, v. 19. Vid. Donat., *Not. h. l.*, et Salmas. *Plin. Exercit.*, p. 532. — Je me range au sentiment de Donatus et de Turnèbe.

Mot à mot : « Celui-ci est vieux, languissant, apoplectique, un veillard couleur de fouine. »

Le mot *fuscina*, fouine, vient évidemment de *fuscus* ; il dérive de la couleur de l'animal. En effet, le teint cuivré de ces vieux eunuques orientaux a quelque rapport pour la couleur avec le poil sombre et bronzé de la fouine. Il n'en aurait aucun avec la couleur de la belette, qui est à peu près celle des cheveux roux.

La belette, que presque tous les commentateurs, tous les traducteurs des écrivains grecs et latins voyaient partout sous les noms de γαλῆ et de *mustela*, n'est décrite de manière à être reconnue positivement que par un mot d'Aristote et un passage d'Ovide, et surtout par les vers 51 et 52 de la Batrachomyomachie.

Aristote dit que le γαλῆ ressemble à l'ἴκτις pour la forme, et est blanc dans la partie inférieure du corps : Τὸ λευκὸν τῷ ὑφοκάτῳ. Or, le genre *mustela* est si naturel que les espèces se confondent entre elles, comme la fouine et la martre. Mais dans les espèces européennes de ce genre, il n'y a que la fouine et la belette qui aient la gorge et le dessous du corps blancs. Le mot γαλῆ désigne positivement la belette dans ce passage d'Aristote. C'est encore la belette qui est désignée dans les métamorphoses d'Ovide[1], fable de Galanthis. Galanthis, étant femme, est rousse :

> *Flava comas*, faciendis strenua jussis.

Et après sa métamorphose :

> Strenuitas antiqua manet, nec terga colorem
> Amisere suum : forma est diversa priori.
> Quæ quia mendaci parientem juverat ore,
> Ore parit ; nostraque domos, ut ante, frequentat.

Cette description va très-bien à la belette, qui a le dos

[1] IX, 307, 320.

roux, qui est active, *strenua*, et qui vient quelquefois dans nos maisons chercher des souris, des œufs, et attaquer les petits poulets.

L'opinion erronée d'Anaxagore et d'autres philosophes anciens, sur l'accouchement de la belette par la bouche, est rejetée par le judicieux Aristote[1], mais elle sert à nous faire reconnaître la belette désignée seulement par son nom générique γαλῆ, et dont les passages d'Aristote et d'Ovide ont décrit la couleur, de manière à lever toute espèce de doute sur l'identité de l'espèce et sur la synonymie des mots *mustela* et γαλῆ dans ces deux endroits.

En suivant le fil de ces descriptions et de ces croyances populaires, absurdes, mais appliquées à une espèce désormais bien déterminée, nous n'aurons plus à craindre de nous égarer dans le labyrinthe de la zoologie antique, et nous débrouillerons facilement la confusion que l'emploi des mots génériques γαλῆ et *mustela* avaient répandue sur la détermination des espèces.

Ainsi, c'est la belette qui est désignée sous le nom de γαλῆ, qui était aussi celui de la nourrice d'Hercule, dans la fable citée par Ælien[2]. C'est cet animal qu'adoraient les Thébains, et qu'on doit reconnaître sur leurs monuments représentant l'histoire de la naissance d'Hercule. C'est la belette que nous reconnaissons dans la fable de Nicandre[3], conservée par Antoninus Liberalis[4] : « Galinthias[5] facilite par un mensonge l'accouchement d'Alcmène, et est changée par Junon en une perfide belette. Elle est condamnée

[1] *De Generat. anim.*, III, 7.

[2] *De Nat. anim.*, XII, v.

[3] Lib. IV, Alterat.

[4] XXIX, p. 189-195, éd. Verheick. — Xylander, le traducteur latin, met δόλεραν γαλῆν, *fraudulentam felem*, à tort comme on le voit.

[5] *Galinthias* est en grec le nom de la belette que les Latins ont légèrement altéré dans celui de *galanthis*.

à vivre dans un trou et à une reproduction infâme, car elle est engrossée par les oreilles et accouche par le gosier. Hercule, devenu homme, lui éleva une chapelle près de sa maison et lui institua des sacrifices que les Thébains continuent encore. Ils font même la fête de Galinthias avant celle d'Hercule. »

C'est la belette qui est peut-être désignée dans Pline sous le nom seul de *mustela rustica*.

C'est elle qui est indiquée positivement dans Aristeas[1] comme immonde et réprouvée par les lois des Juifs, parce qu'elle conçoit par l'oreille et accouche par la bouche. Je ne connais pas d'autres passages de l'antiquité où l'on puisse reconnaître positivement cette espèce. J'indiquerai pourtant ce passage d'Horapollo[2], car il peut nous fournir le moyen de distinguer exactement plusieurs *galès* ou *mustèles* des anciens. Il dit : « Que les Egyptiens, pour désigner une femme *viri operam facientem*, peignent une galè, car la verge du mâle de cette espèce est comme un petit os. »

La verge est osseuse chez toutes les mustèles, les chiens les chats et beaucoup d'autres mammifères. Les hiéroglyphes et les anaglyphes égyptiens peuvent offrir un moyen de reconnaître les diverses espèces de γαλῆ, si on en a des dessins exacts et coloriés, surtout maintenant que la connaissance de l'alphabet hiéroglyphique égyptien met à même de lire les noms propres.

Grâce à Th. Young, à Champollion et à leurs habiles successeurs, MM. Lepsius, de Rougé, Mariette, etc., la science a fait de grands pas dans la lecture et l'explication de l'ancienne langue de l'Egypte.

L'histoire du furet[3], chez les anciens, est moins détail-

[1] *De leg. div. translat. Hist.*, p. 118, Flav. Joseph, ed. Haverc.

[2] II, 36, cap. τί γαλῆν ; *quomodo mustelam ?*

[3] Γαλῆ ἀγρία, Strab. ; *Viverra*, Pline.

fée ; mais Strabon et Pline fixent avec précision sa patrie, ses mœurs, son emploi.

Je cite le passage : « La Turdétanie, dit Strabon [1], produit une espèce de petits lièvres (λεϐηρίδας, lisez λεπορίδας [2]) qui creusent sous terre et que quelques-uns nomment *léborides ;* ils détruisent les semailles et les arbres, dont ils rongent l'écorce, les racines. Ce fléau est commun à l'Ibérie presque entière et s'étend jusqu'à Marseille et même jusqu'aux îles. On dit qu'*autrefois* [3] les habitants des îles Gymnésiennes (Majorque et Minorque), ne pouvant plus résister à la grande quantité de ces animaux, députèrent vers les Romains pour leur demander des terres à habiter. Il est possible qu'on soit forcé de prendre ce parti dans une semblable extrémité, comme en effet il y a des exemples de pays abandonnés à cause des serpents et des mulots. Mais ces cas, dus à une constitution pestilentielle de l'air, sont très-rares. Pour les cas ordinaires, les Ibères ont inventé plusieurs moyens de faire la chasse aux lapins, et entre autres celui des furets, que produit la Libye, et qu'ils nourrissent soigneusement exprès (γαλὰς ἀγρίας ἅς ἡ Λιϐύη φέρει, τρέφουσιν ἐπίτηδες). Lâchés dans les terriers, après avoir été muselés, ils tirent dehors avec leurs griffes les *léporides* qu'ils rencontrent, ou les forcent à quitter leurs terriers. Les chasseurs les prennent à la sortie. » Ce passage, un peu long, que j'ai cité en entier, est très-curieux

[1] III, p. 144, éd. Casaub. ; I, 412, 413, trad. franç. ; I, 188, éd. Coray.

[2] De là le mot *lapin*, de λαπος, vieux mot éolien, déjà abandonné pour λαγος du temps d'Homère, et conservé dans *lepus, leporis*, des Latins. C'est un fait curieux transmis par Varron, *Ling. lat.*, IV, 25, et *De re rust.*, III, 137. Vid. Salmas., *Plin. Ex.*, p. 200, sqq.

[3] Ποτε ne signifie pas *autrefois*, mais *un jour*. — Pline dit que ce fut sous Auguste, VII, 55; or, Strabon était contemporain de ce prince.

pour l'histoire du furet et du lapin. Pline [1] nomme *viverra* les furets, que Strabon appelle γαλᾶι ἀγρίαι, et abrége le passage classique du géographe grec. Il ajoute pourtant à l'histoire du lapin, qu'il nomme *lepus*, et que l'Espagne appelait *cuniculus*, ce fait singulier : « Que les Baléares demandèrent à Auguste des troupes pour les défendre contre les lapins. (*Certum est Balearicos adversus proventum eorum* (*cuniculorum*) *auxilium militare à divo Augusto petiisse.*) »

Strabon dit que le furet est originaire de la Libye. Cette assertion est confirmée par Shaw, qui a vu le furet sauvage en Barbarie, où il se nomme *nimse*, et a été fortifiée pour moi du témoignage d'un Anglais instruit, M. Dusgate, qui a passé huit mois dans ce pays.

Je dois relever encore une erreur de Dutheil qui, dans sa note [2], dit que le γαλῆ ἀγρία de Strabon, le *viverra* de Pline, est le même animal que les Grecs nommaient γαλῆ ταρτησία, *belette de Tartesse*, sans faire attention au lieu natal d'où les Tartessiens le faisaient venir pour l'employer à la chasse aux lapins. L'erreur est palpable ; car le furet n'est que de peu de chose plus gros que l'hermine, et le *galè* de Tartesse était l'un des plus grands animaux de ce genre.

Suidas l'assure [3] : « Tartesse, dit-il, est une ville sur l'Océan, hors des colonnes d'Hercule, où naissent les plus grands *galès.* »

Le scoliaste d'Aristophane [4] et Hésychius rapportent que *galè de Tartesse* était synonyme de *grande galè.*

Je pense que cette dernière espèce, citée par Hérodote,

[1] VIII, LXXX, t. I, p. 483, éd. Hard.
[2] *L. c.* Strab.
[3] V.
[4] Ad Ran. 478.

les auteurs grecs du moyen âge et les médecins arabes, est la civette, *civetta viverra* de Linné.

C'est l'espèce qu'Hérodote indique en Afrique sous le nom de *galès* : « comme naissant dans le Silphium, et ressemblant extrêmement à celles de Tartesse [1]. »

Voici les rapprochements qui me font présumer que le *Tartessia galè* est la civette. C'est d'abord sa taille ; elle est indiquée comme la plus grande des *galès* ou mustèles. Ce ne peut donc être la genette, *genetta viverra*, petit animal d'un pied de long et de quatre pouces et demi de haut.

De plus l'habitation de cette grande *galè* est le pays des Libyens nomades, où l'on trouve, dit Hérodote [2], des bubales, des ânes d'une espèce particulière (probablement le zèbre), des oryes (l'antilope oryx), des hyènes, des porcs-épics, des thoès (le chacal), des panthères, des autruches, des crocodiles terrestres de trois coudées de long et très-semblables aux lézards; outre cela, trois espèces de rongeurs, μυῶν, les *dipodes* (la gerboise) [3], les zégéries et les échinées. Il y a aussi des *galès* indigènes dans les champs de Silphium, et qui ressemblent beaucoup à celles de Tartesse. Telles sont, ajoute Hérodote, autant que j'ai pu le savoir par les plus exactes recherches, les espèces d'animaux sauvages que possède le pays des Libyens nomades. »

Ce pays est la partie de l'*Africa* des Romains, au sud de

[1] Εἰσὶ δέ γαλαῖ ἐν τῷ Σιλφίῳ γινόμεναι, τῇσι Ταρτησσίῃσι ὁμοιώταται. — La traduction de Larcher est fautive, comme c'est sa coutume dans tout ce qui tient à l'histoire naturelle, qu'il ne connaissait pas. Il dit : « Il naît, outre cela, dans le Silphium, des belettes qui ressemblent à celles de Tartesse. » Il ne fallait pas choisir la belette, la plus petite des *galès*, pour faire dire à Hérodote qu'elles ressemblent (et le grec ajoute le superlatif) à celles de Tartesse. La faute est palpable.

[2] IV, 192.

[3] La gerboise se reconnaît aisément avec le silphium sur les monnaies de Cyrène. Vid. *Thes. brit.*, t. II, p. 124. Shaw, t. I, p. 321.

la petite Syrte et du lac Triton, le royaume de Tunis actuel avec la portion de l'Atlas qui s'étend vers le midi au delà de Tozzer et du lac Pharaon, nommée le pays des dattes.

Or, la civette, *civetta viverra*, nous vient des contrées chaudes de l'Afrique, et les espèces citées par Hérodote, comme cohabitantes de son *galè*, sont propres aux contrées les plus chaudes de l'Afrique, et y vivent encore avec la civette.

La civette serait la plus grande des *galès*, puisqu'elle a deux pieds quatre pouces de long, sans compter la queue, et dix à douze pouces de hauteur au garrot, tandis que la fouine, la martre et le putois, les plus grandes espèces du genre γαλῆ ou *mustela*, n'ont que de douze à dix-huit pouces de long. Cette espèce est très-remarquable par le parfum que produit sa bourse, organe particulier aux civettes, situé entre l'anus et les parties de la génération.

« On élève beaucoup de civettes en esclavage pour leur parfum. L'Abyssinie est un des pays où l'on nourrit le plus de civettes, et Poncet assure qu'à Enfras on en élève une quantité si prodigieuse, qu'il y a des marchands qui en ont jusqu'à trois cents[1]. »

Or, l'Abyssinie possède presque toutes les espèces qu'Hérodote décrit comme vivant avec sa *gâlè* africaine.

L'identité du nom et du parfum serviront à nous faire reconnaître cette espèce chez les anciens.

Nicétas[2] réunit au nombre des parfums le musc, la civette et l'ambre : μόσχον, ζαπέτιά, ἄμβαρ; et Achmès, dans *l'Onérocrite*, appelle ce parfum *galæum* : « ἠλείψατο μόσχῳ καὶ γαλαίῳ προς το εὐοδεῖν; il se faisait oindre de musc et de *galæum* pour sentir bon. » Il nomme aussi γαλῆ

[1] F. Cuvier, *Dict. des Sc. nat.*, t. IX, p. 338, 339.

[2] En Isacio, cité par Saumaise, *Plin. Exercit.*, 237. *E*.

l'animal qui fournit le musc, appelé par Avicenne [1] *galia* et *algalia*, que le lexique grec-arabe explique ainsi : γαλία ὁ ζαπέτης.

Voilà donc les synonymies des mots *zapetès* et γαλία, ζαπέτιον et *galæum*, γαλῆ et ζαπέτης, bien établies. Le caractère de grandeur tend à nous faire reconnaître la civette dans le γαλῆ d'Hérodote.

Celle de Tartesse, Ταρτησία γαλῆ, était peut-être la civette élevée en esclavage pour son parfum, que cette ville commerçante tirait de l'intérieur de l'Afrique, du pays des Touariks et des Tibbos, du pays des dattes (les Libyens nomades), et qui, dans la domesticité, avait subi quelques changements peu considérables, soit pour la taille, soit pour la couleur du poil.

Cette conjecture, appuyée sur d'assez grandes probabilités, a l'avantage de concilier et de coordonner tous les textes anciens et les caractères tirés de la grandeur, de l'origine et du parfum de cet animal très-remarquable.

Maintenant on pénètre aisément la cause du vague et de la confusion qu'a produits dans l'interprétation des auteurs anciens la généralité du mot γαλῆ, qui désigne seul tantôt le chat, tantôt la fouine domestique, tantôt la belette, et, avec une épithète, le putois, la martre et le furet, et même une espèce de viverra aussi remarquable par son odeur que la civette.

On sentira, je crois, qu'il était assez difficile d'établir, d'après les textes anciens, une détermination exacte des espèces, de fixer avec une certaine précision leurs caractères spécifiques et leur synonymie.

Cependant, il résulte, à ce qu'il me semble, des passages que j'ai recueillis, des rapprochements que j'en ai faits, d'inductions qu'ils présentent :

1° Que le mot γαλῆ était générique et s'appliquait an-

[1] Cap. 327.

ciennement chez les Grecs, soit au chat, soit aux mustèles qui avaient un emploi semblable, ou des mœurs et des habitudes analogues, soit encore à une espèce du genre *viverra* de Linné, la civette.

2° Que plus tard, même quand le nom d'αἴλουρος eût été appliqué au chat, ce nom désigne plus communément le chat sauvage, et le nom de γαλῆ fut encore attribué au chat domestique et à une mustela, la fouine (*mustela foina*, Linné), apprivoisée et employée conjointement avec le chat, par les Grecs et les Romains, à la destruction des rongeurs qui infestaient leurs maisons.

3° Que le γαλῆ seul, depuis Hérodote, désigne tantôt la fouine, tantôt la belette, tantôt le putois, comme le nom latin *mustela*, qui a une acception générique presque aussi étendue, tantôt avec une épithète indiquant l'espèce, la martre et la fouine sauvages, le furet et même la civette, espèce du genre *viverra*. En effet, toutes les espèces de ces genres d'animaux carnassiers et vermiformes ont une grande analogie et un air de famille très-remarquable.

4° Qu'il faut attribuer à la patrie du chat une zone beaucoup plus étendue que celle qui lui est assignée par les naturalistes modernes, qu'il existait dans l'état sauvage et domestique depuis la Chine et l'Inde jusque dans l'Asie Mineure, la Syrie, l'Egypte et l'Italie, la Libye septentrionale probablement, et que le chat de nos forêts n'est qu'une espèce redevenue sauvage, comme les chevaux du Paraguay.

5° Que l'époque de la domesticité du chat remonte, chez les Chinois, les Egyptiens, les Indiens, les Grecs et les Hébreux, à des temps très-reculés ; que peut-être il a suivi, ainsi que le cheval, le bœuf, le cochon, le paon et le coq, dans leurs migrations, les peuplades indo-scythiques, dont l'invasion en Europe est antérieure aux siècles historiques, mais dont la trace irrécusable reste dans les rapports de leur ancien langage avec les diverses langues de l'Europe.

6° Que les Grecs et les Romains avaient rendu privée une espèce de *mustela*, qui est certainement la fouine, et l'avaient associée au chat dans la fonction de chasser les souris et autres rongeurs; qu'elle leur servait de plus à détruire les serpents et les reptiles.

7° Enfin, qu'une monographie, une synonymie exacte des espèces décrites ou indiquées par les anciens sous les noms vagues de γαλῆ, de *mustela*, de *viverra*, était utile pour l'histoire naturelle et pour l'intelligence des auteurs anciens, puisque les traducteurs modernes ont toujours rendu, par le mot *belette*, les mots γαλῆ et *mustela*, tandis que ces noms désignent presque toujours des animaux du même genre, mais d'espèces très-différentes pour la taille, la couleur, les habitudes et les propriétés.

OBSERVATIONS

SUR LES HEURES DU RÉVEIL ET DU CHANT

DE QUELQUES OISEAUX DIURNES

EN MAI ET JUIN 1846 [1].

Ces observations ne portent que sur huit espèces d'oiseaux diurnes, qui habitent tous, pendant le printemps et l'été, le jardin de ma maison, rue de Larochefoucault. Le calendrier du réveil et du chant de mes hôtes a été dressé chaque nuit, à Paris, depuis le 1er juin jusqu'au 6 juillet 1846, et dans ma terre de Landres, près de Mortagne, département de l'Orne, depuis le 7 jusqu'au 23 juillet de la même année.

Ces huit espèces d'oiseaux sont, en les rangeant suivant l'ordre d'antériorité de leur réveil et de leur chant, depuis le 1er mai jusqu'au 6 juillet :

1° Le pinson, d'une heure à une heure et demie du matin ;

2° La fauvette à tête noire, de deux à trois heures;

3° La caille, de deux heures et demie à trois heures [2];

4° Le merle noir, de trois heures et demie à quatre heures [3];

[1] Extrait des *Ann. des Sciences natur.*, trois. série, t. X.

[2] Juin 1846 a été très-chaud; mon jardin était arrosé : voilà pourquoi la caille, qui aime un sol frais, est venue habiter quinze jours rue de Larochefoucault, et comment j'ai pu l'observer à l'état libre dans les murs de Paris.

[3] Merle chantant, par conséquent en amour, et ayant fécondé sa

5° Le rossignol de murailles ou fauvette à ventre rouge, de trois heures à trois heures et demie ;

6° Le pouillot, à quatre heures;

7° Le moineau franc, de cinq heures à cinq heures et demie;

8° La mésange charbonnière ou grosse mésange, de cinq heures à cinq heures et demie.

On voit, par ces chiffres, que le pinson est le plus matinal, et le moineau le plus paresseux des oiseaux que j'ai observés. Est-ce de cette habitude reconnue qu'est venu le dicton : *Gai, éveillé comme un pinson?* Quant au moineau, qui vit dans la société de l'homme, et qui pullule dans les villes, aurait-il contracté, par cette cohabitation, les habitudes paresseuses des oisifs et des citadins ? Le fait est que je n'ai observé qu'une fois, le 5 juin, un moineau levé à trois heures et demie ; encore avait-il été éveillé par un merle privé, habitant de ma maison, qui, depuis une heure, sifflait à plein gosier.

Mais, pour qu'on puisse accorder quelque confiance à mes observations, il faut nécessairement que je décrive mes habitudes, et la position de mon observatoire.

Depuis trente ans, le printemps et l'été, je me couche régulièrement à sept heures, et je me lève à minuit. Mon cabinet de travail donne sur le jardin, et la chaude température des mois de mai et de juin 1846 m'obligeait à tenir toujours les fenêtres ouvertes. J'avais disposé un appareil pour garantir les familles des oiseaux qui venaient me demander l'hospitalité contre les attaques des chats, qui, les années précédentes, avaient dévoré leurs petits :

femelle ; le 11 janvier 1851 de 10, à 11 h. du matin ; le 12, à 1 h. 20 m., à la température de 15° cent.

Observation faite à Paris, dans mon jardin, rue de Larochefoucault, 25.

ils étaient devenus familiers avec moi, et j'ai pu, en visitant leurs nids, déterminer la cause du réveil plus ou moins hâtif de chaque espèce. Le 4 juin 1846, la fauvette à tête noire et le merle ont commencé à chanter à deux heures et demie du matin. Frappé de cette anomalie, je vais inspecter leurs nids ; je trouve leurs petits éclos. Je pensai d'abord que c'était une manifestation de la joie paternelle et maternelle; mais je me suis bientôt convaincu de mon erreur. Le besoin de plus d'heures de veille, pour nourrir la famille augmentée, avait avancé d'une heure et demie leur réveil, qui, auparavant, n'avait eu lieu qu'à quatre heures, le 1er juin et les jours précédents. Il faisait alors un beau clair de lune, et j'ai pu voir les pères et les mères de ces deux espèces occupés constamment à chercher sur le gazon et dans les plates-bandes les insectes et les aliments qui devaient servir à la nourriture de leur famille.

J'avais inspiré une telle confiance à mes merles sauvages, qu'il en ont abusé pour leur perte, et cet excès de sentiment moral, très-louable sans doute, quoique assez rare, même chez l'homme, a causé deux fois leur ruine et l'anéantissement de toute leur famille.

Voici le fait exact, décrit et observé par moi avec une attention scrupuleuse.

Le temple dorique en bois, placé au bout de mon jardin, est entouré d'un péristyle formé par un réseau de branches sèches dont les mailles sont assez serrées pour exclure un chat et assez larges pour le passage d'un merle.

Au milieu se trouve un socle, formé d'un gros tronc de bouleau, qui attendait un héros dorien, Agésilas, par exemple, laboureur habile, boiteux, déguenillé, mais pauvre et pratiquant en réalité le mépris des richesses.

Durant deux années consécutives, de deux pontes chacune, mes pauvres merles, trop confiants dans ma protection, y ont placé leurs nids. Tout alla bien pour l'éclosion et les huit jours qui la suivirent : les petits étaient muets; mais quand ils commencèrent à piailler pour demander la becquetée, dix chats au moins d'accourir, et de s'accrocher aux mailles, d'allonger leurs griffes crochues; et en les effrayant, les menaçant, les fascinant par la peur, comme le serpent, ils forçaient les pauvres petits à se jeter eux-mêmes dans leurs griffes cruelles.

Le 26 juin, étant à ma campagne, j'ai entendu, à deux heures du matin, les cailles chanter tout autour de moi. Je n'ai pu vérifier le fait aussi directement que je l'ai fait pour le merle et la fauvette de mon jardin de Paris; mais l'éclosion des petits, et le besoin d'une nourriture plus abondante, sont, j'ai lieu de le croire, la véritable cause de ce réveil anticipé, qui devance de deux heures le lever du soleil.

Je terminerai cette courte note par une observation qui prouve une certaine sagacité et une faculté d'imitation très-prompte chez deux espèces d'oiseaux chanteurs : la fauvette à tête noire et le merle.

Le 11 juin, je m'étais levé à minuit, les fenêtres de ma bibliothèque ouvertes, et ma lampe carcel allumée.

A minuit et demie la fauvette s'éveille, et chante sur l'acacia placé à quatre mètres de ma fenêtre. Prend-elle pour le jour le carcel qui éclaire ma veille? Une heure et demie se passe : elle ne chante plus. Il est clair qu'elle a reconnu son erreur, et que ce petit globe enflammé n'est pas le soleil. Il est certain aussi que ce n'est pas le besoin d'une plus grande quantité de nourriture qui a avancé son réveil, car j'ai inspecté le nid, et les œufs n'étaient pas éclos.

Mon portier nourrissait en cage un merle privé, auquel il avait appris à siffler avec beaucoup d'enthousiasme les airs patriotiques de *la Marseillaise* et de *la Carmagnole*, et qu'il plaçait dans la cour, près des fenêtres de ma bibliothèque. On le renfermait tous les soirs dans une chambre obscure. Le 8 juin, on oublie de le rentrer; dès minuit un quart, trompé par l'éclat de ma lampe, il éveille toute la maison en chantant à gorge déployée les airs qu'on lui avait enseignés. A ces chants patriotiques, les merles sauvages répondent; et de minuit un quart à sept heures du matin, le merle privé et les merles libres chantent à tue-tête, de son côté, les notes qu'ils ont apprises dans leur enfance. Les merles sauvages étaient certainement entraînés par un guide trompeur; ce n'était pas le sens de la vue frappé par la lumière qui déterminait cette explosion musicale, car leur nid était placé à trente mètres de ma bibliothèque; et j'ai observé que, par un temps clair et par la pleine lune, le merle ne chante qu'une demi-heure avant l'aurore, excepté le cas de la naissance de ses petits, et le besoin de plus d'aliments et de plus d'heures de travail pour se procurer leur nourriture.

Le 17 juin, le merle républicain est encore oublié dans ma cour; il renouvelle la scène du 9 juin, met en voix tous les merles libres, et réveille de nouveau tous les habitants de ma maison. Je descends, et, pour le punir, je le mets au cachot dans un endroit obscur. Au bout d'une heure, le croyant corrigé, je le délivre et le remets à sa place accoutumée. Un quart d'heure s'écoule à peine, et l'incorrigible républicain chante de nouveau à tue-tête le *Ça ira* et *la Marseillaise*. Je descends plusieurs fois dans la nuit, et tout de suite, en me voyant, il se tait. Reconnaît-il en moi son juge et son geôlier?

Les vieux merles libres ont toujours refusé de chanter les chansons républicaines; mais un même couple de merles avait produit trois générations successives dans mon jardin, dans la même allée, sur le même tilleul, et dans le même nid, protégé par moi contre la griffe des chats voisins et des miens. Comme l'espace est borné, et qu'il n'offrait pas, sans doute, une nourriture suffisante à un peloton de quinze merles arrivés à l'état adulte, depuis le 10 mars jusqu'au 25 juin, mes jeunes élèves m'avaient abandonné, et j'attendais impatiemment leur retour; j'étais curieux de savoir si le chant artificiel du merle privé, qui avait frappé leurs oreilles pendant leur enfance et leur adolescence, l'emporterait sur la langue maternelle qu'ils avaient apprise de leurs parents. Enfin, le 18 et le 20 juin, à quatre heures du matin, le merle privé étant renfermé et couvert, j'entends dans mon jardin retentir les deux phrases des chants populaires *Ça ira*, et *Aux armes, citoyens*, que leur avait sifflés tant de fois mon merle républicain. Ce petit fait m'a semblé assez curieux, quoique tout le monde ait pu observer que certains oiseaux chanteurs élevés en captivité, et sifflés dans leur enfance, ont oublié leur langue maternelle pour la langue artificielle qu'on leur a apprise.

Le 14 juin, j'entends chanter la fauvette à une heure trois quarts; le ciel était légèrement floconneux, la lune en décours. J'inspecte le nid; les petits étaient éclos. On sait qu'en général les oiseaux chanteurs, le merle, la grive-mauvis, le rossignol, chantent plus tôt et plus longtemps, surtout le mâle, quand ils ont des petits. J'ai vérifié ce fait pendant plusieurs années sur un grand nombre d'espèces d'oiseaux chanteurs.

Je consignerai ici deux observations, dont l'une a rapport à l'histoire et au chant du merle noir, et l'autre aux circonstances locales et encore inconnues qui peuvent influer sur l'organe vocal.

Chant du merle noir d'Italie.

En mai et juin 1830, j'ai traversé à pied les Apennins, de Novi à Gênes et de Gênes à Carrare. J'ai été fort surpris d'entendre le merle noir sauvage moduler un chant trèsmélodieux, tout différent de celui de cet oiseau dans nos contrées. Je me suis glissé sans bruit, je me suis caché; alors j'ai vu et ouï chanter l'oiseau à sept mètres de moi. Le mâle surtout, au bec jaune, aux pieds noirs, au plumage noir sans tache, ne m'a laissé nul doute sur l'identité de l'espèce. Le climat, les eaux, l'air, les montagnes, le plus ou moins de tension électrique, ont-ils une influence sur la voix? Bref, l'oiseau est le même, mais son chant est tout différent de celui de notre merle. Les réfugiés italiens, chasseurs et musiciens, ont éprouvé la même surprise que moi pour le merle italien, en entendant chanter notre merle parisien par une belle soirée, dans nos jardins de la rue de Larochefoucault. M. A. de Humboldt m'a assuré que la même variation existait dans les Canaries pour le chant des serins.

En 1811, j'avais visité Bergame. J'y remarquai à la fois beaucoup de goîtres et des voix en grand nombre très-fortes et très-mélodieuses. Cette position, les circonstances inconnues que j'ai indiquées plus haut ou d'autres encore, influent-elles en bien ou en mal sur l'organe vocal? Je consignai le fait. Scarpa et Mascagni, avec qui j'en causai, me dirent que le fait reconnu par eux était le nombre de goîtreux et de belles voix plus considérable à Bergame que dans aucune ville d'Italie, et hors de proportion avec les populations respectives.

Le professeur Orioli a aussi observé le même fait, et m'a transmis son témoignage. Le même phénomène avait été déjà observé à Zama par Vitruve et Pline, témoins oculaires [1].

J'ai joint à ce petit mémoire un tableau contenant les heures du chant de huit espèces d'oiseaux, avec les maxima et minima de température.

[1] Voyez mes *Recherches sur la géographie et l'histoire de l'Afrique septentrionale*, article Zama.

Tableau des heures du réveil de quelques espèces d'Oiseaux.

ESPÈCES.	ÉPOQUES ET DATES des phénomènes de la vie animale, déduites des observations modernes.	TEMPÉRATURE des époques de la colonne précédente. Maxima.	Minima.
	1846.	Therm. C.	Therm. C.
COUCOU (*Cuculus Canorus*, L. C.) D'EUROPE.	12 juillet. Chante dès le 5 mars. S'est tu le 20 juin.	+27	+8,5
COUCOU ADULTE.	Pris le 14 juillet.	+29	+12
CAILLE (*Tetrao coturnix*, Cuvier).	Chante du 1er mai au 8 et au 14 juillet même.	+23	+13
ENGOULEVENT.	13 juillet. — Sort du nid adulte. Nourri en cage de pain, lait, œufs.	+28	+10
MAUVIS (*Turdus iliacus*, Cuvier).	10 juillet. — Chante encore le 26, pond, chante jusqu'au 1er septembre.	+22	+9,5
CANARDS DOMESTIQUES	14 juillet. — Levés à 0,2. — Orage, éclairs continus.	+26	+9,5
HIRONDELLE DE CHEMINÉE.	14 juillet. — Chante à 0,2.	+26	+9,5
HIRONDELLE D'ENTABLEMENT.	Id. Id.	Id.	Id.
FAUVETTE A TÊTE NOIRE (*Motacilla atricapilla*, Cuvier).	14 juillet. — Chante à 0,3.	+26	+9,5
LORIOT (*Oriolus galbula*, Lin.)	21 juillet. — Chante 2 h. après midi. (A Pigeon-Saint-Hilaire, près Mortagne.)	+23	+8
CHAT-HUANT (*Strix stridula*, C.) MAUVIS	23 juillet, 3 h., crépuscule naissant. L'oiseau diurne et l'oiseau nocturne chantent simultanément.	27 1/2	12
	1847.		
MERLE (*Turdus merula*, Cuvier).	29 mars, 5 h.	»	6
ROUGE-GORGE (*Motacilla rubecula*, Cuvier).	Id.	»	»

LE BOCAGE PERCHERON

MOEURS ET COUTUMES DE SES HABITANTS.

Situation physique et géographique.

Le pays dont je vais tracer rapidement l'histoire ancienne et l'état actuel forme un des points les plus élevés de l'intérieur de la France. Le sol est généralement montueux, coupé, inégal. Les coteaux, les montagnes, y ont depuis 150 jusqu'à 350 mètres au-dessus du niveau de la mer. La mesure exacte pour le point de partage des eaux est de 150 à 350 mètres et non de 200 à 600 mètres, comme l'indiquait mon édition de 1820. Depuis cette époque jusqu'en 1856, la géologie et la géographie ont fait de grands pas. Les hauteurs du Perche et les cimes qui séparent le département de l'Orne de ceux de la Sarthe et de la Manche, forment le point de partage des eaux qui se versent au nord dans la Manche, d'elles-mêmes ou par la Seine, et au sud par la Loire seulement dans l'Océan.

L'Huine, l'Iton, l'Eure, la Rille et l'Orne d'un côté ; de l'autre, la Sarthe, la Mayenne et leurs affluents, prennent toutes leur source dans le Perche et le département de l'Orne, et se jettent dans la Manche ou dans l'Océan. C'est le point culminant de cette portion de l'intérieur de la France. C'est là qu'aboutit l'extrémité de la chaîne primitive qui coupe en deux la Bretagne, près de Brest, et vient finir auprès d'Alençon. Le vent d'ouest est le vent dominant. Tous les arbres sont inclinés de l'ouest à l'est. Les hivers sont plus rudes qu'à Paris; les printemps plus froids; les automnes très-beaux ; la neige y dure peu ; les pluies sont fréquentes; les brouillards assez rares, sauf dans les vallées.

Constitution géologique et minéralogique.

La constitution géologique et minéralogique du sol de ce pays est très-variée, et présente aux savants une étude intéressante et facile. Les montagnes sont accessibles et peu élevées. Elles offrent cependant en miniature l'abrégé complet des Alpes et des Pyrénées. En deux ou trois lieues de marche, vous pouvez parcourir, observer tous les divers systèmes de stratification, depuis le granit, le porphyre, le gneiss, le calcaire primitif, jusqu'au trapp, à l'amphibole, aux couches de schiste, d'argile, de calcaire secondaire, coquillier, et enfin jusqu'aux progrès modernes, et aux terrains de transport de la dernière révolution.

Selon que le sol s'élève ou s'abaisse, vous trouvez dans le terrain primitif les métaux, le béril, le quartz enfumé (émeraude de Limoges et diamant d'Alençon) : dans les terrains de formation postérieure, les marbres, les pétrifications, les impressions de végétaux ou d'animaux sur l'argile, le calcaire, la magnésie ou la silice. Un géologue, en quinze heures, peut se rendre sur le terrain par la grande route de Brest, et y faire, avec toutes les facilités possibles, des recherches utiles que je n'ai fait qu'indiquer, mais que j'indique avec confiance.

Les autres métaux sont plus rares. Le fer se trouve partout et sous des formes très-variées, même dans les terrains les plus modernes. Les marnes ou carbonates calcaires y sont très-communes, et sont exploitées pour l'agriculture. Cette partie du règne minéral ayant été peu travaillée, je la désigne à l'attention des savants. On a trouvé des mines d'or, dit-on, près du monastère de la Trappe, des pyrites sulfureuses : le gypse ou le sulfate de chaux n'y a pas encore été observé. La houille, la tourbe, ont été reconnues, mais n'y sont pas exploitées.

Toutes ces indications de minéraux et de métaux ne reposent que sur les assertions d'écrivains peu versés dans les sciences administratives ou antiquaires de province.

Presque toutes sont erronées ; en 1823 la carte géologique de la France était encore à naître. La carte géographique du dépôt de la guerre, au quatre-vingt millième, avec les hauteurs barométriques, en était à la triangulation générale. Deux cents cartes ont été gravées et publiées. La fin du dix-neuvième siècle recevra-t-elle l'achèvement de cette belle description graphique de la France? Heureusement toutes deux sont complètes pour l'Orne; je m'en servirai pour rectifier, dans la publication du Bocage percheron, mes erreurs, qui sont aussi celles de l'époque.

La zoologie, l'entomologie et la botanique peuvent espérer quelques succès de recherches bien faites dans un sol aussi varié par sa température, sa constitution, ses forêts, ses eaux, ses plaines, ses collines, ses montagnes et ses vallées.

Son agriculture est aussi variée que le pays.

Arthur Young (et c'est une grande autorité) en a fait un pompeux éloge.

Vie, mœurs, usages, nourriture des paysans.

Les habitants vivent, en général, comme tous ceux des *pays de Bocage*, dans des maisons isolées, au milieu de leurs champs, de leurs prés, de leurs bois, et toujours à côté de leurs cultures. Les villes sont assez éloignées, peu considérables[1]; les bourgs plus nombreux, quoique généralement médiocres. Dans ces bourgs, les maisons sont souvent isolées; et cependant la population de ces trois départements est de plus de 1,250,000 âmes. Aussi les mœurs, les usages, la langue des campagnards, restent, depuis huit cents ans, presque immuables. La fréquentation des habitants des villes ne polit ni n'use leur langage, leurs manières, leurs habitudes. Une fois par semaine, ils vont porter leurs denrées à la ville voisine, où leur voix haute et brusque, leur patois rude, leur immobilité dans la foule, leurs vêtements gris, leurs longs cheveux sans poudre, leur ont valu le sobriquet de *sangliers*. Un cultivateur, comme au premier temps de la société, comme aujourd'hui dans les forêts de l'Amérique septentrionale, sait ordinairement faire un peu de tout. Il est souvent maréchal, vétérinaire, charron, charpentier, tonnelier, tisserand, laboureur et maquignon tout ensemble.

Le blé, le seigle, l'orge, l'avoine, le sainfoin, le trèfle, les pois, les vesces, les racines, le chanvre et le lin, les pommes, les poires, les taillis, l'éducation des bœufs, des moutons, des cochons, des chevaux, leur amélioration, celle des oies, des volailles, occupent toute l'année le ménage champêtre, et se trouvent souvent réunis dans une ferme de 25 hectares, ou 50 arpents d'étendue.

Les vieilles mœurs s'y conservent. Dans ce pays, le dicton :

Du côté de la barbe est la toute-puissance,

garde encore toute sa vertu. La fermière, qu'on appelle *la*

[1] Les trois chefs-lieux n'ont, le Mans, que 18,533; Alençon, que 13,234; et Evreux, que 9,238 habitants.

Imprimé en 1823. Vrai alors. Aujourd'hui, le Mans a 27,039 hab.; Alençon, 14,760 hab.; Evreux, 12,877. *Annuaire du Bureau des longitudes*, pour l'année 1856, p. 207, 213, 215.

maîtresse, et qui nomme son mari *son maître* ou *le maître*, quelque lasse qu'elle soit, ne s'assied jamais à table avec ses domestiques mâles. Elle leur fait la cuisine, les sert, et mange debout, ainsi que toutes les femmes ou filles sans exception. Le maître est à table avec eux, et mange à la gamelle, comme Abraham avec ses serviteurs et ses esclaves.

Si la maîtresse (la fermière) accouche, on demande : Est-ce un gars ? Quand le contraire arrive, on dit : *Ouin, c'est qu'eune criêture* (une fille) ; et, en effet, un homme a ici quatre ou cinq fois autant de valeur qu'une femme. Telle forte et robuste servante, propre à tous les gros ouvrages, ne gagne que 36 francs et sa nourriture par an, tandis qu'un laboureur est payé de 150 à 200 francs pour l'année. Les domestiques s'habillent à leurs dépens.

Voici qui nous ramène un peu aux mœurs des Hurons et des Iroquois. Il y a trente ans (les mœurs ont gagné), on soignait mieux la vache ou la jument que la femme ou la fille. Si l'une des deux bêtes était malade, on allait vite chercher le vétérinaire et les remèdes. Si la femme ou la fille était alitée, on disait : *J'espère* (pour *je crois*) *qu'elle en mourra*, et on laissait la pauvre *criêture* se débattre avec son pot de *citre* (cidre) et sa *fieuvre* ou sa *piurésie*.

J'ai quatre-vingts ans et j'habite ce pays depuis 1783. L'amélioration des grandes routes, des routes départementales, surtout des chemins de grande, moyenne et petite vicinalité, la création des chemins de fer, ont sans doute en soixante-treize ans modifié plusieurs traits de ce tableau; mais les croyances et les modes ont plus changé dans le Bocage percheron que les mœurs, les usages et les pratiques agricoles.

Cependant, contraste bizarre, et nouveau rapport avec les mœurs primitives, l'hospitalité, la charité, sont exercées par ces campagnards dans toute leur étendue. Un inconnu, un mendiant déguenillé arrive le soir; on lui donne la place d'honneur au coin du feu. Il s'assied près du maître, mange les mêmes mets, est servi par la maîtresse de la maison, qui reste debout pendant le repas, et repart le lendemain après avoir déjeuné de même, pour chercher ailleurs la même hospitalité. Cette confiance, dont il y a peu d'exemples qu'on ait abusé, fait honneur aux uns et aux autres.

Il y a vingt ans, un Percheron, habitant les campagnes, n'employait pour son habillement presque aucun produit de l'industrie, presque aucun objet manufacturé.

Ses bouleaux, ses aulnes, ses noyers, et surtout ses hêtres, lui fournissaient et lui fournissent encore les sabots forts et légers, qui sont la meilleure chaussure dans un terrain frais et argileux, sujet, par son élévation, par l'abondance des arbres dont il est couvert, à des pluies fréquentes ; et les pluies produisent beaucoup de boue, que l'ombrage des arbres cónserve.

La paire de gros souliers ferrés, qui dure souvent cinq à six ans, est faite, pour la semelle, avec deux cuirs de bœuf des plus forts ; pour l'empeigne, avec du cuir de vache, et est presque imperméable à l'eau et *même à la rosée*. Il serait bon que les chimistes cherchassent la cause de cette différence de perméabilité pour le cuir entre l'eau et la rosée. Le fait est constaté. L'explication, je crois, n'en a pas été donnée. Cette chaussure sert pour les charrois éloignés, pour la chasse, pour les voyages.

A cheval, le Percheron porte des gallicelles ou guêtres de cuir, et des houseaux, espèce de bottes fortes en cuir, sans pied, et qui s'attachent avec deux courroies et deux boucles. Ses bas, ses chaussons sont fabriqués avec de l'*étain*, sorte de laine grasse formée de la dépouille mêlée de ses moutons, dont un tiers est noir et deux tiers blancs. Ce mélange produit une couleur gris de boue, extrêmement solide, ce qui lui a valu le nom d'*étain*. La nature elle-même a fait les frais de la teinture. La laine blanche fine a pris par extension le même nom. Ses culottes, son gilet, sa veste ou son habit, sont faits de cette même laine, filée, pendant les longues soirées d'hiver, par sa femme ou ses filles, tissée chez lui, et foulée au moulin à eau et à foulon qui mout sa *monnée*, c'est-à-dire la somme de grain que la famille consomme en huit jours. Ce mot de patois rappelle le passage de l'état où le commerce se faisait par échange, à celui où les métaux monnayés ont été introduits.

L'homme ne portait point de cravate ; sa tête était couverte d'un bonnet de laine grise ou rouge. La femme était habillée de la même étoffe ; leurs chemises sont faites avec la chanvre cultivé, filé, tissé par eux. Ils n'étaient donc tributaires du commerce et de l'industrie, les hommes que pour leur *mouchoir de nez* (encore leurs doigts en faisaient souvent le hasardeux office) ; les femmes, que pour leurs mouchoirs de cou et de *nez*, et pour leurs *corps* de baleine qu'elles portaient, il y a trente ans, comme du temps de François Ier. Espérons, pour nos bonnes Percheronnes, que le *polisson* (espèce de cylindre gonflé de toiles que les femmes s'attachent sur les hanches pour donner un peu d'ampleur aux jupes), espérons, dis-je, que le polisson ne cédera pas à l'envahissement notoire de la crinoline, vocable insignifiant qu'on devrait remplacer par un mot latino-militaire, synonyme de tente, tour et bastion.

Le mari avait, pour les beaux jours, un grand chapeau à la Basile, qui se transmettait de génération en génération.

La mode a vaincu les vieilles habitudes. Le luxe a gagné les chaumières. Les filatures de coton établies dans ce pays y ont introduit le goût et l'usage des cotonnades peintes. Le respectable *corps* a été abandonné pour un simple corset sans baleine. Les escarpins à cordons, les croix d'or, les déshabillés de toile peinte, les tabliers de mousseline, les grands bonnets de mousseline brodée, les bas de coton blancs ou bleus, remplacent aux jours de foires, d'assemblées ou de noces, l'antique et simple parure. Les hommes portent aussi des gilets de coton, des habits de drap manufacturé, de la poudre, les jours de cérémonie. On commence à danser en mesure, à jouer assez juste sur le violon des contre-danses. Le langage s'altère avec les vieilles coutumes. Les mœurs résistent encore. Fasse le ciel qu'elles ne suivent pas le torrent du siècle!

Jusqu'ici elles sont assez pures dans les campagnes, et surtout dans l'aristocratie du Bocage; car il y a des rangs marqués, une vraie noblesse parmi ces paysans.

La noblesse est le corps des fermiers, des propriétaires demeurant aux champs, cultivant les propriétés d'autrui ou leurs propres héritages.

Cette classe se distingue généralement par des mœurs plus pures et plus sévères, plus d'intelligence, d'assurance et de fierté, plus de droiture, d'obligeance et d'hospitalité. Elle regarde comme au-dessous d'elle les marchands, les ouvriers, ou manufacturiers des villes ou des bourgs, s'ils ne sont pas propriétaires fonciers.

Dans cette classe, peu de procès, presque point de crimes ou de délits. C'est un phénomène qu'une fille de fermier ait eu un amant déclaré, et fait un enfant avant le mariage. Leur exemple influe sur la classe des servantes. La chasteté est, pour les filles ou femmes de fermiers, ce qu'était le point d'honneur pour les gentilshommes : vous trouvez ce point d'honneur établi chez les Germains, leurs ancêtres, et chez les Gaulois du temps de César et de Tacite[1]. L'usage

[1] *Mor. German.*, XVIII XIX.

a établi des lois sévères qui contribuent à la maintenir; car, si une servante de ferme a un amant, et est surprise ou devient grosse, elle est tout de suite chassée sans pitié, ne peut se placer nulle part, ne peut plus se marier à personne; si le séducteur, qui n'est pas soumis aux mêmes peines, ne veut pas l'épouser, elle est obligée de nourrir son enfant, et d'aller mendier hors du canton pour soutenir son existence. Lorsque l'accident arrive à une fille de fermier, toute la famille se regarde comme déshonorée, et porte le deuil pendant deux ans. J'en ai vu, il y a trente ans, plus d'un exemple [1]. On sent qu'avec un pareil frein, les écarts doivent être assez rares. Les habitants des bourgs, des villes surtout, n'ont pas des mœurs tout à fait aussi pures; et c'est peut-être un des motifs qui, joints à l'espèce d'oisiveté où nos paysans les voient livrés, leur inspirent pour les bourgeois, pour les citadins, une sorte de mépris.

Cependant, avec cette pureté de mœurs et cette régularité dans la conduite, il y a une très-grande liberté dans les discours, une très-grande crudité dans l'expression. Toutes les choses s'y nomment par leur nom propre. On y *appelle un chat un chat.*

Les femmes et les filles sont chargées de l'accouplement des bestiaux, de la castration des volailles; elles rient à gorge déployée des plaisanteries des hommes et des gars, en font elles-mêmes de fort vives, et n'en sont pas, n'en restent pas moins sages.

[1] En 1789, l'arrondissement de Mortagne, sur 113,391 habitants, et 3,491 naissances, ne présente que 66 enfant naturels.

En 1801, sur 112,502 habitants, et 3,338 naissances, 110 bâtards seulement.

Premier semestre de 1803, 1,792 naissances, 23 enfants naturels seulement; et les villes, les bourgs y sont pour les six septièmes.

En 1856, le nombre d'enfants naturels est plus élevé; toutefois il est relatif à la population actuelle qui est beaucoup plus considérable, surtout dans les campagnes, qu'en 1803.

Les chansons licencieuses, grossières, obscènes même, se chantent à la veillée, et sont accueillies d'un gros rire franc par les plus honnêtes filles.

Les anecdotes scandaleuses, les accidents de cocuage, sont contés en patois, et reçus avec délices par l'auditoire. C'est un homme qui raconte, et ordinairement le héros de l'aventure est un bourgeois, un citadin, un marchand de ville, et surtout un huissier qu'ils appellent un *sergent*, ou un *grenier à coups de bâton*.

Sous ce point de vue, les filles et les femmes de notre Bocage nous retracent trait pour trait la fameuse Marguerite, duchesse d'Alençon et reine de Navarre, contant, écrivant les nouvelles les plus graveleuses, et menant, avec les propos les plus libres, la conduite la plus chaste, la plus religieuse, la plus régulière.

Les chansons de la moisson ou du mois d'août roulent, ou sur les repas que la maîtresse prépare aux *aouterons* (les moissonneurs), ou sur l'accident d'une fille qui a suivi un homme de guerre, qui a quitté le pays, et qui a *cassé son sabot* (perdu sa virginité), ou sur l'histoire d'une pauvrette qui est tombée dans une rivière ou dans un fossé : des gars passent ; elle leur offre cent écus pour la retirer, les gars lui demandent son *pucelage* ; elle aime mieux rester dans la rivière. Ce trait de vertu est aussi unanimement applaudi qu'on a ri de bon cœur des expressions graveleuses dont la chanson est ornée. Ces chansons se chantent en chœur, tous les ans, dans la moisson seulement, et se conservent depuis un temps immémorial.

Nos campagnards aiment les calembours, les allusions, les métaphores. On demande à une femme si son mari *n'est pas du vice* (n'est pas libertin)? Elle répond, ou *sa* camarade répond pour elle : « Je savons *ben* que changement d'*herbaije* (herbage) réjouit le *viau* (le veau); mais il a *eune* (une) *térouée* (truie, pour ne pas dire une femme de mauvaise vie) qui mange *ben* (bien) tout son *glond* (gland, ses écus), » et de rire aux éclats; et la femme serait une Lucrèce. Voici un de leurs calembours, qui est digne de Brunet. — Quel est le lieu où il y a le plus de chats sans poils? — L'église, parce que toutes les bonnes femmes ont des *chapelets* (*chats pelés*). Ils appelèrent l'empereur (Napoléon) l'*empireur*. Voilà la tournure de leur esprit. Pour avoir des souliers parfaits qui ne prennent pas l'eau, ils disent qu'il faut que l'*empeigne* soit *de gosier de musicien*, parce que ça ne boit jamais l'eau; *la semelle, de langue de femme*, parce que ça ne s'use jamais, et qu'enfin ils soient *cousus avec du fil de rancune de prêtre*, ça dure toujours.

Cette pureté de mœurs et cette grossièreté dans l'expression se retrouvent dans le caractère et le langage des bourgeois peints par Molière. Les mœurs de cette classe étaient meilleures alors, les mots plus crus; les mots sont plus décents, les mœurs plus mauvaises aujourd'hui dans la même classe de la société.

Les superstitions populaires, les croyances aux revenants, aux esprits, aux follets, aux loups-garous, étaient plus communes, plus fortes chez les habitants il y a trente ans qu'à présent. La raison évidente est qu'ils faisaient moins de commerce, marchaient moins la nuit, se familiarisaient moins avec les objets de leurs terreurs qu'ils ne le font aujourd'hui.

J'ai vu, en 1785, un jeune homme chez mon père, à Landres, mourir de cette crainte. On disait que Mme d'Hauteville, l'ancienne propriétaire, revenait dans le pavillon sous la forme d'une *laitice* ou hermine. Le gars fait le bravache; il se moque de la croyance générale : on parie qu'il n'y couchera pas seul; le pari s'engage : il soupe, rit, va se coucher au pavillon dans un bon lit. Le matin, on le trouva mort et noir : une apoplexie, causée par la peur, l'avait tué... On assura qu'il avait été *foulé par la bête* ou la laitice ; et les femmes, encore aujourd'hui, ont une grande terreur de ce joli petit animal, redoutable seulement pour leurs volailles. L'hermine est d'un blanc éclatant, marche surtout la nuit, est très-vive dans ses mouvements, paraît et disparaît dans un clin d'œil. Les châtelaines portaient, l'hiver, des fourrures d'hermine ou laitice. De là l'opinion que la châtelaine revient en laitice. Cinq à six femmes m'assurent l'avoir vue revenir en laitice, le 22 décembre 1819, à la ferme de Landres. Les femmes ne vont jamais la nuit, surtout seules. Les feux des marais, les bois phosphoriques, les souches bizarres, les charognes éclairées par ces lueurs, ont fait naître et perpétuent parmi elles les croyances de *fèlots*, de *bêtes*, de *loups-garous*. Les meuniers, les marchands de bestiaux qui voyagent la nuit, en sont exempts, parce que, disent les Percherons, *ces gens-là ont lu le grimoire*. Pour eux, le grimoire est tout ; avec le grimoire on fait tout. Quelqu'un a-t-il réussi dans une entreprise qui paraît fabuleuse? *C'est point étonnant, allez*, disent-ils ; *il a lu le grimoire*. Les autres doivent encore y être soumis longtemps.

Les baux sont très-longs, de seize ou de douze ans; les bons fermiers se changent peu. J'ai, dans ma terre, deux exemples de fermes occupées depuis deux cents ans par la même famille, et, pendant ce temps, la propriété a passé dans cinq ou six mains différentes. Aussi se regardent-ils comme propriétaires usufruitiers. On les désigne par le nom de leur ferme : l'homme ou le maître de Pinceloup, l'homme du Breuil, l'homme d'Arcisse, etc. L'origine des noms de terre, au onzième siècle, vient d'une cause semblable.

Dans cette classe, les crimes, comme je l'ai dit, sont presque inconnus, les délits rares, et même les procès peu communs. Il n'y a guère de contestations que pour des empiétements, des droits de passage, d'irrigation ; encore sont-elles plus rares que dans les autres provinces de France. Tous les champs sont enclos de haies ; des bornes divisent les héritages limitrophes. Comme ils n'entendent rien aux lois, les partages, dans les successions, amènent quelquefois des procès. Cependant j'ai vu des enfants de plusieurs lits partager une succession mobilière et immobilière, de valeurs très-variables et très-difficiles à apprécier, sans notaire, sans écrit et sans le moindre différend. Les *Aulerques*, Normands, Manceaux, Percherons, savent très-bien ce que coûte la justice, et ils aiment mieux mettre les frais en engrais sur leurs champs que dans la poche des gens de loi.

J'ai dit que nos habitants du Bocage, nos campagnards, communiquaient très-peu avec les citadins, et que leurs mœurs, leur langage, leurs habitudes ne pouvaient s'altérer facilement. En effet, un fermier va, les jours du marché, porter ses denrées à la ville. Il mange, et fait manger, avant de partir, sa bête de somme, qui porte sur le sac la botte de foin pour son dîner. La fermière vend les œufs, le beurre, les volailles ; c'est de son *guermant* (de son ressort). Ils débitent leurs denrées, ne parlent aux bourgeois que pour convenir du prix. Le cheval est mis à l'auberge, où on paye deux sous pour son *plaçage*[1] ; à deux heures, le mari prend sa femme en croupe, et ils reviennent souvent dîner chez eux, sans avoir bu ni mangé à l'auberge, et sans avoir entamé le profit de leur travail.

L'ordre et l'économie, base principale de toute bonne agriculture, et vertus essentielles à un cultivateur, sont portés à un haut degré dans cette contrée.

Les rapports avec les citadins sont presque nuls ; aussi les mœurs des campagnards ont-elles peu changé. La révolution a passé sur eux comme un torrent ; ils n'ont vu que

[1] Aujourd'hui, l'aubergiste fait payer de 50 à 60 centimes avec une botte de foin de 6 kilogrammes.

des changements de propriété, des enlèvements de leurs enfants[1], des persécutions de leurs prêtres. La suppression de la dîme les a flattés; cependant les propriétaires en ont joui seuls. Les fermiers payent toutes les contributions venues ou à venir en remplacement de la dîme et de la taille. Les droits féodaux étaient peu onéreux ; ils savent à peine ce que c'est. Quelques fermiers ont profité du discrédit des assignats pour acheter des biens d'église ou des biens d'émigrés. La masse ne connaît les propriétés que sous le nom de *bon* et de *mauvais bien* (le bien national et le bien patrimonial) ; et les propriétés patrimoniales ont encore une valeur double des autres, qui trouvent très-peu d'acquéreurs. Du reste, presque tous les biens nationaux sont dans les mains des habitants des villes ou des bourgs. Une faible portion est disséminée parmi les habitants des campagnes[2].

Il y a vingt ans, très-peu de paysans, de fermiers, savaient lire ; bien moins savaient écrire. Aujourd'hui les écoles sont pleines. Les pères et les mères qui n'ont jamais lu veulent que leurs enfants soient *savants*, non de l'Académie des sciences, ils ne portent pas encore leurs désirs si haut, mais qu'ils sachent lire, écrire, faire une quittance, toiser un tas de marne, rédiger un marché. Ils les mettent dans la ville voisine, en demi-pension, s'en privent pendant six à sept ans, consacrent tout leur superflu à cette grande œuvre et obtiennent pourtant très-peu de succès. La cause en est évidente : l'enseignement mutuel lui-même y échouerait. Les enfants, jusqu'à sept ans, apprennent la langue percheronne, mancelle ou normande de leurs mères, leurs nourrices, leurs parents ou domestiques. On leur apprend,

[1] Ils appelaient l'empereur l'*empireur*, parce qu'il prenait tous les garçons, et faisait empirer l'agriculture.

[2] En 1856, cette différence s'efface. Les biens d'émigrés, seuls, malgré l'indemnité, se vendent moins cher et moins aisément que les biens d'église.

dans l'école, à lire, à parler français. Ils ont de la peine. Sortis de l'école, ils parlent, on leur parle en patois. Il faut nécessairement qu'ils apprennent et qu'ils oublient sans cesse ; ce sont deux langues à retenir. Ils ont la difficulté que nous éprouvons à apprendre le latin ; le français est pour eux une langue morte ; le patois est la langue vivante. A treize ou quatorze ans, enfin, ils savent lire, écrire, compter médiocrement. Ils font leur première communion, reviennent à la ferme, et apprennent le métier de laboureurs, d'herbagers, d'éleveurs ou de marchands de bestiaux. Ils ne lisent plus, écrivent encore moins, font peu ou point d'affaires par écrit, manient la faux ou la charrue, la pioche ou la hache. Le savoir de l'école s'en va, et à peine, quand ils se marient, ou quand ils passent un bail, peuvent-ils signer leur nom[1].

Les parents, qui n'ont peut-être pas fait le même raisonnement que celui que je viens de faire, mais qui sont doués d'un instinct de bon sens et d'intelligence remarquable, cherchent à se rapprocher de la prononciation actuelle. Ils ne prononcent plus œil *uet*, fou *fao*, foi *fa*, ils disent un *eu*, un *fou*, ma *foi*, et peut-être, dans vingt ans, la langue parlée sera éteinte.

Le même effet doit se faire sentir dans toute la France,

[1] Depuis l'impression du *Bocage percheron* en 1825, trente-trois ans se sont écoulés. Tous les jeunes fermiers, hommes, femmes, filles et garçons parlent français assez correctement. Quand je les interroge en patois sur le sens d'un mot de cette vieille langue, ils croient que c'est pour me moquer que je leur parle en percheron. J'ai perdu mes bons dictionnaires vivants. A peine quelques vieillards encore, gardes-chasse, marneurs ou terrassiers, qui ne savent ni lire ni écrire, m'interrogent et me répondent en patois. J'ai donc bien fait de recueillir et de déposer à l'Institut en 1815, dans les cartons de la Commission des antiquités nationales, huit cents mots de cette vieille langue du Bocage percheron, expliqués, définis par les *dictionnaires vivants* dont tant de feuillets n'existent plus aujourd'hui.

et il serait, je crois, très-utile que dans les statistiques d'antiquités, de monuments, que le gouvernement fait faire et que l'Académie des inscriptions doit rédiger, on recueillît un *Vocabulaire avec les définitions* des différents patois, qui servirait à former un glossaire français, et offrirait beaucoup d'étymologies, de coutumes, de traditions curieuses. J'en donnerai plus loin, dans le mémoire suivant, des exemples pour le pays qui m'occupe et que j'habite depuis si longtemps.

Agriculture. — Assolement. — Clôtures. — Pâturages. — Arbres à fruits.

Il me reste maintenant à parler de l'agriculture de ce pays de Bocage, surtout du Perche, la partie la plus montueuse et la plus rebelle à la culture. Mais *làbor improbus omnia vincit.*

Tout cède au long travail, et surtout aux besoins.

Par une bizarrerie singulière, ces campagnards percherons, ne sachant ni lire ni écrire, isolés des connaissances, de l'instruction, des sociétés d'agriculture, des nouveaux procédés de culture ou d'assolement, ont dévancé, ou ont suivi de très-près les progrès de l'amélioration de la culture en France; c'est un fait positif. Il s'agit de l'expliquer.

Nul doute que cette vie solitaire, méditative, de la campagne, cette attention continuelle, toujours dirigée vers un même but, et non distraite par le libertinage, les causeries ou l'ivrognerie des bourgs et des auberges, n'en soit la principale cause. Arthur Young, comme je l'ai dit, a fait un pompeux éloge de la culture du Perche, il y a quarante ans. Cependant, il y a depuis cette époque une amélioration extraordinaire. Je vais tracer l'exposé de la culture dans ce temps et dans le temps actuel.

Culture des champs, il y a quarante ans.

Il y a trente-cinq à quarante ans les terres étaient divisées en trois soles, et se louaient pour trois, six ou neuf ans, au choix du bailleur. Quelques-unes étaient affermées à moitié, le maître fournissait le mobilier, le métayer son travail, et on partageait chaque année la moitié des produits de tout genre. Les champs étaient plus coupés de haies, les haies plus épineuses, plus larges et plus fortes; les plus grandes pièces de terre étaient de neuf ou dix arpents (cinq hectares); il y en avait d'un quart, d'un cinquième d'arpent (douze ares ou dix ares). L'espèce des pommiers, des poiriers à cidre, plantés dans les champs, était mal choisie; c'était le plus souvent des sauvageons arrachés dans les bois, et plantés sans ordre et sans soin.

Il y avait beaucoup de friches, de pâtis couverts d'épines et de taupinières, de bruyères, de chemins inutiles, de terrains vagues. Les cintres des champs étaient très-larges et fort élevés, souvent au-dessus du terrain en labour.

La première année, on fumait médiocrement, et on semait du méteil ou du seigle, ou du blé et de l'orge; peu de blé pur. La deuxième on semait, sans fumer, de l'orge, surtout de l'avoine, des *mars* enfin, avec un seul labour, et la troisième année la terre se reposait, ou plutôt se couvrait de nielle, d'ivraie, de chardons, de mauvaises herbes.

Ces vices tenaient essentiellement: 1° au peu de durée des baux *conditionnels*, qui de plus se trouvaient résiliés par la mort de l'un des preneurs; 2° au peu de profit que pouvaient espérer les fermiers, soit dans les baux à moitié, soit dans les locations de trois, six ou neuf années. Les haies se tondaient tous les neuf ans. Les fermiers étaient chargés de planter les arbres à fruits dont ils avaient, en échange, les branches cassées.

On ne connaissait pas les irrigations, soit des eaux pluviales, soit des rivières naturelles retenues par des barrages pour un temps limité. Les maisons, les étables, n'avaient point de plafond ou plancher supérieur ; un trou servait de fenêtre : les premières n'étaient point carrelées; une aire en terre tenait lieu de plancher ou de carreau. Il n'y avait point de chambres distinctes. On sent facilement tout ce qu'un pareil état de culture et d'habitation offre de vicieux.

Trois choses ont dû frapper Arthur Young dans son voyage agronomique :

1° La beauté des forêts du Perche, les plus belles peut-être de l'Europe pour la venue et la qualité des bois.

2° L'avantage des clôtures, qui épargnent les frais de garde pour les bestiaux, et assurent contre leurs ravages les moissons ou les prairies.

3° L'usage de marner les terres, qui remonte en France au delà de l'époque où les Romains connurent et conquirent la Gaule.

Les plantations d'arbres fruitiers dans les champs ont dû être appréciées aussi par l'habile agriculteur anglais.

Assolement. — Culture actuelle. — Prairies artificielles.

Aujourd'hui, les terres roulent en quatre soles. Les baux sont fixés en argent, et de seize ou au moins douze ans. La mort des preneurs ne les résilie plus. On a supprimé les jachères, augmenté l'étendue des prairies naturelles ou artificielles, par conséquent, le nombre des bestiaux et la quantité des engrais.

La première année, on sème du blé après trois labours de chacun quatre raies de sillon ; on fume assez bien [1]. La

[1] Vers Bonnétable et le Mans, le sol s'abaisse, est plus chaud. On cultive le maïs; les melons viennent en pleine terre.

deuxième année, on ouvre la terre avant l'hiver, de la Toussaint à Noël. On donne deux autres labours avant le mois d'avril ou de mai, et on sème ou de l'orge et du trèfle, 10 livres de ce dernier par arpent, ou un peu d'avoine, sur un ou deux labours seulement, ce qui est blâmable. Le trèfle pousse avec l'orge, donne quelques produits la première année, dans la deuxième année du trèfle, la troisième de l'assolement; on en fait deux coupes, l'une en juin, qui, sans être plâtrée, fournit de six à huit milliers par arpent, de 3 à 8,000 kilog. l'hectare. La deuxième coupe est à peu près aussi bonne; elle se récolte en octobre et donne, en outre, de la graine qui s'exporte ou se vend pour la teinture. La quatrième année, le trèfle nourrit les bestiaux jusqu'en juin et juillet. On ouvre alors la terre pour le labour des blés et on recommence la rotation de l'assolement. On marne les terres tous les vingt-cinq ans. Cet engrais se tire par des puits dont la profondeur varie de vingt à soixante-dix pieds. On met par arpent cent banneaux de seize pieds cubes. Le prix de l'extraction est de 25 à 40 fr. le cent. La marne se trouve dans le sol calcaire dont est recouvert presque tout le Bocage.

Depuis l'introduction du plâtre ou sulfate de chaux, les trèfles, pendant les vingt premières années, atteignaient la hauteur du blé et ne donnaient plus de graine; mais, en revanche, ils produisaient trois coupes de fourrage vert, pesant en moyenne 70 ou 80 kilog. par hectare. Ce trèfle se coupait à l'époque de la floraison. Cette prospérité a, au bout de vingt ans, marché rapidement vers la décadence, et la nécessité de l'*alternance*, que je crois avoir démontré être une loi générale de la nature pour les plantes sociales de la plus courte et de la plus longue durée, cette loi, dis-je, a manifesté sa puissance par des faits incontestables.

Dans cet assolement en quatre saisons, le trèfle a occupé la terre pendant la moitié de l'assolement; aussi maintenant se refuse-t-elle à produire ce fourrage si utile à la nourriture des bestiaux. Le trèfle, quoique toujours coupé en fleur, avant la formation de la graine, a décru successivement, a perdu les 2/3 de sa hauteur et ne rend au plus que le tiers du produit qu'il donnait il y a vingt ans.

Nos campagnards envoient à Paris leur beurre et leurs œufs, et en rapportent du plâtre, qui coûte de 15 à 20 fr. les 500 kilog. On le moud cru, sans frais, soit dans les moulins, soit dans les moulages de granit où on écrase les pommes avec lesquelles on fait le cidre, qui est la seule boisson du pays. Aujourd'hui le moulage du plâtre cru par la mécanique, le transport par chemin de fer sur les trains de petite vitesse ont diminué des 4/5 le prix du kilogramme de gypse ou sulfate de chaux, élément précieux et excitant nécessaire dans un sol où prédominent l'argile et le calcaire marneux de dernière formation.

Le plâtre cru, moulu en poudre fine et rendu à Regmalard, gros bourg situé aux limites du département de l'Orne, ne se vend plus aujourd'hui que 10 fr. les 500 kilog. En 1825, le plâtre, dans le même état et sur le même marché, nous coûtait 50 fr. les 500 kilogrammes.

Cette industrie, vu l'éloignement, la pesanteur de l'engrais et la difficulté du transport par terre (il n'y a point de rivières ni de canaux de navigation), est très-remarquable et très-digne de louange. Les prairies artificielles *pèrennes*, ou de longue durée, sont le sainfoin. On cultive depuis dix ans la variété du sainfoin à deux coupes pour remplacer le *trifolium pratense*, qui décline et s'éteint. Le sainfoin dure de six à dix ans; la luzerne meurt après quatre ou cinq ans; le banc calcaire est trop près du sol. Dans les fonds, dans les terres plus profondes, on commence à l'essayer avec succès. Les pièces de terre, partagées en quatre saisons, sont, selon l'étendue de la ferme, de dix, quinze à trente arpents : le terme moyen est plus commun, les deux autres sont des exceptions.

Clôtures.

Les pièces ou saisons sont toutes entourées de haies vives, plantées en marseaux, coudriers, ormes, frênes, charmes, bouleaux ou chênes, dont la tonte se fait tous les huit ans ; elles sont *plessées*, c'est-à-dire entrelacées ou couchées d'une manière fort ingénieuse, et forment un rempart impénétrable aux animaux.

C'est un de leurs moindres avantages. Dans un pays coupé de pentes brusques et rapides, comme celui que j'ai décrit, ces haies arrêtent les engrais, les terres entraînées par les eaux, des hauteurs dans les fonds ; elles deviennent une espèce de motte à fumier où pourrissent les feuilles de leurs arbres, de leurs jets, où croît une herbe excellente pour les bestiaux. Tous les six ou huit ans, on les *terrasse*, c'est-à-dire on en enlève un pied de bonne terre, qu'on reporte sur les côtes ou les parties de la pièce amaigries par le ravage des pluies.

Tout le cintre de la pièce, sur lequel on a semé tout de suite de la graine de foin pour contenir la terre, est plus bas que le terrain labouré, facilite l'écoulement des eaux et contribue par là à la fertilité du sol, renouvelé sans cesse par cette terre rapportée.

Ces haies, dont les souches et les baliveaux appartiennent au maître et la tonte au fermier, fournissent à l'un du bois de chauffage ou de construction, à l'autre des fagots pour son feu, des cercles pour ses pipes à cidre, ou pour importer dans les pays de vignobles ; elles donnent, de plus, à ce dernier le moyen d'introduire et essayer toute espèce de culture, sans déranger ses voisins, sans être inquiété par eux.

Les pièces sont donc de dix, quinze à trente *arpents de*

roi[1], le demi-hectare à peu près. On réserve près de l'habitation quelques champs enclos plus petits pour la culture du chanvre, des turneps, des pommes de terre, qui rentrent dans la rotation de l'assolement.

Arbres fruitiers.

Les maîtres se sont réservé les pommiers ou poiriers morts et les branches cassées. Ils fournissent en échange tous les arbres fruitiers que le fermier se charge de planter, épiner, bêcher, tous les ans, et greffer. On a des pépinières qui, de six à neuf ans, donnent des arbres sains et vigoureux, qu'on plante en ceinture tout le long des pièces. Le produit d'un pommier s'évalue à dix sous par an pour le fermier; à cinq sous par an, par la crue de son bois, pour le propriétaire. Les cours des fermes, qui souvent sont herbées, réunissent les fruits à couteau, à noyaux, les noyers, les châtaigniers, dont l'ombrage abrite les charrettes, les instruments aratoires, et dont les branches servent de refuge aux volailles, infestées dans les poulaillers par les renards, les fouines et les quatre espèces de *mustela* très-communs dans ce pays couvert.

Prés.

Les prairies naturelles ont été beaucoup améliorées; on a même obtenu artificiellement de nouvelles prairies naturelles.

Nos campagnards, étudiant leur sol, vivant au milieu de leurs champs et comparant leurs produits, ont bien vite deviné la grande théorie de l'agriculture; ils se sont

[1] *Arpent*, mot dérivé du celtique *aripennis*; un des mots bien rares qui, avec ceux de *bec*, de *dun*, dunes, et de marne, *marga*, nous sont arrivés, sans s'altérer, de l'ancienne langue de nos aïeux. Voyez mon *Economie politique des Romains*, t. II, p. 72.

convaincus : 1° que la terre ne se lasse pas et n'a pas besoin de se reposer si on alterne les cultures; 2° que d'un sixième de leur terre, bien fumé, bien cultivé, ils obtiennent plus de paille, plus de grain, que du tiers avec l'année de jachères; 3° que ce sixième, qu'ils ôtaient du labour, leur donnait en viande, en élèves, en engrais, sans bourse délier, plus que le sixième cultivé en grains. Ils se sont donc appliqués à former des prairies, et le haut prix des céréales, ces années dernières, n'a pas, ce que je craignais, fait dévier leur bon esprit de la route qu'un calcul juste et sûr leur avait tracée.

Ils ont vu que les orages, les grandes pluies qu'ils nomment *avalaisons*, entraînaient, des côtes dans les vallons, de la terre que leurs haies arrêtaient, à la vérité; mais, de plus, une eau de jus de fumier, de plâtre, de marne, qui tombait dans les fonds, y formait des ravins, et allait sans fruit se jeter dans les rivières qu'elle faisait déborder, et qui vasaient quelquefois leurs prés au moment de la récolte. Le Normand, le Manceau, le Percheron surtout, n'aiment à rien perdre; ils se sont aperçus que dans leur sol, partout où il coule un peu d'eau, il vient de l'herbe.

Ils ont conduit, à mi-côte, des fossés garnis de haies, qui reçoivent les eaux pluviales des parties supérieures; et, par des barrages, des rigoles successives, les ont distribuées toujours dans les parties les plus hautes de leurs herbages, qu'ils avaient d'abord labourés, bien ameublis, semés abondamment en graines de foin, pour étouffer les herbes parasites; et j'ai vu faucher à pleine faux dans un herbage semblable, fait de cette manière l'hiver précédent, sur un très-mauvais sol qui ne produisait presque rien.

Ailleurs, ils ont construit des digues, des chaussées en gros quartiers de pierre, pour dévier des sources perdues, les conduire dans leurs fossés d'irrigation, et abreuver leurs prés dans la saison sèche.

Sur les grandes rivières du pays (l'Uisne, la Sarthe), ils ont, avec l'agrément de l'autorité et du consentement des usines, construit des palis, des barrages solides, qui, pour un temps limité (quarante-huit à cinquante heures) deux fois par an répandent les eaux sur toute la vallée de prairies arrosée par ces rivières.

Les frais de ces prises d'eau ont été répartis au marc le franc sur tous les propriétaires dont les prairies sont arrosées par l'inondation artificielle. Les moulins sont prévenus quinze jours d'avance. D'ailleurs, les meuniers ont tous des prés, des herbages et gagnent plus par l'irrigation, qu'ils ne perdent par l'interruption momentanée de leur travail.

Tel était généralement, depuis 1783, jusqu'en 1820, l'état des prairies naturelles. La suppression des jachères, l'introduction du trèfle, le plâtrage de cette légumineuse, l'abondance de ses produits ont bien changé les choses. La prospérité est rarement compagne de la prévision et de la prudence. Il y a bien peu de grands hommes qui, après avoir triomphé de l'adversité, aient su résister à l'enivrement de la bonne fortune. Nos fermiers percherons, *si parva licet componere magnis* [1], y ont cédé comme Alexandre, Jules César et le grand Napoléon. Ces charmants prés toujours verdoyants que la nature leur avait départis de sa main libérale, ces frais tapis brodés de renoncules, de mélilots, de lupulines et de colchique, couronnés par le panache élégant des plus fines graminées qui semblaient leurs plumes et leur coiffure; enfin ces gazons délicieux sur lesquels voltigeaient, pour y butiner leur nourriture, la guêpe et l'abeille; ces gazons qu'ils avaient abreuvés d'une eau toujours courante et pure, qu'ils avaient d'âge en âge cultivés avec tant d'amour et de constance, ils les négligent

[1] Quintilien, lib. VII, cap. II.

et les délaissent, les ingrats, par une coupable infidélité ! ! L'étrangère, l'adventive, le *trèfle, puisqu'il faut l'appeler par son nom*, a chassé de leur patrie et usurpé le domaine de ces petites fleurs coquettes, charmants naturels du pays. Je m'arrête, car il me semble que je dois à mon lecteur une excuse pour la forme un peu trop poétique des lignes précédentes. Mais je suis à Landres, et je corrige le *Bocage percheron* pour en donner une troisième édition.

Je suis près de voir fleurir mon quatre-vingtième printemps. A cet âge on ne vit plus que dans ses souvenirs. Ces mots magiques, *Landres* et *Bocage percheron*, exercent encore sur mon organisation une irrésistible influence ; ils me rappellent tant de doux souvenirs, de vives émotions : d'abord celles de l'enfance, car j'y suis venu à six ans et je sortais du cloître d'un collége et des tristes murs de Paris. Je goûtais pour la première fois l'indépendance et la liberté ; j'avais toujours mes douze heures d'étude, mais le travail, allégé par l'espoir de trois heures de récréation, devenait pour moi prompt et facile. Je m'élançais, ma tâche achevée, dans les champs, dans les prés de ce délicieux Bocage. L'odeur des foins coupés, les suaves senteurs du chèvrefeuille, de l'aubépine et de l'églantier en fleurs de nos haies, embaumaient l'air attiédi et m'enivraient de leurs parfums : le vol d'un papillon ou d'un oiseau faisait palpiter mon cœur, et la joie me coupait subitement la respiration. Essayerai-je de peindre les brûlantes émotions de ma jeunesse, ravivées pour l'octogénaire par son retour dans ce délicieux vallon, au milieu des arbres qu'il a plantés et qui, grâce à la puissante végétation de ce *sol arborifère*, mérite d'être le vrai temple de Sylvain ? Hélas ! ces géants frais et verts portent fièrement leur cime dans les cieux, quand leur père et leur ami penche vers la décrépitude !

Cette description par trop romantique a été mieux placée dans mon *Bayard*, poëme qui a poussé à l'ombre des forêts. Commencé en 1810, publié en 1824, il ne méritait pas peut-être, si un auteur peut se juger et s'apprécier lui-même, malgré de nombreux défauts qu'il connaît et qu'il tâche de corriger chaque jour, le dédaigneux oubli que lui a infligé la critique. Mon père a eu le même sort pour sa traduction de Tacite ; publiée à ses frais en 1790, elle fut presque ignorée jusqu'en 1804. La nomination de Dureau de la Malle à un Corps législatif qui n'avait que le droit de *voter sans phrase* et qu'on nomma le *Conseil des muets*, fit sortir son Tacite du grenier où seul, *Rongemailles*, courtisan assidu des auteurs méconnus et inconnus, en faisait sa lecture favorite. Un libraire l'acheta, en vendit en un an deux mille exemplaires. J. B. J. R. Dureau de la Malle fut alors nommé, *absent et sans visites*, à l'Académie française.

Neuf éditions successives, depuis 1807 jusqu'en 1850, l'ont vengé de cet injurieux oubli. Son fils Adolphe espère le même sort quand il sera endormi, soit à Landres dans le tombeau de son père et de sa mère, soit au *Père-Lachaise* (aujourd'hui cimetière du Nord), à côté de Jacques Delille, l'ami constant des deux Dureau, qui a voulu que son collaborateur pour les Géorgiques, que son fidèle et sincère ami reposât près de lui.

Le fils reconnaissant, l'élève respectueux, alors correspondant de l'Académie des inscriptions, a placé dans le terrain acquis à perpétuité par Mme Delille, qui l'en a chargé, une pierre tumulaire avec cette épitaphe :

CENOTAPHIUM.

HIC JACET ANIMA, NON CINERES

AMICI, QUO NON FIDELIOR

ALTER.

C'est là, à Mauves ou à Paris, que j'attendrai, sans me

plaindre, l'arrêt qui infirmera ou confirmera le jugement porté contre moi. « Vanité d'auteur blessé, dira-t-on. « Il appelle du jugement de la presse omnipotente ! » C'est vrai ; j'ai tort, je l'avoue, et je présenterai pour ma défense une des premières pièces du procès, la description de Landres et du Val percheron, tirée du onzième chant de mon poëme de *Bayard* :

Harcourt [1] vit la lumière en ces aimables lieux
Où, glissant sur des prés ses pas silencieux,
L'Uisne [2], à l'urne d'argent, d'une eau limpide arrose
Landre et ses champs vermeils d'aubépine et de rose,
Frais et riant vallon que de leur dôme épais
Ceignent les temples verts de deux vieilles forêts [3].
Il regrette, en mourant, cet Eden de la France,
Ces bois, ces prés, témoins des jeux de son enfance,
Et le ruisseau limpide, et l'antique donjon
Où sur les vieux créneaux murmurait l'aquilon,
Et ses vassaux chéris dont l'âme vierge et pure
Semble le doux printemps d'une heureuse nature ;
Bocage aimé des cieux, où le vainqueur des rois [4]
Déposera la gloire acquise à ses exploits,
Et qui, veuf de héros, deviendra du poëte
L'asile inspirateur et la douce retraite [5].

(*Bayard*, ou *la Conquête du Milanais*, ch. XI, t. II, p. 214, v. 815.)

C'est enfin à Landres et dans les ombreux vallons qui l'entourent que, dans ma jeunesse et ma virilité, j'ai ressenti les premières et les plus vives impressions de l'amour,

[1] Le vieux castel et la seigneurie de la Marre-Bâcon furent possédés par l'ancienne famille scandinave des Harcourt. L'un d'eux fut tué à la bataille de Marignan.

[2] En latin *Usna*.

[3] Les forêts de Bellesme et de Réno.

[4] Catinat.

[5] La terre de Landres, sortie de la maison de Harcourt, appartint à Catinat, et appartient aujourd'hui à l'auteur de *Bayard*.

que j'ai éprouvé des peines de cœur bien cruelles. C'est là aussi, ainsi que dans ma vieillesse encore verte, *cruda senectus*, je revis dans mes souvenirs, et je retrouve parfois, à quatre-vingts ans, les douces illusions de l'enfance et de la jeunesse ; sylviculteur passionné, j'aime les humbles taillis et les vieilles forêts : je vais décrire, *sermone pedestri*, les uns et les autres, tels qu'ils étaient dans le Perche, il y a soixante ans, et tels qu'ils sont aujourd'hui.

Taillis.

Les taillis sont disséminés au milieu des champs, dans les parties les plus stériles. Ils donnent les mêmes produits que les haies ; on en a beaucoup défriché. Le peu de valeur du bois en est la cause. Le cent de fagots, pesant quatre à cinq mille livres, ne vaut que de 56 à 64 fr., rendu à la ville. La corde de bois de trois pieds et demi de long sur huit de couche et quatre de haut (près de quatre stères), ne vaut, en orme et charme, rendue à la ville, que 20 et 24 fr.; en pommier, poirier, frêne ou hêtre, que de 18 à 20 fr.; en chêne, que 15 fr. Ce n'est pas le cinquième du prix du même bois de chauffage à Paris ; et la vente brusque et considérable des bois cédés à la caisse d'amortissement en a fait baisser le prix d'un tiers, ou au moins d'un quart.

Les grands taillis, les futaies, occupent les sommités des collines ou des montagnes granitiques, siliceuses, ou calcaires ; elles couvrent le terrain le plus stérile, et ne sont pas un des moindres produits de cette contrée.

Ces biens sont tous dans les mains de l'Etat ou des grands propriétaires. Les taillis se convertissent en charbon et en bourrées, et entretiennent les forges, les fours à chaux, les tuileries, les fabriques de poteries, de faïence ou autres usines. Leur assolement varie depuis dix jusqu'à trente ans ; on en tire de l'écorce pour les tanneries, du cercle à pipes qui sert dans le pays, ou à tonneaux, qui s'importe dans l'Orléanais, d'où l'on rapporte du vin. Les bouleaux, les hêtres, les aunes, fournissent des sabots, des pelles, des colliers de chevaux ; la bruyère même, qu'on détruit et qui revient sans cesse, n'est pas négligée. Elle sert d'engrais pour les champs, de paille pour les bestiaux, augmente le fumier, et permet de nourrir plus d'animaux, en remplaçant, pour leur litière, la paille qu'on leur fait manger par ce moyen. Les taillis sont bien gardés, bien enclos de haies vives, de fossés; le pacage y est défendu. Les propriétaires, qui sacrifient beaucoup de haies inutiles pour l'amélioration de leurs champs ou de leurs prés, plantent les terrains vagues, les places vides, et regagnent sur les hauteurs le bois qu'ils ont perdu dans la plaine ou plutôt dans les coteaux inférieurs, dans le bassin, en un mot, enfermé entre les chaînes principales.

Les arbres verts, laricios, pins maritimes, pins d'Ecosse, m'ont réussi à merveille dans un sol ingrat où le chêne et le bouleau échouaient, et où, quand ils réchappaient, ils atteignaient à peine quatre pieds de haut en douze ans. Les pins du même âge ont trente pieds. Le sapin normand, *A. pectinata*, le mélèze, n'y ont pas si bien réussi.

La ténacité et l'épaisseur d'une plante sociale comme la bruyère lutte contre les efforts de l'homme et des grands arbres, qui cherchent à la détruire, et elle fait une belle défense.

Forêts.

Les forêts du Perche, surtout, sont un phénomène de végétation, une des merveilles de la France.

Ces futaies, composées de chênes et de hêtres (il y a peu d'ormes, d'aunes, un peu plus de frênes et de châtaigniers), se coupent de cent à cent vingt ans, en général à cent soixante ans. Les arbres droits, polis, ont souvent cent à cent vingt pieds (33 à 40 mètres) de hauteur, sans branches. Ce sont les plus belles forêts de l'Europe ; du moins, Napoléon, qui avait assez couru le monde, dit, en parcourant la forêt de Bellesme, en 1811, avant la campagne de Russie, qu'il n'avait jamais vu nulle part d'aussi belles futaies. L'hectare de haute futaie, dans un pays qui n'a pas de débouchés par eau, et où le bois de chauffage est à aussi bas prix, s'est vendu de 12 à 15,000 francs. Les plus rapides pour la croissance et les plus vigoureuses essences sont dans la forêt de Bellesme et dans celle de Réno, du Perche, de Mesnil-Broult et de Perseigne.

Ces futaies fournissent les bois pour la marine, le génie, l'artillerie, pour toutes les constructions et les usages civils et militaires.

Il serait à désirer qu'un aussi bon sol pour le bois fût soigné, amélioré par le gouvernement; qu'on replantât les terrains vagues, les endroits vides ; mais à cette époque la chose publique était toujours plus ou moins négligée, et l'on n'a pas toujours des Sully pour ministres.

Il faut rendre justice à l'administration forestière, et surtout à celle de l'arrondissement de Mortagne, que je connais mieux et qui rentre dans le sujet que je traite.

Depuis l'avénement de Louis-Philippe, presque tous les vides ont disparu. Des routes carrossables et *macadamisées* ont, du nord au sud, de l'est à l'ouest, ouvert un débouché facile et peu coûteux aux pesants, mais riches produits de ces forêts.

Le budget du prince ou de l'Etat n'en a pas souffert.

1° Vente du droit de chasse dans les forêts, chaque année, à partir de novembre jusqu'en avril, aux riches voisins;

2° Concession aux pauvres journaliers, qui les volaient

la nuit pour les vendre aux planteurs de taillis, des jeunes plants de bouleau et de tremble, moyennant un tribut d'un certain nombre de journées employées à piocher et nettoyer le sol où l'administration sème des graines de bois dur, ou des conifères;

3° Permission d'arracher la bruyère, le houx, la bourgène, le vaccinium, et de les vendre pour manches de fouet, allumettes, bourriches, paniers, etc.

La valeur de ces *sous-bois* nuisibles aux grands arbres est presque égale à celle des journées employées par les terrassiers à l'extraction et au cassage des silex destinés au *macadam* des routes.

Il faut voir sur place le résultat de ces travaux toujours exécutés dans l'hiver, temps du chômage des ouvriers pauvres, pour en apprécier le bienfait économique et moral.

4° Changer le vol en travail libre et bien payé, diminuer la mendicité, l'ivrognerie, le vagabondage;

5° Accroître la superficie du sol forestier, le délivrer d'hôtes nuisibles, tel est le résumé de cette bonne et intelligente administration, qui a résisté même au socialisme qui inscrivait sur son drapeau : *La propriété, c'est le vol.*

Un phénomène curieux de la longue faculté germinative des graines se reproduit dans les futaies à chaque exploitation. La futaie en coupe n'est composée que de chênes , de hêtres, de quelques châtaigniers, d'aunes, d'ormes ou de frênes, dans la proportion d'un cinq-centième environ. Les sous-arbrisseaux qui végètent seuls à l'ombre de ces dômes de verdure sont le houx, le myrtile, *vaccinium myrtilus*, et la bourgène, en petite quantité. On ne laisse en baliveaux que des ormes et des hêtres, pour semer et reproduire. Cependant, à peine la futaie est-elle abattue que le sol se couvre uniquement, en plantes, en sous-arbrisseaux, de genêts, de digitales, de seneçons, de vaccinium et de bruyères; en arbres, de bois blanc, bouleaux ou trembles. On les abat au bout de trente ans. A peine quelques arbres à bois dur; toujours des bouleaux et des trembles. Trente ans après, même destruction, même reproduction. Ce n'est qu'à la troisième coupe du taillis, après quatre-vingt-dix ans, que les chênes et les hêtres, les bois durs enfin, ont reconquis leur patrie; ils restent maîtres du terrain sans partage, et ils étouffent tous les bois blancs qui voudraient l'usurper. Il faut donc deux cent cinquante ans pour avoir, sur le même terrain, deux coupes de futaies; les bois blancs ont occupé le sol quatre-vingt-dix ans; il n'y a pas de bois blanc aux environs; leurs semences ne peuvent y être portées par les vents. Ce fait, constaté tous les ans, prouve donc que, dans certaines circonstances, la faculté germinative des graines de bouleau et de tremble peut se conserver dans la terre au moins pendant un siècle [1].

Habitations rurales.

Je quitte nos majestueuses forêts, pour rentrer dans nos

[1] D'après vingt ans d'expérience comparatives, j'ai établi, dans un mémoire lu à l'Académie des Sciences, le 8 octobre 1825, et inséré, par extrait, dans les *Annales de chimie et de physique* de MM. Arago et Gay-Lussac, que la succession alternative des végétaux vivant en société, depuis les espèces qui ont la plus longue durée, jusqu'aux espèces annuelles, est une condition indispensable à leur reproduction, à leur force végétative, est enfin une loi générale de la nature; et les observations de MM. Dupetit-Thouars, Auguste Saint-Hilaire, de Buch, Jefferson, Bearne, Mackensie, Pallas et Géorgi, prouvent que cette loi règle la végétation des régions tropicales, équatoriales, septentrionales et polaires, de même que celle des climats tempérés, où j'ai été à même de l'observer pendant plus de vingt années consécutives.

L'observation attentive du phénomène d'alternance produit à chaque coupe, dans les forêts du Perche, m'a conduit à rechercher et à établir ce grand fait, dont je ne donne ici que le résultat.

riantes campagnes. Il me reste à décrire l'état actuel des constructions rurales et de l'emploi du temps des hommes, des femmes et des animaux. L'habitation d'un fermier qui fait, par an, depuis 1,000 jusqu'à 5,000 fr. de ferme, francs d'impôt, se compose : 1° de la *maison*, c'est-à-dire la cuisine, où sont deux lits, et dans laquelle on mange, on se chauffe ; d'un côté sont deux pièces, la *laverie*, et la laiterie, qui sert d'office ; de l'autre côté est la chambre où couchent et filent les filles ; l'entrée est toujours par la maison, pour plusieurs bonnes raisons. Ces quatre pièces sont carrelées ; elles ont une ou plusieurs fenêtres larges, avec des contrevents. La porte de la maison est double, et garnie d'un *haiseau* ou contre-huis à claire-voie, qu'on ferme seul l'été, pendant le jour.

Rien n'est changé, en 1856, à cette distribution des pièces de la maison rurale. Seulement le carreau en briques qu'ils nomment *pavé* a remplacé la terre battue qu'ils ont conservée pour l'aire de leurs granges. Les fenêtres, au lieu d'un trou carré à quatre carreaux de verre noir épais, sont à deux battants et donnent le jour par vingt carreaux de verre mince. Au-dessous de cette fenêtre, on a placé un fourneau à charbon, en briques, avec trois ou quatre réchauds, dont la couverte dure, polie comme l'émail, orne le dessus et le devant de ce meuble dormant. On l'appelle *le potager de la maîtresse*, femme du fermier, nommé le *maître* ou le *bourgeois*, comme je l'ai dit plus haut ; et celle-ci, avec la marmite, le chaudron et le *potager*, fait elle-même la cuisine ordinaire et même extraordinaire pour les exploitants de la ferme, ou les marchands qui viennent en acheter les produits : elle se distingue par son grand bonnet cauchois.

Les vieux fermiers portent encore, quelque temps qu'il fasse, gelée, vent, pluie ou soleil, en janvier et en juillet, le bonnet de coton blanc ou *casque à mèche*. C'est, pour le maître et la maîtresse, le signe de l'autorité supérieure, comme l'épaulette pour l'officier. Ils laissent avec dédain, aux valets et aux servantes, la casquette à visière et la *gouline* (espèce de serre-tête), coiffures bien plus commodes : leur aristocratie croirait déroger en adoptant cette marque d'infériorité.

Un fait assez curieux m'a frappé dans mes nombreux voyages en Normandie. Le Perche y touche sur deux points ; l'Orne a pour limites l'Eure, le Calvados et la Manche. Eh bien, les femmes de ces trois départements, même celles de la Seine-Inférieure, portent l'horrible *casque à mèche* six jours sur sept de la semaine. Elles ont emprunté aux maîtres fermiers percherons cet emblême campaniforme, sachant très-bien que

Du côté de la barbe est la toute-puissance ;

elles ont trouvé au fond de leur cœur que le plus grand bonheur d'une femme mariée, c'était d'être *maîtresse à la maison*. Observation banale à force d'être vieille, mais d'une grande profondeur et d'une vérité frappante. Voltaire l'a immortalisée dans l'un de ses plus jolis contes, *la Fée Urgèle*.

Je crois que c'est le motif qui a décidé les fermières normandes à emprunter ce symbole de la maîtrise, et à se résigner au chagrin de s'enlaidir, pour avoir le plaisir de dominer. La coutume de Normandie, qui règle les droits de la femme unie en mariage légitime, et qui la favorise encore plus que le régime dotal du midi, prouve que les femmes normandes ne portent pas seulement sur la tête, mais qu'elle ont eu le crédit de faire insérer dans les lois le signe et la marque de leur autorité.

Je continue la description :

2° Une écurie proportionnée à l'étendue de la ferme ;

3° Deux ou trois étables; l'une pour les bœufs, l'autre pour les vaches à lait, l'autre pour les élèves et la fidèle bourrique;

4° Toits à porcs, poulailler, *musses* pour les oies, canards;

5° Une ou deux granges à blé et à *mars* qui contiennent toute la récolte;

6° Un vaste pressoir avec un manége ou auge circulaire en granit ou en courbes de chêne, dans laquelle une roue, mue par un cheval, pile les fruits à cidre qu'on porte sur le tablet voisin et sous d'énormes arbres de pressoir haussés et baissés par une vis. Ces lourdes machines, leurs arbres énormes, leurs écrous en bois, leur vaste manége, ces auges de granit qui tenaient une place énorme, qui venaient de si loin, et qui donnaient à grands frais peu de travail utile, sont remplacés en 1856, pour le moulage des pommes, par un moulin mécanique, et pour les pressoirs par un arbre et une vis en fer empruntés à la presse hydraulique;

7° Une bergerie pour 40 à 100 moutons;

8° Un ou deux celliers ou caves pour mettre les pipes de cidre, soit pour la consommation, soit pour la vente;

9° Un bâtiment isolé, nommé fournil, où l'on pétrit, l'on cuit le pain de mouture (un tiers de blé, deux tiers d'orge) qui nourrit les cultivateurs. Tous les bâtiments sont plafonnés, et le plancher supérieur est recouvert de terre battue, comme l'aire des granges. Le sol des greniers est enduit d'une couche de chaux de Senonches, qui durcit comme le ciment, ou carrelé ou planchéié en bois blanc.

On sent facilement tout l'avantage de ces constructions rurales : tout y est calculé pour l'utilité, rien pour le luxe; toutes les récoltes, tous les animaux y sont à l'abri; les foins, trèfles, se tassent sur les *planchers* ou plafonds jusqu'au haut du toit. Les menues graines de foin, trèfle, sainfoin, etc., ne sont pas perdues, et servent aux semis. Il y a vingt à quarante ans, l'habitation seule des hommes avait un plancher ; les autres bâtiments n'avaient qu'un *sinard* formé de perches, de branchages posés sur les poutres, qui ne conservait pas les graines, et qui exposait les bâtiments à être brûlés.

Les domestiques mâles couchent avec les animaux dans les lits des étables, des écuries. C'est là aussi qu'on abrite les pauvres, les mendiants qui demandent un gîte.

Les lits se composent d'une bonne paillasse, de deux *couettes* ou lits de plume, traversin, oreillers faits avec la plume de leurs oies ; le lit du maître, placé dans la maison ou la chambre, a des rideaux de serge ; les autres s'en passent.

Les garçons, les filles, couchent deux à deux dans le même lit. Les sexes sont séparés, moins les ménages, et il y en a très-peu parmi les domestiques.

Emploi du temps.

Il est facile de pressentir tout ce que ces habitations offrent d'utile et d'avantageux pour la distribution et l'emploi du temps et du travail.

Pendant les jours de pluie, de neige, de grandes gelées, les hommes sont occupés à battre les grains dans les granges, à faire le cidre, à fabriquer des cercles ou à relier les pipes, à remuer les grains battus, à préparer des paniers, soigner les animaux. Les femmes, moins la maîtresse, qui est assez occupée du soin de sa cuisine, de ses volailles, de ses vaches à lait, de sa laiterie, de la fabrication du beurre, du fromage, de la nourriture de ses cochons, veaux, agneaux, etc.; les femmes veuves, ou plutôt les filles, car il y a très-peu de ménages en service, filent au rouet le chanvre cultivé dans le clos, qui est ordinairement d'un arpent, et qui, recueilli dans l'été, roui, séché, brayé, préparé par elles, leur donne de l'occupation depuis le 1er novembre jusqu'au 24 juillet. Les filles fabriquent le pain, aident la maîtresse aux soins du ménage et des bestiaux, et sont obligées de filer chaque jour deux cent cinquante grammes (une demi-livre) de fil de brin, ou une livre de gros. La préparation actuelle du chanvre et du lin emploie beaucoup de temps, offre beaucoup d'inconvénients. La machine de M. Christian a été attendue avec impatience; on y désire un perfectionnement. Deux de ses machines, exécutées à Paris, et employées, l'une à Alençon, l'autre près de chez moi, n'ont pas rempli du tout les promesses du programme. A présent, le chanvre et le lin, non rouis, ce qui est plus sain et rend le chanvre plus fin et plus fort, sont mis en bauge couverte en paille de blé; ces deux plantes textiles s'épluchent, se filent et se tissent à la mécanique. Que les progrès de l'agriculture sont en retard, mis en regard avec le rapide et prodigieux développement de l'industrie!

L'exploitation de la marne, qui se tire ou à ciel ouvert ou par des puits, et dans des chambres ou voûtes ouvertes à l'extrémité de l'*œil* ou puits, se fait dans l'hiver, et occupe, les jours de pluie, de neige, de gelée.

Les beaux jours de l'hiver sont employés aux *versailles*, aux *remuettes*, aux premiers labours qui préparent la terre pour recevoir les mars. Alors on tond les haies ou les taillis; on fabrique les bourrées, les fagots, les barrières ou échaliers qui donnent le passage dans les pièces; on creuse ou on répare les fossés d'irrigation ou de clôture, les chemins, les cours des fermes; on soigne les formes à fumier; on fait pourrir, dans les cours, les chènevottes, la bruyère, les mauvaises pailles. Si l'année a été abondante, on rentre les meules de foin, de trèfle ou de grains que les bâtiments n'ont pu contenir au moment de la récolte ; on approche les matériaux nécessaires pour la réparation ou reconstruction des bâtiments de la ferme ; enfin, le dicton de nos colons est : On ne chôme jamais de quoi faire, et on fait toujours quelque chose d'utile.

Il n'y a pas cependant, dans nos Percherons, nos Normands, ouvriers ou journaliers, l'activité, la promptitude de mouvements des ouvriers de Paris, ou des habitants des pays à vin. La vraie cause est qu'ils ne mangent pas assez de viande de boucherie. Je ne crois pas que le cidre, mêlé d'eau, boisson froide et acidule, en soit la cause ; car, lorsque leur intérêt est éveillé, dans un ouvrage marchandé, ils se déploient et font le double du travail qu'ils eussent fait à journées. Aussi tous, fermiers, propriétaires, emploient maintenant cette méthode, qui double l'emploi du temps.

Animaux.

Les chevaux de labour ne s'élèvent pas dans le pays, sauf quelques exceptions. On les tire du Vendomois ou du Maine ; on les achète poulains, à l'âge de cinq à sept mois. Ils travaillent à un an et demi, et se vendent à cinq ans, pour le roulage, la poste, la cavalerie. On gagne moitié sur ces chevaux, et ils ont fait l'ouvrage pendant trois ans et demi. On a aussi une race de *bidets* propres aux voyages, au commerce, qui vont le *pas relevé*, sorte d'allure aussi douce que l'amble, aussi vite que le trot. Ces bidets ne lèvent pas les pieds, et ont pourtant le pas très-sûr ; ils font un service étonnant. J'en ai vu un faire, pendant quinze ans, toutes les semaines, le voyage de Mauves à Versailles, trente-sept lieues de poste, en un jour, et revenir de même le surlendemain : il portait pourtant son maître et sa toile, deux cent cinquante à deux cent quatre-vingts livres pesant. Les vallées de l'Orne et de la Sarthe, au contraire, élèvent la belle race de chevaux de selle, soit de race normande pure, soit de race normande croisée avec l'arabe ou l'anglaise. Aujourd'hui le luxe a quitté les seigneurs et a gagné les rouliers, qui recherchent surtout les chevaux gris. Les chevaux de trait sont à proportion plus chers que les chevaux de selle ou de carrosse.

Un cheval percheron, âgé de huit ans, auparavant étalon réformé, a pendant trois ans apporté de la Villette, ensuite de la rue des Marais, jusqu'à ma maison, nº 25 de la rue La Rochefoucault, 2500 kilogr. de houille en sacs, pesés chez le marchand et chez moi.

Un autre percheron, moins beau que le premier, a traîné, pendant le même temps et au même lieu, 2000 kil. Tous deux sont vivants encore et bien portants [1].

Un limonier gris, fort et grand, est payé de 800 à 1,200 fr. à cinq ans, après avoir travaillé depuis l'âge d'un an et demi. Le cheval de selle ou de carrosse a été nourri sans rien faire jusqu'à cet âge, et ne se vend souvent pas plus cher : je ne parle pas des exceptions. La race des ânes, des mulets, n'est pas belle ; on ne s'en sert que dans les moulins ; il y a une bourrique par ferme ; c'est la monture de la maîtresse ; elle fait aussi les menus charrois, et porte la somme [2].

J'ajouterai qu'ayant fait élargir les portes de mon potager et de mon verger, qui ont, la plus grande, 3 mètres, et les autres 2^{m},04, et de plus ayant créé une marre intarissable sur le point culminant, à 40 mètres de mon

[1] Voir plus haut le mémoire sur le genre *Equus* et le chapitre sur le cheval percheron pur.

[2] Voir, pour l'utile emploi de l'ânesse, le chapitre sur le genre *Equus* et celui du cheval percheron.

jardin, ma petite bourrique, qui ne m'a coûtéque 60 fr., attelée à un tonneau d'arrosage, fait plus d'ouvrage utile que dix hommes munis d'arrosoirs, qui, du temps de mon père, allaient puiser au ruisseau du fond de ma vallée, à 108 mètres du point central des 80 ares qu'occupent mon verger et mon potager. Cette ânesse a trente ans et, avec le purin contenu dans deux bassins placés sur les points culminants de mon potager, l'un à 40, l'autre à 160 mètres, elle irrigue 2 hectares de gazons et de prés qui entourent gracieusement mon *jardin-paysage*.

De plus, elle apporte, cinq fois par semaine, de Mauves, gros bourg éloigné de 3 kilomètres, pain, viande, épicerie, et tout ce que réclament les besoins des habitants du château. Elle n'a jamais porté, et dans sa vieillesse a conservé toute sa force, en perdant, néanmoins, un peu de sa vitesse.

Bêtes à cornes.

Ces bestiaux varient comme les chevaux dans le pays que je décris. L'espèce générale des bœufs et vaches du sol montueux, siliceux, granitique, est moyenne ou petite ; elle est préférée pour le travail et à cause de sa sobriété.

Les bœufs ne se ferrent point, s'attèlent à un joug par les cornes, et couchent souvent, été comme hiver, dans les prés naturels ou artificiels. A cinq ans, on les engraisse, et alors ils peuvent donner de cinq à six cents livres de viande. Les vallées riches en prairies de la Sarthe, de l'Orne, de la Touque, de l'Uisne et de leurs affluents, nourrissent une race de bœufs superbes, soit de race normande pure, soit des races suisse et normande croisées. Ces animaux travaillent jusqu'à trois ans au plus ; ensuite ils deviennent trop lourds ; on les engraisse dans les prés et les regains ; quatre à six mois suffisent ordinairement pour cela dans les bons herbages. Le foin, la farine d'orge, de pois, de fèves, de *jarosses*, achèvent leur embonpoint ; on les conduit à Sceaux ou à Poissy, où ils se vendent de 9 à 12 sous la livre (90 centimes à 1 fr. 20 centimes le kilogramme).

Le mélange des races suisse et normande produit les plus beaux animaux que j'aie vus, pour la forme, la couleur, la disposition des cornes, la grosseur, la grandeur et la proportion des membres. Gérard ou Girodet, s'ils voulaient peindre Jupiter enlevant Europe, seraient obligés de prendre dans nos prairies le modèle de leur dieu du tonnerre. C'est une coquetterie singulière de nos herbagers ; mais quoique ces animaux soient destinés à la boucherie, ils n'élèvent pas les individus mal encornés, de couleur peu agréable ; enfin, ils soignent autant la couleur et les formes de leurs *bœufs à graisse*, que leurs voisins du Melleraut le poil, la taille et les qualités de leurs chevaux de luxe et de parade.

J'ai vu plusieurs fois, chez un de mes fermiers, des bœufs qui, à cinq ans, avaient six pieds (deux mètres) de haut, neuf à dix pieds de long jusqu'à la naissance de la queue, et qui, pesés vivants, allaient à deux mille quatre cents, deux mille six cents livres (douze à treize cents kilogrammes).

L'un d'eux, élevé par Nicolas Bodin, mon fermier de Landres, et par lequel j'ai vu faire cent fois, en 1820, la manœuvre que je décrirai bientôt, prouve jusqu'où peut aller l'élasticité et la force des reins de la race bovine.

Ce taureau couchait avec les vaches et les suivait ordinairement, sauf quelques cas d'exception ou d'intempérie, surtout aux époques du rut de ses compagnes. Alors on l'enfermait dans la cour de la ferme de Landres, qui touche à la grille du château. Cette cour était close par deux barrières de 1m,70 de hauteur. Alors le taureau se plaçait le cou en dehors de la barrière, et, au lieu de mugir pour se plaindre, quand il voyait s'éloigner ses vaches, d'un coup de reins énergique il franchissait sans le toucher ce terrible obstacle.

Cet animal, dressé par Franconi, eût fait l'étonnement de tout Paris et la fortune du manége. J'ai engagé vainement mon fermier à le mener à Paris, où j'aurais fait recevoir son *Apis* dans la troupe du Cirque, offrant même de payer l'aller et le retour ; j'ai derechef pressé, insisté, usé enfin de toutes les ressources de mon éloquence : mais comment persuader à un paysan percheron qu'un bœuf peut servir comme acteur de théâtre, lorsqu'il n'y voit que du cuir, du suif, des biftecks et des aloyaux ? Il en eût cependant tiré quatre fois la valeur de l'animal mis au marché, et Franconi eût décuplé sa mise en lui faisant seulement répéter dans le cirque ce qu'il faisait sans cesse de lui-même dans sa cour natale.

Têtu comme une mule, mon Percheron a toujours résisté et a vendu, moi absent, 600 francs au boucher, pour l'abattre, ce prodige de vigueur et d'élasticité.

Bêtes à laine.

Les moutons sont une des parties défectueuses de notre agriculture. Il y a peu de mérinos, de métis, excepté du côté de Nogent-le-Rotrou, de Rémalard. L'humidité, la ténacité du sol, la quantité de boue, la qualité argileuse du sol et le mauvais état des chemins d'exploitation pendant l'hiver, s'opposent peut-être à une amélioration prompte de leur race. Quelques communes pourtant, telles que Corbon, Mauves, le Pin, commencent à parquer et à se procurer des béliers espagnols [1].

[1] En 1823, le bas prix des laines fines, causé par les droits sur

L'espèce du pays est grande, haute sur jambes, sans cornes, blanche ou noire; sa toison est longue, rude, peu frisée; plusieurs donnent une laine nommée dans le pays *laine de chien.* Un mouton donne de deux à quatre livres de cette laine, qui, lavée, vaut de 35 à 40 sous la livre.

On ne parque pas encore; la division des propriétés s'y oppose, et l'esprit d'association n'a pas encore fait assez de progrès.

Les bergeries sont construites d'une manière barbare; à peine un trou ou deux dans les murs pour donner de l'air. Le mouton, animal si bien vêtu, est garanti du froid avec autant de soin qu'un chien turc.

Cependant, au défaut de la laine, nos fermiers ont un produit réel sur leurs moutons; ils tirent des animaux maigres de la Sologne, les mettent, au mois de mars, dans leurs champs, et en font ce qu'ils appellent deux et même quelquefois trois *levées*, c'est-à-dire qu'ils engraissent dans une année deux ou trois troupeaux de moutons (c'est ce qu'ils nomment des moutons de change). Ils gagnent moitié, au moins un quart sur chaque tête, profitent de la toison, et font encore un bénéfice assez considérable.

Cochons.

Les porcs sont de taille moyenne, mais croissent et engraissent très-promptement; à huit mois, ils pèsent deux cents livres (cent kilogrammes); on les vend de sept à neuf sous la livre; en deux ans, on fait trois levées de cochons

l'exportation ou d'autres circonstances, a tout à fait arrêté cette amélioration. La laine grossière s'est vendue, cette année-là, de dix-huit à vingt sous, quand la laine superfine de France n'a pas dépassé un franc.

gras ; cela vaut peut-être mieux que la grande race, qui est plus vorace, et demande à être attendue deux ou trois ans pour obtenir tout son développement. On appelait jadis les cochons *des nobles*, soit par allusion à l'oisiveté des gentilshommes, soit plutôt à cause de ce calembour usité alors dans le pays, *que les uns et les autres étaient vêtus de soie.*

Les cochons sont *ferrés*, c'est-à-dire qu'ils ont les narines percées d'un fil d'archal pour les empêcher de fouiller.

Volailles. — Oies.

Les oies sont mises au carcan, ou *bridées* ; c'est-à-dire qu'on leur attache, on leur coud sur l'estomac, une petite barre transversale de bois léger, pour qu'elles ne puissent traverser les haies et fourrager les prés ou les récoltes. On les plume vivantes, trois fois par an ; grasses, elles valent de 50 sous à 4 francs. On les mène à pied, de même que les dindes, à Paris.

Dindons.

Les dindons forment de grands troupeaux dans les plaines du Thimerais et du Perche-Gouet.

Ils ont été introduits dans le pays par la fameuse Marguerite, duchesse d'Alençon, puis reine de Navarre. Le bail de son château d'Alençon, en 1554, charge le fermier d'avoir soin de ses dindes. Elle assigne, en 1539, à Pierre Beauchênes, parquier du château, 31 livres 8 sous 6 deniers par chacun an pour l'entretien de six coqs et six poules d'Inde. Ce fait réfute l'opinion vulgaire qu'on doit les dindes aux jésuites, et marque une époque plus reculée que celle de 1560, à laquelle Buffon, d'après une tradition vulgaire, prétend[1] que les dindons ont été importés en France par l'amiral Chabot.

Cette tradition, *qu'on doit aux jésuites du **Paraguay** l'importation des dindons en **France***, est fausse et même ridicule aux yeux du naturaliste ; car cet oiseau, qui vit en société dans l'état sauvage (ce qui a rendu sa domestication facile et prompte), a pour patrie l'Amérique septentrionale, et ne se trouve dans aucune des contrées de l'Amérique méridionale qui s'étendent depuis le cap Horn jusqu'à l'isthme de Panama[2].

Poules, Chapons.

Les volailles du pays sont de moyenne grosseur et assez bonnes. On connaît partout la haute réputation des chapons du Mans, des coqs vierges de Falaise. Les canards, les oies d'Alençon sont aussi très-estimés, presque à l'égal des cannetons de Rouen. Le prix de ces volailles varie de 8 sous à 5 francs.

Les abeilles sont élevées pour leur cire et leur miel. Il y a de quinze à vingt ruches par ferme[3] ; elles sont généralement mal soignées. Il n'y a presque plus de pigeons fuyards ; les colombiers servent de hangar, de bûcher, de magasin ; les fermiers élèvent quelques pigeons romains, des tourterelles et des lapins.

Les fuies sont le seul droit féodal dont l'abolition les ait touchés.

[1] III, 224, éd. in-12.

[2] Voir Cooper, qui, dans ses charmants romans des *Pionniers*, de *la Prairie*, etc., a décrit les lieux de la scène et les animaux qui la décorent, avec toute l'exactitude d'un véritable zoologiste.

[3] Il n'existe plus de ruches en 1856, grâce à la découverte de la stéarine. Les fruits de mon jardin, qui touche à ma ferme de Landres, chantent chaque jour un hymne en l'honneur de M. Chevreul.

Chiens.

Les chiens, que j'aurais dû compter parmi les domestiques de troisième classe, sont très-sobres, très-intelligents, gardent les chevaux, les bêtes à cornes, à laine, les volailles, conduisent à Paris les troupeaux, et dans la route font souvent au marchand assis sur sa *bidette*, et au valet qui le suit, l'office de deux hommes. Les haies, les fruits, les jeunes pommiers à défendre dans les champs contre les insultes ou la dent des bestiaux, rendent de nécessité première ce bon animal qui, de plus, dans les guérets, détruit beaucoup de taupes et de mulots.

Chats.

Les chats sont nombreux et ont beaucoup à faire pour combattre les rongeurs (on les appelle *verminiers*), qui pullulent dans les bâtiments remplis de grains ou de fourrages.

Revenu des Terres labourables, Bois, Herbages.

Par une circonstance singulière, les terres composées et les bois ont doublé de valeur depuis trente-cinq à quarante ans. Les herbages purs, les prés isolés des vallées de la Sarthe et de la Touque, sont restés stationnaires depuis cent ans. Les impôts ont fort augmenté. Les propriétaires de ces fonds, vu l'accroissement du prix des denrées, n'ont donc réellement pas le quart du produit de 1720, quoique le revenu soit le même. Les terres qu'on nomme *composées*, c'est-à-dire formées de labour, de prés, de taillis, et closes de haies, ont suivi et presque devancé la progression.

La suppression de la caisse de Poissy, et la création d'un marché près de Paris pour les bœufs, vaches, moutons, veaux, porcs vivants, ainsi que la suppression du monopole des bouchers parisiens, la modération des contributions, et des droits d'octroi, deviennent des mesures indispensables pour rendre à la propriété des terres en herbages sa valeur naturelle.

Prix des biens.

Le prix des terres est très-variable. En vingt ans, il a passé du denier 10 au denier 40, et il commence à descendre. Les herbages ne se vendent aujourd'hui qu'au denier 20, 22 ou 25, en biens patrimoniaux. Les terres composées se vendent, en biens d'émigrés, au denier 15 ou 20; en biens d'église, de 20 à 25; en bien patrimonial, au denier 35 à 40, et même plus; la base est tirée du prix de la location. Il n'y a guère de mutations que parmi cette dernière nature de biens.

Aujourd'hui, l'accroissement de la fortune mobilière, rentes, mines, chemins de fer, le haut revenu qu'elles donnent, ont arrêté le morcellement des grandes terres, qui se dépeçaient en petits lots, se vendaient à l'enchère, et qui étaient le seul placement connu et préféré à tout autre par nos paysans aisés, lorsqu'ils se retiraient du fermage, du labour ou du négoce. Ils disaient des rentes sur l'État : « Je ne prête pas le fruit de mon travail et de ma « parcimonie à un débiteur que je ne puis contraindre. » La banqueroute des 2/3 par le Directoire les effraye encore. Ont-ils si grand tort?

Nourriture.

Les aliments sont beaucoup plus sains, meilleurs en tout genre, dans nos fermes, qu'il y a quarante ans. Les laboureurs mangent trois fois par semaine de la viande de boucherie ou du lard, du cochon salé.

Le pain d'orge et de blé, le petit cidre, sont la base des repas : d'octobre en mars, on fait trois repas; de mars en octobre, on en fait quatre, qui se composent : le matin, de soupe et de viande ou de fromage et de légumes, selon les jours gras ou maigres; à midi, de fromage, de beurre; à quatre heures, de même; le soir, de soupe et de viande ou de légumes.

Santé.

Ils consacrent au sommeil de six à sept heures dans les jours courts, de quatre à cinq dans l'été et le temps des récoltes; cependant, avec cette nourriture et cette vie active, la race s'améliore, se fortifie sensiblement; celle des jeunes gens est plus grande, plus robuste que celle des pères. Les épidémies, les maladies deviennent plus rares. Les parents commencent à *écussonner*, c'est-à-dire à vacciner leurs enfants. L'habitude de greffer ou d'écussonner les arbres à fruits a rendu cette découverte plus facile à introduire dans nos campagnes. La population augmente notablement avec les produits du sol, ce qui doit diminuer l'inquiétude que pourrait causer cet accroissement.

Les richesses se sont accrues avec la santé et le travail. Il y a, sinon beaucoup plus d'instruction, du moins plus de disposition à la recevoir. Les croyances aux falots, aux revenants, aux loups-garous, s'éteignent, chez les hommes surtout; mais la croyance religieuse a été un peu ébranlée par la Révolution. Les hommes ne vont pas souvent à confesse; les femmes sont plus dévotes. Le manque de pasteurs éclairés et en état d'imposer à leurs ouailles par leur aisance et leurs lumières se fait sentir de plus en plus chaque jour.

La justice m'oblige à déclarer que, depuis 1820, l'instruction du clergé a fait un pas immense. Mgr Rousselet, sorti de l'Ecole polytechnique comme officier du génie, en 1820, devenu professeur d'histoire au collége de Poitiers, nommé à quarante-neuf ans évêque de Séez, dirige seul, aidé par les soins éclairés de l'abbé Maunoury, helléniste distingué, le petit séminaire, où l'on entre à douze ans. L'instruction religieuse et scientifique, avec un chef aussi éclairé, prospère de plus en plus. Ce savant évêque a fondé, à la bibliothèque de ce collége, un petit muséum d'histoire naturelle. Dans les fréquents voyages que son devoir l'oblige à faire en Europe, il quête pour son muséum de Séez et obtient, comme savant, gratuitement ou par des échanges, les espèces zoologiques ou botaniques dont il juge l'importation utile et applicable au climat de la Normandie.

Quand ses élèves atteignent vingt ans, il laisse leur choix entièrement libre. S'ils préfèrent la carrière de l'état civil, ils sortent du petit collége bien préparés pour y réussir; si leur vocation les appelle à la prêtrise, ils passent sous un autre directeur; on leur enseigne la théologie, le droit canon, et ils deviennent des prêtres instruits.

C'est la seule trace marquante que la Révolution ait laissée dans notre Bocage. Les modes nouvelles ont amené des idées nouvelles, des habitudes ignorées; l'usage du café à l'eau devient plus commun chez les fermiers, et, ce qui en est la suite ordinaire, l'ivrognerie plus rare. Je parle toujours de la généralité, et j'exclus toujours les habitants des villes et des bourgs. Ces populations se ressemblent partout, à quelques nuances près, dans presque toutes les parties de l'Europe.

L'agriculture a donc fait des progrès sensibles chez un peuple qui, par ses habitudes, sa manière de vivre, son isolement dans les champs, semblait très-peu propre à recevoir les idées, les pratiques nouvelles, à profiter du bienfait des sciences, des méthodes, des inventions heureuses dont elles enrichissent chaque jour l'art de cultiver la terre. J'ai promis d'expliquer ce fait extraordinaire, mais néanmoins très-constaté, très-réel.

Deux causes principales, outre celles dont j'ai parlé plus haut, me semblent y avoir contribué.

Influence des grands propriétaires.

La première est la présence de leurs anciens seigneurs, des grands propriétaires, qui passent ordinairement huit mois de l'année sur leurs terres, et quatre mois dans les villes voisines ou à Paris, et qui, ayant perdu peu de leurs biens (car les familles en général ont racheté les biens de leurs émigrés), ont remplacé par un patronage de bienfaisance, ont reconquis par une supériorité de lumières, d'instruction, l'influence que leur donnaient sur leurs paysans leurs droits et leur rang dans la société. Presque toutes les places gratuites de maires, administrateurs des hospices, commissaires des chemins vicinaux, etc., sont remplies par la noblesse du Perche, du Maine ou de la Normandie.

Ces hommes, élevés à Paris, jetés hors des affaires, hors du service, par la Révolution ou par leur opinion, ont vécu dans leurs propriétés, s'y sont attachés, les ont améliorées, embellies, ont répandu dans les campagnes l'argent qu'ils dépensaient avant la Révolution dans la capitale ou dans leurs garnisons. Ils ont pris, par la force des choses, les habitudes de vie des seigneurs anglais, et commencent à exercer une influence proportionnée à leurs lumières, à leurs richesses, au temps duquel date, si je puis m'exprimer ainsi, cette nouvelle institution.

Il n'y a pas encore de sociétés d'agriculture : il y en a plusieurs dans l'Orne, entre autres à Mortagne, composées d'hommes pratiques et très-éclairés ; mais les anciens seigneurs font valoir leurs bois, ont presque tous autour de leur habitation une retenue en terres labourables, en prés, pâtures, etc. Ils ont mis en pratique ce qu'ils avaient lu dans les livres ; ils ont multiplié et varié les essais ; ils sont devenus, pour leurs fermiers, leurs campagnards, car les châteaux sont presque tous isolés au milieu des champs, une école expérimentale de perfectionnement, une théorie vivante d'agriculture. Les potagers se sont peuplés des meilleures espèces de graines ou de légumes, et des meilleures variétés ou espèces d'arbres à fruits. Les jardins du fermier ont gagné de même, sous ce rapport, et le goût généralement répandu des jardins pittoresques a aussi contribué aux progrès de l'agriculture. On a aussi formé des pépinières ; on a multiplié les arbres étrangers qui peuvent résister en pleine terre à notre climat. La nécessité des gazons, des prairies naturelles ou artificielles, dans ces jardins d'ornement, le besoin de les réunir avec les accidents pittoresques du terrain, d'en couvrir des hauteurs stériles, de les tondre et de les unir au moins de frais possible, a forcé de vaincre la nature, et de recourir à la science pour obtenir ce résultat. De là l'introduction de meilleurs instruments aratoires, l'introduction du plâtre, des mérinos, des diverses espèces de fourrages propres aux différentes variétés de sols. Les campagnards ont ri d'abord, et se sont moqués de leurs maîtres ; ensuite ils ont regardé, observé, comparé ; et, selon que l'essai leur a semblé avantageux ou infructueux, ils ont conservé leur ancienne culture, ou adopté les nouvelles méthodes. Ils ont tenté et réussi ; ils sont prêts à tenter et à réussir encore. Malheureusement beaucoup de fermiers négligent de faire tenir leur comptes de *doit et avoir* par leurs fils et leurs filles, qui sortent de l'école à quatorze ans, sachant un peu de grammaire, de catéchisme, mais très-bien les quatre règles de l'arithmétique. Craignent-ils que ce compte fidèle ne tombe entre les mains de leur maître, qui pourtant n'a pas le droit de faire ouvrir leur secrétaire, et, qu'au renouvellement du bail, il ne hausse le prix du fermage? Je serais tenté de le croire. Peut-être, comme ils sont très-sensibles à la perte, est-ce la douleur de voir écrites en partie double les fautes, les bévues, les négligences ou les dissipations qui sont la cause du déficit.

La seconde cause des progrès rapides de l'agriculture, dans le pays que je décris, tient à cet état mixte de cultivateur et de marchand qu'embrasse une partie de nos campagnards. Ils vont, comme je l'ai dit, ou conduire leurs bœufs à Poissy, ou porter leurs cercles dans l'Orléanais, leurs planches dans la Beauce, ou vendre leurs toiles de lin, les cretonnes, à Paris, à Rouen, à Caen, à Orléans. Le mari n'est pas seulement marchand, il est encore propriétaire ou fermier; sa famille cultive, soigne les champs, les bestiaux, pendant son absence : il revient chez lui chaque semaine. On a même observé que c'étaient les ménages les plus féconds; et le dicton : *La journée d'un marchand vaut mieux que la semaine d'un sergent*, est passé en proverbe dans le pays.

Ces cultivateurs marchands vont toujours à cheval. Ils observent, dans leurs voyages, les différentes cultures des contrées qu'ils parcourent ; ils interrogent, examinent, calculent, comparent les procédés et les produits ; ils acquièrent des idées nouvelles, font des essais à leur retour, et finissent par s'approprier les fruits de l'industrie ou de l'expérience des pays qu'ils ont visités : leur instruction, en un mot, s'acquiert par la vue des choses et des lieux; ce qui, pour tous les hommes, vaut mieux que l'instruction puisée dans les livres ou dans les conversations. Je me bornerai à quelques exemples. Nos champs de trèfle produisent spontanément, mais en grande abondance, la gaude et l'ombellifère, le *dipsacum*, improprement nommé *chardon à foulons*. Ils se bornaient à faire du fumier de ces grandes plantes, et en ignoraient la valeur. En allant à Rouen, ils ont vu des arpents cultivés en *dipsacum*, pour peigner les laines, rendre jusqu'à 8,000 francs de produit par an; et d'autres arpents, cultivés en *gaude* pour la teinture, produire jusqu'à 6,000 francs. Leurs maîtres leur avaient exposé l'usage et la valeur de ces plantes; ils les avaient engagés à les recueillir, et n'avaient pas été écoutés: c'est tout simple. Convaincus aujourd'hui, *de visu* et par leur propre observation, ils ne négligeront pas ce produit, et ce sera une nouvelle source de richesses pour ce pays.

L'industrie a fait des progrès depuis 1822, et les peignes en acier élastique ont remplacé avec avantage le *dipsacum fulonum* ou *chardon à foulons*, donné par la nature.

Leurs maîtres les engagent depuis longtemps à cultiver des racines, et surtout à alterner la culture des céréales avec les plantes pivotantes. J'ai introduit dans mon canton l'usage des turneps; les carottes sauvages croissent dans leurs champs en abondance : nul doute que la carotte cultivée n'y réussît très-bien; cependant ils se refusent encore à cet essai. Lorsque, dans leurs voyages, ils auront vu des champs de carottes, de betteraves, etc., cultivés à la charrue, qu'ils auront observé, interrogé, calculé les frais et les bénéfices de cette culture, ils cultiveront en grand toutes sortes de racines, ils auront plus de vaches, plus de lait l'hiver; ils élèveront des mérinos, obtiendront des récoltes plus sûres, plus abondantes; le grand pas aura été franchi, l'exemple se propagera, et, dans cinquante ans, peut-être, la France n'aura rien à envier, sous ce rapport, aux contrées les plus industrieuses et les mieux cultivées.

RÉSUMÉ.

On voit donc que, dans ce pays, l'agriculture est loin encore d'avoir atteint toute la perfection dont elle est susceptible ; mais qu'en général cette contrée, sous le rapport des assolements, des engrais, des clôtures, des irrigations, des races d'animaux, des taillis ou forêts, de la forme des baux, de l'emploi du temps, de la distribution du travail, de l'instruction acquise, ou de l'aptitude à l'acquérir, de l'emplacement et de la destination des habitations rurales, est très-supérieure à la même étendue de terrain prise en France, en Italie, en Allemagne, et même en Angleterre, moins quelques pays privilégiés et favorisés par des circonstances étrangères à celui-ci.

Cependant cette contrée, le pays des anciens *Aulerques*, a eu à lutter contre deux grands obstacles. Outre les ravages causés par la guerre de la Vendée et des Chouans, les enlèvements d'hommes pendant vingt-trois années consécutives, et l'accroissement des impôts[1], ont nécessairement retardé les progrès de la culture. Ce peuple est généralement obéissant, facile à administrer ; il est attaché à l'argent ; il craint la guerre. On lui a demandé de l'argent et *de la chair à canon*; il s'est habitué à payer et à mourir, excepté en 1815 où il n'a voulu faire ni l'un ni l'autre.

Mais les impôts se sont élevés : les églises, les presbytères, les chemins vicinaux se sont dégradés. Dans ce sol montueux et humide des soins continuels sont nécessaires; dans un pays aussi productif, il faut des débouchés pour exporter les denrées. Depuis la restauration, on s'occupe

[1] On paye, avec les centimes additionnels, du quart au sixième du revenu.

de réparer les temples, de rétablir les chemins. On doit souvent reconstruire; ces dépenses pèsent sur le sol. Telle commune, Mauves, par exemple, qui paye 10,000 francs de contributions de toute espèce, s'est imposée volontairement, depuis cinq ans, d'une pareille somme, soit en argent, soit en corvées, pour ces réparations de première nécessité.

Tel était encore, en 1828, l'état des chemins de petite et de grande vicinalité, c'est-à-dire de bourg à bourg, de ville à ville, dans le département de l'Orne. Les premiers, et même une partie des seconds étaient exécutés sur les plans et sous la surveillance du maire des communes qu'ils traversaient, le tout par corvées et prestations en nature. Ces chemins étaient, suivant les règles de l'art admises par ces constructeurs ignorants, formés de gros moellons marneux qui se délitaient à la gelée et qui étaient recouverts d'une petite quantité de gros cailloux de silex ou de quartz non cassés. Avec ce procédé, la route était plus dangereuse pour les chevaux et plus impraticable que lorsqu'il n'y avait que de la boue ou de l'argile, dans laquelle la voiture enfonçait, mais où les chevaux ne se faisaient pas au moins de dangereuses blessures. La loi de création des agents voyers, en 1836, sous Louis-Philippe, la concurrence de ces agents civils avec les ingénieurs des ponts et chaussées, qui excita le zèle de ces derniers un peu trop engourdi par le monopole, opéra un changement notable dans l'état des routes.

Un préfet fort habile, M. Langlois, secondé par un agent voyer d'arrondissement très-actif, fit adopter au Conseil général la confection de neuf cents lieues de routes départementales, ou de grande, moyenne et petite vicinalité. Quoiqu'il eût beaucoup d'obstacles à vaincre de la part du Conseil général, il sut en triompher, et ce département est aujourd'hui l'un de ceux qui possèdent les meilleures routes départementales de grande, moyenne et de petite vicinalité.

Quelques secours du gouvernement, un meilleur mode pour la réparation des chemins vicinaux, une diminution sur la contribution foncière, paraissent indispensables à tous les bons esprits, et pourraient s'opérer d'autant plus facilement, que l'Etat regagnerait et au delà, par les contributions indirectes, en raison de l'accroissement des produits, ce qu'il perdrait par le dégrèvement.

Il suffit peut-être d'indiquer ces besoins et ces remèdes à une administration éclairée, à un prince qui protége si éminemment l'agriculture, pour que les mesures nécessaires soient appliquées le plus tôt possible.

Je m'arrête sur ces douces espérances.

NOTE

SUR

UNE NOUVELLE VARIÉTÉ

DANS L'ESPÈCE HUMAINE.

Il paraîtra singulier, sans doute, que, dans l'état actuel de la zoologie, une variété tranchée dans la race blanche ou caucasique ait échappé à l'attention et aux recherches des naturalistes. C'est ce fait que je vais démontrer, et l'Egypte ancienne et moderne en fournira les preuves.

Winckelmann s'était aperçu que sur les têtes des statues égyptiennes l'oreille était placée plus haut que dans les statues grecques. Il attribuait cette singularité à un caprice des artistes égyptiens qui avaient redressé les oreilles de leurs rois, tout comme les artistes grecs ont exagéré la perpendicularité de l'angle facial dans les têtes de leurs dieux.

Les premiers essais de Buffon, de Camper et de G. Cuvier sur l'angle facial, de Blumenbach sur la configuration des têtes des diverses races humaines, puis les hypothèses de Lavater, de Gall, de Spurzheim et de la lignée des craniologistes leurs successeurs, avaient été plus ou moins entachés des idées systématiques dont s'abreuva la dernière moitié du dix-huitième siècle et qui persistèrent surtout en Allemagne dans le dix-neuvième.

En 1830, je fis connaître le premier à l'Académie des sciences une nouvelle variété de l'espèce humaine appuyée sur des caractères ostéologiques positifs. C'était la race égyptienne et la race juive. Je fis mouler au Musée la tête d'un roi égyptien, dessiner à la Bibliothèque royale la momie du grand prêtre Petamenof, et d'après nature celle d'un rabbin juif.

Vive opposition de Larrey et des Franco-Egyptiens, qui se voyaient attaqués sur leur propre domaine. Cependant la vérité triompha, et, selon la nature de l'esprit humain, on se jeta dans l'excès contraire. Chacun se mit à chercher de nouvelles races humaines. Un certain académicien se croyait sûr de reconnaître dans la rue, au premier coup d'œil, un dixième de Gall et un quinzième de Kimri.

Depuis cette époque, et surtout depuis la publication, en 1856, des ouvrages de Burton, de Dalton-Hooker, de Baikie, le nombre des races a augmenté et celui des métis est devenu presque infini. Il s'agit donc de mettre un peu d'ordre dans ce chaos, qui ne fera que s'augmenter par de nouveaux voyages et de nouvelles observations, de classer les races pures, ou du moins les plus anciennes, s'il n'en existe pas de vierge. Il en est des races humaines comme de la vigne cultivée, qui, si l'on entreprenait sa monographie, occuperait plusieurs savants pendant toute leur vie, sans qu'ils pussent se flatter de n'avoir pas omis le quart ou la moitié des espèces et variétés.

Lorsque je visitai, en mai 1831, le musée de Turin, si riche en monuments égyptiens depuis l'acquisition de la collection Devretti, ce caractère de la position de l'oreille me frappa constamment. Il existait dans toutes les statues de Phta, de Méris, d'Osymandyas, de Rhamsès et de Sésostris, qui appartiennent évidemment à la race berbère ou égypto-sémitique.

Comme on venait de dérouler, dans le même temps, plus de quarante momies provenues des tombeaux de la haute Egypte, je voulus m'assurer si ce caractère spécial de la hauteur du trou auriculaire se retrouvait dans les têtes embaumées des habitants du pays, et si les artistes égyptiens avaient, dans leurs productions, exactement copié ou défiguré la nature.

Je fus fort étonné de voir, sur trente têtes de momies dont l'angle facial était semblable à celui de la race européenne, le trou auriculaire, qui, en tirant une ligne horizontale, se trouve, chez nous, au niveau de la partie inférieure du nez, placé, dans ces crânes égyptiens, au niveau de la ligne médiane des yeux.

La tête, vers la région des tempes, est toujours beaucoup plus déprimée que dans notre espèce, ce qui provient, à ce que je présume, de la position plus élevée du trou auriculaire.

Cette élévation de l'oreille vers le haut du crâne, dans les têtes de momies dont je parle, était de 1 pouce à 1 pouce 1/2, comparativement avec les crânes européens.

Ma première idée fut que cette variété si remarquable, que cette espèce nouvelle, si je puis m'exprimer ainsi, de la race caucasique, avait disparu de la terre dans le cours des vingt à vingt-quatre siècles qui se sont écoulés depuis l'époque où les Egyptiens, dont les têtes embaumées étaient sous nos yeux, avaient été déposés dans les tombeaux de Thèbes jusqu'à l'époque actuelle.

Je crois pouvoir assurer aujourd'hui que cette variété, si remarquable par la conformation de ses temporaux et la position de ses oreilles, existe encore dans la haute Egypte. Je suis étonné seulement que cette observation ait échappé jusqu'ici aux savants qui ont regardé des crânes de momies et aux nombreux voyageurs qui ont parcouru la haute Egypte[1].

[1] Ce caractère spécial, de la hauteur du pavillon et du trou de l'oreille chez les Egyptiens, n'a été que très-brièvement développé par Blumenbach, qui a fait un ouvrage très-étendu et très-remarquable

Je puis citer comme l'exemple le plus frappant de cette singulière conformation, qu'on peut regarder comme le type égyptien, un Copte de la haute Egypte, Elias Boctor, qui a vécu vingt ans parmi nous, et qui était professeur d'arabe vulgaire. Je l'ai beaucoup connu : il enseignait l'arabe à mon ami M. Dusgate, et nous ne le voyions jamais entrer sans que la hauteur de ses oreilles, qui s'élevaient sur sa tête comme deux petites cornes, ne nous frappât involontairement et n'excitât notre gaieté. Du reste, M. Boctor est mort à Paris, il y a été enterré, et je ne doute nullement, que si on exhumait sa tête, on n'y trouvât le caractère spécial que je viens d'exprimer.

M. Champollion jeune, mon confrère, m'a attesté que, dans la haute Egypte où il a vu réunis près de cinq cents habitants qui se nomment *Kennous*, tous avaient ce caractère frappant de la hauteur du pavillon et du trou de l'oreille. Je laisse aux anatomistes à déduire les changements de proportion que la configuration de la boîte osseuse du crâne a dû introduire dans le volume du cerveau et des parties molles de l'intérieur de la tête.

J'ajouterai seulement que Boctor, par la tournure de ses idées et la nature de son esprit, nous représentait un Egyptien du temps des Pharaons, tels qu'ils nous sont décrits par les auteurs anciens les plus dignes de foi.

La race sémitique, Hébreux, Arabes et Perses, offre encore dans la forme et la longueur du calcanéum un autre caractère frappant qui la distingue de notre race caucasique.

Molière, ce profond observateur, l'avait déjà remarqué.

sur la configuration des têtes des diverses races humaines. (C.-F. Decas, *Craniorum*, t. I, p. 13 ; t. IV, p. 4 ; t. V, p. 5 ; et le grand ouvrage sur l'Egypte, *Antiquités*, *Description de Thèbes*, t. I, p. 357, in-fol.) On y a représenté très-fidèlement des têtes de momies qui offrent le caractère spécifique que j'ai, je crois, signalé le premier.

Les Juifs étaient presque tous, de son temps, usuriers, fourbes et trompeurs. Or, les Juifs, quand ils sont debout et en repos, montrent un pied plat, dépourvu de cette courbe élégante dans la partie supérieure de ce membre, que l'on nomme le *cou-de-pied* et qui caractérise, qui annonce la race européenne. Aussi Molière, pour désigner un Juif usurier et flétrir d'un seul mot son infâme amour de l'argent, l'appelle-t-il un *pied plat :*

Et quant à ce pied plat. . .

Cette épithète est restée dans notre langue. La locution, *Ce n'est qu'un plat pied*, exprime le mépris ; et la plus forte injure qu'on puisse adresser à un homme c'est de l'appeler un *plat pied.*

Au sujet du pied plat et des Arabes, mon ancien ami et confrère, H. Vernet, m'a raconté qu'en traversant le désert de sable qui sépare l'Egypte de la Palestine et en suivant la route habituellement fréquentée par les caravanes, il avait été frappé de la vue d'une innombrable quantité de petits monticules de sable fin qui indiquaient la trace et le passage de nombreux voyageurs à pied. Il en conclut que les Arabes et les Hébreux avaient le *cou-de-pied* très-relevé. Au repas de la caravane, il examina attentivement les pieds nus de ces fils de Sem, il reconnut son erreur et la fausseté de son induction. Il observa leurs pieds dans la marche et vit qu'en marchant ils ne s'appuient pas, comme nous, sur la plante du pied, mais seulement sur le talon et les doigts du pied, ce qui produisait ces petites taupinières de sable qui avaient éveillé sa curiosité. Ce grand artiste, qui a tant voyagé, est doué d'un talent d'observation, d'une rectitude de jugement et d'une ténacité de mémoire très-remarquables; il avait commencé, ainsi que le font tous les hommes, par le système et l'explication erronés ; il a persévéré dans ses recherches, et il a fini par établir un fait curieux et par en donner une explication juste et vraie.

La race hébraïque a beaucoup de rapports de ressemblance avec la race égyptienne ; elle s'est conservée presque sans mélange. J'ai dû l'examiner, et j'ai trouvé chez plusieurs Juifs que l'oreille, sans être placée aussi haut que dans les momies et les Coptes de la haute Egypte, l'était notablement plus que chez nous, et que la ligne horizontale, tirée à partir du trou auriculaire, passe chez eux au haut du nez, tandis que chez nous elle n'arrive qu'au bas de cet organe.

Les grands peintres et les sculpteurs habiles sont généralement très-bons observateurs.

Michel-Ange Buonarotti avait soigneusement étudié le caractère distinctif de la race juive.

Probablement il en avait, parmi ses modèles choisis par lui, dans le Ghetto de Rome, où cette race de Juifs, qui ne s'allient qu'entre eux, s'est toujours conservée intacte et par là se maintient encore dans toute sa pureté.

Aussi, dans sa belle statue de Moïse, a-t-il eu grand soin de placer le trou auriculaire au niveau de la ligne médiane des yeux.

Je pense donc que ces caractères spéciaux et constants de la hauteur du trou auriculaire et de la dépression des temporaux suffisent pour établir dans la race caucasique une nouvelle variété ou une sous-espèce qu'on peut nommer *égyptienne*, et dont les branches les plus rapprochées sont la race hébraïque et la race phénicienne et arabe.

FIN.

Explication de la planche.

M. Picot, peintre d'histoire, dont le nom seul indique le talent et garantit l'exactitude, a eu la bonté de dessiner pour moi les quatre têtes de statue, de momie, de mage et d'israélite vivant, qui sont jointes à cette note sous les n°s 1, 2, 3 et 4. Je n'ai pu trouver à Paris aucun Copte vivant.

N° 1. Tête de statue égyptienne, du Musée de Paris.

N° 2. Tête de momie, rapportée de Thèbes par M. Caillaud. Elle a encore ses cheveux, une partie des joues couverte d'une feuille d'or. Elle est placée au cabinet des antiquités de la Bibliothèque royale de Paris, sur la console du milieu de cette salle. Elle ne porte pas de numéro.

N° 3. Tête d'un mage placé près du roi dans la grande scène de Persépolis. Ce monument curieux, le seul existant en France, a été rapporté de Perse par M. Félix Lajard, et est maintenant dans la belle collection de M. le marquis de Fortia d'Urban, rue de La Rochefoucauld, n° 12. C'est le seul fragment qui puisse nous donner une idée précise de l'état de la sculpture en Perse du temps de Cyrus ou au moins de Darius, fils d'Hystaspes.

N° 4. Tête d'un israélite vivant, de vingt-huit ans, né en Allemagne.

Ces deux têtes, mises en regard l'une de l'autre, offrent une similitude de type remarquable. L'une, n° 3, est celle d'un Mède ou d'un Chaldéen, l'autre celle d'un Hébreu vivant de nos jours. Cet accord du type mède et du type juif, la circonstance, donnée par l'histoire, qu'Abraham vint dans la Palestine de Harran, située entre l'Arménie et le Kurdistan, peuvent faire présumer, sans trop d'invraisemblance, que les Hébreux étaient originaires de cette partie montagneuse de l'Asie.

M. Virey, dans une lettre envoyée dernièrement à l'Académie des sciences, a dit que mon observation n'avait pas le mérite de la nouveauté, que Blumenbach l'avait déjà faite (*Philosophic. transact.*, part. I, p. 191, 1794). Peut-être l'avait-il entrevue, mais il ne donne à sa deuxième caste, *approaching to the Hindoo*, d'autres caractères tirés de l'oreille des momies que cette phrase si courte : *Ears placed high on the head!*

Cette phrase n'avait pas jusqu'ici persuadé les zoologistes de l'existence de cette nouvelle variété ; puis-je espérer que cette note lèvera tous les doutes ?

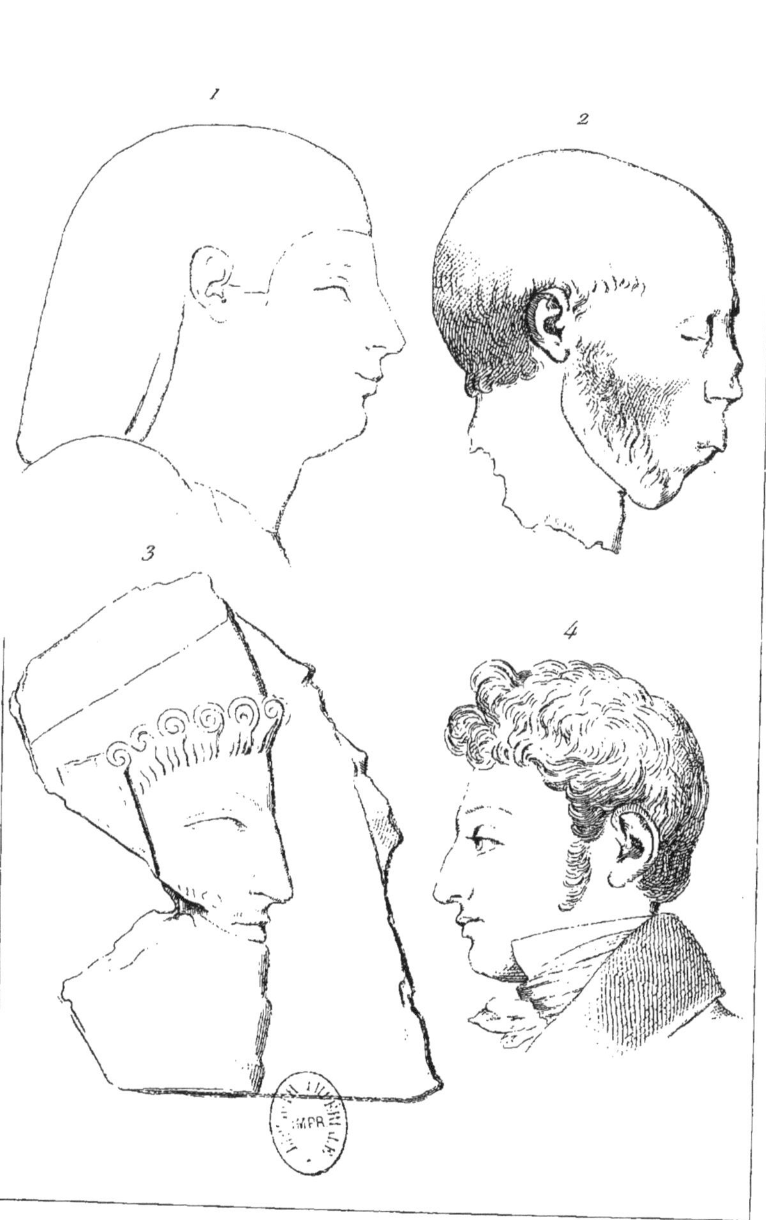

L. Delaistre sc.

Têtes d'Egyptien, de Mède et d'Hébreu.

TABLE DES MATIÈRES.

FIN DE LA TABLE.

TYPOGRAPHIE HENNUYER, RUE DU BOULEVARD, 7. BATIGNOLLES.
Boulevard extérieur de Paris.